内蒙古河套灌区微咸水利用模式
及水土环境预测评估

杨树青　史海滨　苏瑞东　马金慧　著

科 学 出 版 社
北 京

内 容 简 介

本书以内蒙古河套灌区为背景,分析了微咸水灌溉条件下作物生长性状及土壤水盐环境的动态变化,研究了区域土壤水盐的空间结构性,构建了考虑区域变异的 SWAP-MODFLOW 耦合模型,并预测了中、长期微咸水灌溉条件下的区域环境,提出了微咸水与淡水综合利用的灌溉模式。全书共8章,主要内容包括:微咸水灌溉研究背景及意义;研究区概况与试验设计;微咸水灌溉对作物及生长环境影响的试验研究;MODFLOW 模型的构建与考虑区域变异的非饱和水盐运移模型系统的构建;微咸水灌溉条件下土壤水盐动态、地下水环境变化规律模拟;区域非饱和水盐运移与地下水、溶质运动耦合模型的构建及预测;微咸水与淡水综合利用灌溉模式的研究等。

本书可供水利、农学、土壤专业的本科生、研究生以及相应专业的科研、教学和工程技术人员参考。

图书在版编目(CIP)数据

内蒙古河套灌区微咸水利用模式及水土环境预测评估/杨树青等著.—北京:科学出版社,2017.6
  ISBN 978-7-03-052986-2

I.①内… II.①杨… III.①咸水灌溉-影响-水土保持-研究-内蒙古②咸水灌溉-水环境-环境预测-研究-内蒙古 IV.①S274②S157

中国版本图书馆 CIP 数据核字(2017)第 118010 号

责任编辑:杨向萍 张晓娟 / 责任校对:桂伟利
责任印制:张 伟 / 封面设计:熙 望

科 学 出 版 社 出版
北京东黄城根北街 16 号
邮政编码:100717
http://www.sciencep.com

北京建宏印刷有限公司 印刷
科学出版社发行 各地新华书店经销

*

2017 年 6 月第 一 版 开本:720×1000 B5
2017 年 6 月第一次印刷 印张:19
字数:383 000
定价:108.00 元
(如有印装质量问题,我社负责调换)

前　言

内蒙古河套灌区位于内蒙古自治区西部,属干旱、半干旱地区,是我国土壤盐渍化发育的典型地区,盐渍化土地面积 358.23 万亩,占耕地面积的 50%。近年来,随着黄河上游持续干旱少雨,河套灌区灌溉引水矛盾日益尖锐,且根据国家卫生计生委、水利部(1998)2520 号文件所定的配水方案,河套灌区引黄水量减少。因此,在未来的一段时间内,相对缺水和盐渍化是制约河套灌区乃至西北地区可持续发展的两大因素。而河套灌区地下微咸水、咸水较为丰富,以 3g/L 为界,地下水质小于 3g/L 的面积占总面积的 71.3%,大于 3g/L 的面积占总面积的 28.7%。还有大量的田间排水和退水,这部分水量大部分是咸水,完全可以再利用。开发利用这部分咸水,不仅能减轻黄河水资源的供水压力,更重要的是,通过对咸水的开采,腾空地下库容,使其得以承接降水和其他地表水的补给。补给的淡水或较淡的水将把土壤盐分淋洗,并将淋洗后的咸水驱逐到深层并通过田间排水系统排出区外,使咸水层逐渐淡化,改善了生态环境,在河套灌区开发利用微咸水是非常必要的。本研究在田间试验的基础上,理论与实践相结合,采用先进的研究手段评价微咸水灌溉的环境效应,可对本灌区及类似地区提供重要的理论指导和应用参考。在研究区进行微咸水灌溉的环境效应预测评估的研究将为河套灌区今后的农业灌溉提供策略指导。

本书是作者在连续多年野外大量试验研究的基础上,进行系统凝练的成果。本书以位于内蒙古河套灌区的乌拉特前旗红卫试验区为研究对象,采用土壤水盐实测信息,以地质统计学理论为手段,研究区域土壤水盐的空间结构性;以灌区主要种植作物为供试作物品种,应用田间试验的实测数据检验 SWAP 模型在不同土壤水、盐及地下水边界条件下模拟土壤水、盐动态的可行性,在此基础上构建考虑区域变异的离散化一维垂直非饱和水盐运移 SWAP 模型系统;考虑以地下水(水位及水质)动态变化过程作为非饱和含水层与饱和含水层耦合界面的交互边界条件,建立 SWAP-MODFLOW 耦合模型并研究该耦合模型的运算方法;以红卫试验区为模拟对象,对所研究的计算方法的可行性、可靠性进行检验和分析;利用耦合模型模拟探讨适合河套灌区气候特点和使区域水土环境良性循环的最优咸淡水灌溉方式。

全书共 8 章,第 1 章介绍微咸水灌溉的研究背景及意义,以及微咸水灌溉在国内外的研究现状分析。第 2 章介绍研究区地理位置与试验设计方案。第 3 章分析微咸水灌溉对作物及生长环境的影响。第 4 章分别构建 MODFLOW 模型与考虑区域变异的非饱和水盐运移模型系统。第 5 章利用非饱和土壤水盐运移模型和地下水流及溶质运移模型分别对微咸水灌溉条件下土壤水盐动态和地下水环境变化规律进行模拟。第 6 章构建区域非饱和水盐运移与地下水、溶质运动耦合模型,并利用耦合后的模型预测中、长期微咸水灌溉条件下的区域环境。第 7 章提出微咸水与淡水综合利用灌溉模式。第 8 章对全书进行总结与展望。

本书由杨树青、史海滨、苏瑞东、马金慧等撰写,最终由杨树青统稿完成。叶志刚、刘德平、唐秀楠、符鲜等也参加了相关的研究工作,其中,符鲜还在本书后期的校核方面做了大量工作。

本书的出版得到国家自然科学基金项目(50969004)、教育部"创新团队发展计划"(IRT13069)、内蒙古自治区水利科技项目、内蒙古自治区科技计划项目等的资助,在此表示感谢。

本书内容涉及多学科的交叉,限于作者水平,书中难免存在不足之处,恳请有关专家与读者批评指正。

目　录

第1章 引 言

1.1 微咸水灌溉研究背景及意义

环境是人类赖以生存和发展的所有要素和条件的集合,人类活动又严重影响着环境。水资源的可再生性是环境的有机组成和控制性因素。水土环境是区域自然生态环境的最基本要素,同时也是农业环境中最为活跃的组成部分;水土环境涉及与人类生活密切相关的最基本自然资源,以及土壤科学、水科学、工程技术与环境科学的交叉。众所周知,土壤盐渍化是一个古老的环境问题。在世界灌溉发展的历史中及我国灌溉大规模发展的 20 世纪 50 年代,都曾有过极其深刻的水土环境恶化的教训,严酷的事实使人们逐渐提高了对人类活动与环境关系的科学认识。灌区土壤盐渍化和水土环境污染的防治也是当前世界普遍关注的问题,并成为实现农业持续发展的重要课题。早在 1989 年 Szabolce 就提出盐渍化及水土环境污染防治提前预测的重要性,他认为"几千年来,既没有足够的认识,又没有很好的技术手段来预测、解释和防治土壤盐渍化过程。结果是问题发生后,要制止这个过程的发展已是被动了。"2020～2050 年,《中国水利发展大纲》中要求"近期的水利科学以技术开发为主,适当考虑应用理论研究,同时要加快发展预测等研究,为宏观决策服务"。

由于淡水资源的短缺和工业用水的竞争,农业生产对劣质水(咸水或城市污水)应用的依赖性日益增加。劣质水灌溉不仅给农作物生长提供了所需的水分,而且也能淋洗掉作物根系层中的部分盐分,有利于作物生长。但长期的劣质水灌溉会增加土壤和地下水中的盐分,不仅导致土壤的次生盐碱化使得作物产量降低,而且也将恶化农业生态环境,阻碍农业生产的可持续发展。在第 15 届世界土壤学年会的土壤盐渍化研究进展主题报告中,预测到"21 世纪土壤盐渍化还会继续发展并将成为世界关注的重要问题之一",提出要实行节水灌溉和劣质水利用并关注与生态环境的相互关系。因此,微咸水灌溉的环境效应预测评估将为劣质水的安全应用提供技术支撑。

本书所研究的微咸水灌溉属于地表水与地下水联合应用的范畴。地下水与地面水的相互作用是普遍存在的一种自然现象,也是陆地水文循环的一个重要组成部分。1993 年 7 月,MAB 在法国里昂召开了"国际地下水与地表水交错带国际学术研讨会",在我国该项研究尚属新领域。1974～2001 年,联合国教科文组织(United Nations Educational, Scientific and Cultural Organization, UNESCO)实施了五个阶段的国际水文计划(International Hydrological Programme,IHP),第六阶段(2002～2007年)的研究目标是"水的相互作用:来自风险和社会挑战的体系",其中,主要研究方向是地下水与地表水的相互作用。UNESCO、国际水文地质学家协会(International Association of Hydrogeologists,IAH)、国际地下水基金会、美国环境保护局、美国地质调查局、联合国环境规划署(United Nations Environment Programme,UNEP)等都将地表水与地下水的相互作用作为目前研究的重要热点和前沿课题。可见,研究地下水和地表水相互作用在水量和水质两方面的变化规律,对于合理开发利用水资源及水环境的预报均有重要的理论和实践意义。

内蒙古河套灌区位于内蒙古自治区西部,属干旱、半干旱地区,是我国土壤盐渍化发育的典型地区,盐渍化土地面积358.23万亩,约占耕地面积的50%。灌区地下水埋深较浅,主要受灌溉渗漏影响与制约,年平均地下水埋深为1.24～1.79m。近年来,随着黄河上游持续干旱少雨,河套灌区灌溉引水量的矛盾日益尖锐,据国家计委、水利部(1998)2520号文件所定的配水方案,河套灌区多年平均分水将降为40亿m³,而近十年引水约52亿m³。在减少引黄水量的同时,如何保证灌区正常发展是河套灌区面临的首要问题。因此,在未来的一段时间内,相对缺水和盐渍化是制约河套灌区乃至西北地区可持续发展的两大因素。而河套灌区地下微咸水、咸水较为丰富,开发利用这部分咸水,不仅能减轻黄河水资源的供水压力。更重要的是,咸水的开采腾空了地下库容,使地下水得以承接降水和其他地表水的补给。补给的淡水或较淡的水将土壤盐分淋洗,并将淋洗后的咸水驱逐到深层并通过田间排水系统排出区外,使咸水层逐渐淡化,改善了生态环境。在河套灌区开发利用微咸水是非常必要的。据1/20万浅层水含水层电测结果,内蒙古河套灌区40m以内地下水质小于1.5g/L的面积占总面积的44.4%;1.5～3g/L占26.9%;3～5g/L占12.35%;5～10g/L占5.6%;大于10g/L的占10.8%。以3g/L为界,地下水质小于3g/L的面积占总面积的71.3%,大于3g/L的面积占总面积的28.7%。还有大量的田间排水和退水,这部分水大部分是咸水,完全可以再利用。

随着我国以及内蒙古自治区经济的飞速发展,水资源供需矛盾也将日益突出。内蒙古河套灌区因其特殊的地理位置,地下咸水、微咸水较丰富,而且地下埋深较浅。按舒卡列夫分类,地下水以Cl-Na-Mg型为主,其次为Cl-Na型。从含水层岩性看,富水性中等,有一定供水意义。在研究区进行微咸水灌溉的环境效应预测评估的研究将为河套灌区今后的农业灌溉提供策略指导。目前,虽然我国已有一些关于微咸水灌溉的研究,但大部分都停留在局部地区的试验阶段,没有在区域性的计算方法、理论上展开更深入的研究,推广价值非常有限。

本书是在田间试验的基础上,采用先进的研究手段,理论与实践相结合地评价微咸水灌溉的环境效应,可对本灌区及类似地区提供重要的理论指导和应用参考。

1.2　国内外研究现状分析

1.2.1　微咸水灌溉概况

世界上很多国家或地区淡水资源缺乏,但却有着丰富的咸水资源,如印度、意大利、西班牙、日本、德国、瑞典、突尼斯、摩洛哥、阿尔及利亚、伊拉克、科威特、以色列、荷兰、美国等都有着久远的咸水灌溉历史,咸水灌溉在农业生产中发挥了重要作用。伊拉克使用 4g/L 的盐水浇灌梨树,效果良好。美国西南部的咸水灌溉已有 100 多年的历史[1],用于咸水灌溉的范围有棉花、甜菜、苜蓿、树木、牧草和谷类作物等植物;在得克萨斯州西部,地下咸水的含盐量平均为 2.5g/L,最高为 6g/L,用于灌溉的面积达 $8.1 \times 10^4 hm^2$,时间长达 30 多年;在科罗拉多州、阿肯色州区域集中种植苜蓿、高粱和小麦的地里,使用含盐量 1.5～5.0g/L 的咸水灌溉,没有引起减产。撒哈拉沙漠地区在有排水措施的条件下利用矿化度 1.2～6.2g/L 的地下水灌溉玉米、小麦、棉花、蔬菜等作物,效果良好[2]。突尼斯 Medjerda 咸水河河水的电导率年均 3dS/m,被成功地用于枣椰树、高粱、燕麦、苜蓿和黑麦草的灌溉。Rhoades[3]通过对世界范围内的灌溉与含盐量的调查发现,含盐量达到 6g/L 的水可以成功地用来灌溉。以色列自 1970 年就开始研究咸水灌溉技术[4],在内盖夫沙漠成立了专门从事咸水研究的中心,组建了由农业研究员、大学老师和农业推广服务系统人员参加的科研队伍,在咸水利用和理论研究上都取得了长足的进展。在印度,季风雨对土壤盐分的冲洗为咸水灌溉创造了条件使咸水灌溉在一些地区普遍应用。

我国北方干旱、半干旱地区用咸水灌溉最早可以追溯到 80 多年前[2],宁夏同心县和海原县用矿化度 3～7g/L 的咸水灌溉韭菜、芹菜和甘蓝;1969 年,宁夏南部山区开始因地制宜地利用咸水灌溉大麦和小麦,比在干旱地种植有所增产。河北省沧州市自 1976 年开始利用矿化度小于 5g/L 的咸水灌溉小麦[5],与旱地相比增产幅度一般在 10%～30%,最高可达 49%。中国农业科学院土壤肥料研究所从 1991 年开始,在山东乐陵、河北燕山、天津静海等地利用咸水灌溉粮棉农田,到 1993 年,灌溉农田累计约 8.7 万 hm^2,增产粮食 $5.13 \times 10^4 kg$,棉花 $513 \times 10^4 kg$,获得经济效益 2.5 亿元。近年来、大连等地也开展了白菜、韭菜等蔬菜的咸水灌溉试验[6,7],为咸水的合理利用提供了依据。此外,山西、陕西、甘肃、河南、内蒙古、辽宁等地都有咸水灌溉的试验或生产实践。

1.2.2　微咸水灌溉适应性的研究进展

微咸水是否适宜于灌溉[8],主要取决于咸水中盐分的含量及成分。此外,还与气候、土壤特性、作物种类及品种、灌水方法、灌水时间和耕作措施有关。国内外试验研究认为[7~9]：矿化度小于 1g/L 的水适用于所有作物的灌溉；矿化度 4~6g/L、Cl⁻含量 1~3g/L 的水，如果冲洗、排水条件好，可用于灌溉棉花、苜蓿、麦类、水稻；如果地质、水文条件较好且有专门灌排设施的地块，可用矿化度 5~15g/L 的咸水灌溉。

我国河北省东部地区试验和实践证明[10]，矿化度 2~3g/L 的咸水可用于灌溉。在土质、排水条件较好的阿普歇伦半岛利用咸水的矿化度为 5~7g/L[11]。在成熟的农业技术指导下，以色列采用滴灌技术用于灌溉的咸水矿化度高达 6~8g/L，并获得了理想的作物产量，这说明咸水灌溉的水质评价有很强的地域性特点[12]。在世界各地能够用于灌溉的咸水盐度范围存在着明显的差异。自然和生产条件不同，微咸水灌溉对水土环境效应显著不同，所以需要通过试验，并根据当地的土壤性质、灌水方法、耕作措施及气候条件来制定适应于各地区的灌溉水质标准。

意大利学者在 Licata 地区对过量利用咸水灌溉黏质土壤进行研究，表明咸水灌溉对土壤理化性状和土壤肥力均产生不利影响，作物产量明显降低且质量变差。日本学者的研究认为，沙质土壤用咸水灌溉以后，白天由于高温在沙粒孔隙间产生水蒸气，随着夜晚到早晨温度的降低，水汽便开始冷凝成水滴，这些水滴就可以直接被作物吸收利用，而残留下来的盐分则可被后续大量的灌溉水所冲洗；黏质土壤则因透水性、通气性差而不具备这些条件。这些研究表明，与黏质土壤相比，沙质土壤更适合于咸水灌溉。

不同作物的耐盐能力是不同的[9]，一般而言，向日葵、甜菜最耐盐，而胡萝卜、苜蓿耐盐性最差。同种作物在不同生育阶段的耐盐能力也有很大差异[13]，一些作物如水稻、玉米、大麦、小麦和高粱等，在幼苗期及生殖生长期的耐盐能力最差，而在生长后期耐盐能力变强。不同地区作物的耐盐性也有很大差异[14]，一些环境因子与盐度相互作用会影响作物的耐盐能力，长在贫瘠土壤的作物比长在适宜肥力条件下的作物更耐盐。无论土壤是否受盐分影响，适当施肥都会增加产量，但在没有盐分影响下给土壤施肥，增产幅度会更大。因此，土壤的肥力对咸水灌溉的效果有很大的影响。

1.2.3　咸水灌溉技术与利用方式的研究

Rhoades[1]在美国进行咸水喷灌的结果表明，在干旱炎热的条件下，白天喷灌容易引起作物叶面的灼伤，黄昏或夜间进行喷灌的效果较好。Patela 等[14]采用渗灌技术用电解质为 1~9dS/m 的咸水在沙质土壤上对土豆进行渗灌，结果表明，不同灌水浓度下土豆产量差异并不明显。美国得克萨斯州的沟灌试验研究表明，如果将适当的灌水技巧与农技措施相结合，会获得更理想的效果。这些灌水技巧及农技措施包括：①采用隔沟灌溉，将盐分压到靠近没有灌溉的沟一边的苗床；②在作物出苗前用金属链或金属棒拖曳田面,除去田面的盐分硬壳,以利出苗;③由于苗床高处容易积盐,而靠近沟低处的盐分浓度低,因此,可将作物种植在盐分浓度低的地处。在咸水灌溉技术方面,咸水同淡水一样,可采用地面灌溉、地下灌溉和喷微灌等各种灌水技术。研究表明,同地面灌溉相比,咸水更适合采用渗灌或地下灌溉。

目前,对咸水的利用主要有以下几种方式:直接利用咸水灌溉、咸水与淡水混合灌溉、咸水与淡水交替灌溉(轮灌)。甘肃省民勤县从 1995 年开始[15],连续 3 年开展了苦咸水用于棉花灌溉的试验研究。以不灌试验为对照,结果表明,在每年一次淡水浇地压盐的条件下,棉花的产量随灌水次数及灌溉定额的增加而增加。对土壤剖面盐分状况的进一步观测表明,采用灌一次及两次水,在有一次淡水压盐灌溉的情况下,土壤均处于脱盐状态,而灌 3 次水,在干旱年份土壤处于积盐状态。因此,应根据降雨情况确定灌水次数及灌水定额。

1988 年,山西省运城市西南部开始进行咸水灌溉试验研究[16],根据土壤质地及地下水文条件,按地下咸水水质及土质,将面积为 236.2km² 的湖区灌区分为 4 种类型区,在每个类型区进行适宜的咸水灌溉方案调查,并选择典型区开展不同灌水方式的咸水灌溉。试验表明,利用咸水浓度小于 7g/L 的咸水进行灌溉的关键是,每年播前灌 1 次较大定额(2700~3600m³/hm²)的河水,进行压盐,使 0~60cm 土层脱盐 20.7%~33.6%,土壤含盐率维持在 0.6% 以下,以保证小麦的正常出苗。咸水适宜的灌溉定额为 825~975m³/hm²,灌区上游矿化度小于 3g/L 的微咸水适宜的灌水次数为 4 次;灌区中游矿化度 3~5g/L 的咸水适宜的灌水次数为 2~3 次;灌区下游矿化度 5~7g/L 的咸水灌水次数最多不能超过 1 次。

1980~1983 年,甘肃省民勤县连续 4 年开展了咸水灌溉试验[17],分别用中定额(82.5mm/次)和大定额(112.5mm/次)进行了灌两次水、3 次水和 4 次水的对比试验。试验表明:①作物产量随灌水次数的增加而增加,灌 4 次水的产量分别比灌两次水和 3 次水的产量高 14.3% 和 5%;②咸淡水轮灌比直接利用咸水灌溉的产量高,3 次灌水的平均情况为,咸淡水轮灌的产量比咸水灌溉的产量高 5%。此外,还对小麦苗期利用咸水灌溉和不灌溉进行的调查分析结果表明,在干旱年份,利用 6g/L 以下的咸水进行灌溉比不灌溉平均增产两倍。

1992~1995 年,汾河三坝灌区开展了先淡后咸(作物苗期灌淡水,中后期灌咸水)、先咸后淡(作物苗期灌咸水,中后期灌淡水)和直接咸水灌溉的试验[18],咸水的矿化度为 6.8g/L。试验表明,以先淡后咸的灌水方式作物产量最高;其次为先咸后淡。同先咸后淡灌水方式相比,采用先淡后咸的灌水方式冬小麦、春玉米和棉花分别增产 6.6%、4.2% 和 5.2%。主要原因是作物在苗期的耐盐能力差,先灌溉淡水有利于作物的全苗。等到中后期作物的耐盐性增强,特别是秋作物,由于秋天的降水量增大,使盐分得到淋洗,再灌溉咸水,使作物少受盐害或者不受盐害。该地区的实践表明:在淡水资源许可的情况下,采用咸淡水轮灌,要尽可能保证苗期的灌溉,在有河水的地方,汛后可用河水进行秋季洗盐或采用大定额冬灌压盐,有利于防止土壤积盐。如果咸水灌溉后土壤有积盐趋势,进行淡水压盐与洗盐更有必要。Minhas[19]通过大量的试验分析证明,在同样盐分水平下,咸淡水轮灌的作物产量高于咸淡水混灌的产量。

2001～2002年,内蒙古红卫田间试验区进行了混灌试验,试验区土壤质地为沙壤土,并有不同程度的盐渍化。混灌定额为 $55～75m^3$/亩,秋浇采用黄河水灌溉,秋浇定额为 $120m^3$/亩。灌溉水源为黄河水与地下咸水,5次试验混灌后的矿化度分别为 $0.992g/L$、$2.25g/L$、$1.59g/L$、$1.75g/L$、$1.34g/L$。试验结果表明,咸水灌溉增加土壤盐分,但通过控制咸水灌溉定额及进行秋浇灌溉,试验田内土壤盐分含量能够实现年内平衡,再加上合理的淋洗盐分措施,可以实现土壤盐分多年补排平衡。在咸水灌溉条件下,作物产量基本不减产。

从上述各地的咸水灌溉及应用情况来看,主要有以下经验:①与不采取任何灌溉措施相比,在干旱地区,采用 6g/L 以下的咸水灌溉,均有不同程度的增产;②播种前采用一次大定额的淡水灌溉来冲洗土壤剖面上的盐分,有利于播种储墒及保证作物的出苗;③作物早期耐盐能力差,在播种前及作物出苗和幼苗期,宜采用淡水进行灌溉,后期采用咸水灌溉;④在干旱地区进行咸水灌溉时,较多的灌水次数对作物生长有利;⑤要有较好的排水条件,将地下水位控制在临界深度以下,以避免返盐;⑥平整土地,提高灌溉水的效率。

1.2.4　咸水灌溉对作物产量、品质的影响研究

土壤中盐分过多将显著抑制作物的正常生长发育,最终降低作物经济产量[20]。从宏观上看,生长在盐渍化土地上的作物往往植株低矮、叶小茎粗、长势不旺、产量下降。作物各个部分对盐分的反应并不相同,一般作物地上部分比地下部分易受盐分的影响,从而使根冠比增大。盐分在各个生育阶段对作物均有影响,但作物对盐分的敏感性随生育阶段的不同而不同。不同作物在相同生育阶段对盐分的敏感性也有较大的差异。例如,水稻、燕麦、玉米在发芽、成熟阶段有较强的耐盐性,在苗期和营养生长期对盐分特别敏感,而甜菜、红花在发芽期则耐盐性较弱。土壤中盐分较少对作物并无影响,而当盐分含量较大时才会使作物生长发育受到抑制并使产量降低此时的盐分含量称为临界含盐量,是确定作物耐盐性的指标。不同作物的临界含盐量是不同的,当土壤盐分超过临界含盐量后,盐分对作物产量影响的程度也不同。Mass 等[21]对大量试验资料分析比较,确定了大部分作物的临界含盐量,同时提出作物产量随含盐量的增加呈线性下降,并给出了产量降低速率。

1975~1984 年,甘肃省民勤县分别在咸水浓度不同的地区进行咸水灌溉试验[17]。试验结果表明:灌溉水的矿化度为 2g/L 左右的地区,作物可以获得正常产量,作物的产量比不灌增产 3.82t/hm²;灌溉水的矿化度为 4~5g/L 的地区,在种植之前采用大定额淡水灌溉,作物的产量比不灌增产 2.22t/hm²;灌溉水的矿化度为 6~10g/L 的地区,在种植之前采用大定额淡水灌溉,作物的产量比不灌增产 1.93 t/hm²。1974~1977 年,华北农业大学(现为中国农业大学)在河北曲周利用不同矿化度的咸水对小麦进行了对比试验[21],在小麦拔节期和灌浆期用咸水灌溉,灌水量为 40m³/亩。结果表明,同淡水灌溉相比,3g/L 的咸水灌溉不减产,4~6g/L 的咸水灌溉减产量在 5%~12%。在淡水资源紧张时,3~6g/L 的咸水是可以利用的资源。河北黑龙港的试验结果表明[22],同淡水灌溉相比,采用 2~4g/L 的咸水灌溉,均有不同程度的减产。其中,小麦减产的幅度为 40%~60%,玉米减产的幅度为 25%~40%。但同不灌相比,却有大幅度增产。其中,小麦采用咸水灌溉比不灌增产 2.58~1.67t/hm²,玉米增产 1.72~0.66t/hm²。大连市对黄瓜进行咸水灌溉的试验研究表明[23],当灌溉水的矿化度为 0.70g/L 以下时,黄瓜减产很少;当灌溉水的矿化度为 1.10g/L 以上时,黄瓜会出现大幅度的减产。汾河三坝灌区利用微咸水(3~5g/L)对小麦、玉米、棉花、高粱进行灌溉的试验表明[24],同只灌一次淡水相比,采用灌一次淡水再加上两次咸水,作物每亩增产 30%左右,同时也表明,可用于灌溉的咸水浓度对不同的作物有不同的值,最高可达 10g/L。在供试的作物中,小麦、枸杞、棉花等均具有较强的抗盐性能,其次是高粱和玉米,黄瓜的耐盐性较差;在水资源紧缺的地区,与不灌相比,采用咸水灌溉能获得显著的增产,若配合适当的播前灌溉、平整土地等,则会收得更好的效果。

同淡水灌溉相比,咸水灌溉同样会对作物的质量产生影响。Rhoades 等[1]指出,咸水灌溉会减少作物收获物的体积、颜色、外观及成分。然而,如果灌溉水的盐度在一定的范围内,咸水灌溉对作物品质的影响是有利的。Saysel 等[25]的资料表明,花生的籽粒体积随咸水电导率的增加而减少,但电导率在 3dS/m 内时,其出油率随电导率的增加而增加;Shalhevet[26]对番茄的研究也得到类似的结论,番茄的体积随咸水电导率的增加而减少,但单株番茄果实的数量不变,但电导率在 100dS/m 以内时,番茄提取液中可溶性固体的浓度随电导率的增加而增加。Rhoades 等[1]也发现,采用咸水灌溉,小麦、瓜类、苜蓿的质量均有所改善。

1.2.5 咸水灌溉对作物生长环境影响的研究

咸水灌溉对环境的影响问题,目前主要集中在将土壤的盐分浓度控制在作物盐度临界之内,通过适当的冲洗及排水措施来维持作物根系活动层的盐分在年内或多年的补排平衡。近年来,在区域尺度上采用微咸水灌溉对环境的影响受到关注,有学者分析了咸水灌溉可能在区域尺度上带来的环境问题,提出了包括减少淋洗量、排水再利用、种植耐盐作物、对咸水进行淡化处理等减少向地下水体及下游排放盐分、维持区域盐分平衡的多种措施，以及将这些措施在区域上进行合理规划布局的设想。但微咸水灌溉在区域尺度上的安全问题还缺乏足够的理论及试验研究。

目前，国内外对咸水灌溉土地的改良措施主要包括排水洗盐、工程措施和耕作措施、生物脱盐、添加化学物质。排水洗盐，利用咸水灌溉能增加土壤下渗的水分，但同时也会增加土层中的含盐量。试验表明，在下垫面及排水条件一定的情况下[11]，土壤盐分增加量取决于灌溉水的矿化度、灌水次数和灌水量。研究表明，在半干旱地区[27]，在季风气候控制条件下，土壤可溶性盐旱季蒸发积累与雨季降雨淋溶的过程交替发生，土壤盐渍化的状况取决于蒸发积累与淋溶脱盐两种作用的对比。咸水灌溉后，蒸发蒸腾作用使盐分聚集在土壤中，形成土壤积盐，淡水灌溉或降雨对土壤中盐分起淋洗作用。小定额的灌溉，沙壤土的积盐比中壤土高，大定额灌溉，沙壤土的脱盐效果比中壤土好；随着灌水定额的增加，从咸水带入土中的盐分渗透到植物根层以下的盐量增多。雨季为土壤自然脱盐的季节，经过降雨的淋洗后，土壤的含盐量可降到灌前的水平，周年内 0～60cm 土层不发生盐分积累，并且在大定额春季河灌及汛期降雨的淋洗下又可脱盐。在山西汾河三坝灌区 0～60cm 土层内，河灌一次的脱盐率达 30.3%，土体脱盐量随着灌溉定额的增大而增大；年均 90.6m³/亩的灌水定额下的土体脱盐率为 20.1%，年均 92.7m³/亩的灌水定额下的土体脱盐率为 27.5%，年均 109.3m³/亩的灌水定额下的土体脱盐率为 42.5%。

在工程措施和耕作措施方面，研究表明[28]，咸水具有钠离子危害，咸水灌溉后，在降雨或淡水灌溉淋洗期间土壤会产生较大的块状结构和结壳现象。此外，我国还总结了一些实践经验，对咸水灌溉地的改良也很有帮助，这些经验包括[17]：①实行井渠结合，井渠轮灌。其中，渠灌的水量采用淡水，而井水采用地下咸水。井灌有利于降低地下水位，腾出地下库容蓄纳淡水，从而达到改造地下水的目的；②实行深灌溉、深翻晒、深施肥和平整土地；③在钠离子含量较高的咸水灌溉地区深施泥炭、风化煤等腐质酸类肥料，使之与钠离子反应生成腐质酸钠，将有害钠变成养料。

在生物脱盐方面[29]，由于蒸发蒸腾作用，土壤水的含盐量一般会超过灌溉水含盐量数倍，不可能使渗透性很低的细质土壤剖面得到充足的水通过以实现淋洗。在这种情况下，进行种植制度的调整是一种有效的途径。美国加利福尼亚州帝国河谷[30]为了提高苜蓿产量，采用苜蓿蔬菜轮作，由于采用的蔬菜根系短，蒸发蒸腾强度低，且在冬季生长，因此耗水量低。对蔬菜进行灌溉时所实现的充分淋洗可以维持几年的苜蓿生产。另一种方式是使用牧草与绿肥轮作[18]，绿肥可增加有机质，疏松土壤，不仅提高了土壤的肥力使作物的抗盐性增加，而且增加了土壤的渗透性,有利于盐分的淋洗。种植耐盐作物,通过耐盐作物吸收土壤盐分,也是一种有效的方法。

在添加化学物质方面,苏打土的改良需要花费较长的时间。这类土在淋洗以后,其结构会发生破坏。为了维持其结构,通常使用含可用性钙的化学物质,如硫黄、硫化铁矿或废弃的硫酸等。此外,使用石膏也是一种有效的方法。石膏在自然界蕴藏量大、价格便宜,是许多工业产品的副产品。

Kijne[31]分析了在降雨并不丰富的地区进行咸水灌溉时,土壤剖面中对作物生长有害离子的分布与灌溉水中粒子成分有关;Kerem 等[32]以作物根系土壤的水盐平衡方程为基础,建立了灌溉、排水、作物耗水等各项水盐平衡要素之间的动态关系;王卫光等[33]借助宁夏的咸水灌溉田间试验资料,用 SWAP(soil-water-at-mosphere-plant)模型进行了盐分剖面的分布研究;同时对内蒙古红卫咸水灌溉田间试验资料进行了土壤水盐运动的分析,为内蒙古河套灌区的微咸水利用奠定了初步基础。

目前,关于咸水灌溉及其水盐均衡要素的平衡机制及调控技术的研究主要以田间试验观测和生产实践调查的数据为基础,以统计分析为主要手段,在机理分析和系统研究方面尚不够深入。Kijne 的分析主要以成分分析为主,对盐分的运动规律缺乏深入探讨,Saysel 的研究主要以水盐平衡方程为基础,没有考虑盐分的动力学机制。

因此,为解决大面积微咸水灌溉后,区域土壤水盐运移的计算问题,开展不同微咸水灌溉方式下灌溉土层水盐运移特征的研究显得尤为重要。

1.2.6　地质统计学在土壤水盐研究方面的应用研究

地质统计学是 20 世纪 70 年代发展起来的一门新兴的数学地质学科,自 20 世纪 60 年代国外学者提出研究空间变异以来,经过近 30 年的努力,已经取得了长足的进展,尤其是在土壤物理学方面;研究的方法从 Fisher 的经典统计分析过渡到 Matheron 提出的地统计分析,并已将理论研究成果应用于实际之中。地质统计学是以统计学中区域化变量理论为基础,以变异函数为主要工具、以地质工作中在空间分布上既有随机性又有结构性的自然现象(如矿石品位、矿体的厚度、物化探观测值等)所存在的空间分布结构特征及变化规律为研究对象的一门学科。由于它把数学、地质学和电子计算机技术的应用结合起来,因而不仅在地质矿产业的各个领域均得到了广泛的应用,取得了良好的效益,而且已经应用于地质矿产业以外的领域,如林业资源估计、农业作物产量估计、气象业中的大气降水量估计、海洋业的鱼群密度估计等。可以说,凡是涉及空间分布数据最优无偏估计的问题,都可以应用地质统计学。

土壤在空间上是连续变化的,在理化性质等方面,空间相近的点比空间分散的点具有更大的相似性,也就是说,它们在统计学意义上相互依赖。这是区域化变量和地质统计学应用的前提。区域化变量是研究分布于空间中并显示出一定结构性和随机性的自然现象。它有两个最基本的假设即平稳假设和本征假设,要求所有的随机误差都是二阶平稳的,也就是说,随机误差的均值为零且任何两个随机误差之间的协方差依赖于它们之间的距离和方向,而不是它们的确切位置。半方差函数是针对区域化变量结构性和随机性并存这一空间特征而提出的,其中,块金系数、基台值、变程作为半方差函数的重要参数,用来表示区域化变量在一定尺度上的空间变异和相关程度。

Kriging 法是利用原始数据和半方差函数的结构性,对未采样点的区域化变量进行无偏最优估值的一种插值方法。地质统计学提供了大量的 Kriging 法来对未采样点进行插值和预测。使用者可以根据不同的研究目的和侧重点来选择相应的方法。地质统计学是研究土壤属性的空间变异或其他农田特征变异定量化的有效方法。已有的研究涉及众多土壤物理、化学与生物学性质,但这些研究大多集中在单一土壤特性的空间变异分析上。近年来的研究发现,许多土壤性质在空间上并不是完全独立的,而是在一定范围内存在一定的空间相关性。

20 世纪 70 年代,国外开展了土壤性质空间变异性研究。80 年代后,Burgess 等[34]将区域化变量理论与 Kriging 及 Cokriging 估值方法引入这一研究领域,使之定量化,推动了研究的向前发展,目前这已成为了土壤科学的热点问题之一。80 年代中期以来,Kriging 及 Cokriging 估值方法被逐渐引入土壤盐分的空间变异以及水盐运动规律的研究中。

土壤物理、化学和生物学性质的一个特点是具有时间和空间的变化特征,这种变化取决于各种内在因子(如土壤形成因子,包括土壤母质、地形等)和外在因子(如土壤耕作措施,包括施肥、灌溉和作物轮作等)的综合作用。基于模型的地质统计学方法,提供了一个将空间和时间坐标结合进数据处理过程的有力工具,它通过半方差描述空间分布模式及空间相关性,通过 Kriging 插值等方法预测未采样点土壤性质。由于考虑了与时间和空间有关的随机过程对土壤性质时空分布的影响,地质统计学方法可以很好地用于评价土壤质量的不确定性、随机模拟土壤性质的空间分布、模拟土壤的时空变化过程等。因此,采用地质统计学方法有助于了解土壤水盐含量,获取土壤水盐的空间结构与分布特征等诸多信息。

近年来,地质统计学在环境科学领域中越来越受到关注,国内学者已将其应用于土壤环境研究。白由路[35]研究了黄淮海平原大尺度范围内土壤剖面各层的总盐量及各盐分离子的空间变异性。胡克林等[36]研究了农田土壤养分的空间变异性特征。通过在不同时间段内对同一地区的采样,再利用地质统计学方法处理数据,可以得到该地区土壤水盐的时空变异规律。土壤是不均一和变化的时空连续体,具有高度的空间变异性。田间实际情况表明,即使在土壤质地相同的区域,同一时刻的其他土壤特性在不同空间位置上也具有明显差异,这种属性称为土壤特性的空间变异性。不论在大尺度上还是在小尺度上观测,土壤空间变异性均存在。土壤空间变异性的研究始于 20 世纪 70 年代,其理论依据是地质统计学中的区域化随机变量理论。许多土壤工作者开展了大量的研究工作[37~39],但大都停留在对土壤空间变异性的定性描述上。70 年代后期,地质统计学的理论和方法应用于土壤调查、制图和土壤空间变异性研究,到 80 年代已成为土壤科学研究的重要内容,并开始由定性描述转向定量研究,同时还引进了 Kriging、Cokriging Punctual Kriging 等内插技术,并用于土壤制图。90 年代以来,基于 GIS 技术,土壤空间变异性研究变得更加广泛和深入。

地质统计学方法是一种最优的空间插值方法,已广泛应用到具有区域化变量特征的土壤学、环境科学和生态学等领域。地质统计学对土壤水盐含量研究的主要贡献,在于它对水盐含量空间变异的结构分析及其在内插估值中的运用。研究者对地质统计学的兴趣日益增加也是源于他们逐渐意识到要对空间预测进行量化,就必须要把目标物的空间相关性结合起来,地质统计学提供的各种广泛的技术可以用来解决空间信息的多样性,这在土壤水盐含量研究中有很重要的作用。但在目前,地质统计学在有机质含量研究中的应用还不是十分广泛和深入,相信随着土壤科学自身的不断发展,各种新技术和方法的不断运用,以及地统计学理论研究的不断深化,地质统计学将会进一步应用于土壤水盐的研究。

1.3 研究思路与内容

目前,对于干旱、半干旱地区微咸水灌溉对环境效应预测评估还比较薄弱,特别是对水土环境及浅层地下水埋深条件下,微咸水开采后对地下水环境的影响还少见报道。本研究将理论与实践相结合,学习总结国内外有关微咸水灌溉的研究成果;针对研究目标和内容在研究区进行微咸水灌溉试验及作物生长特性分析,掌握微咸水灌溉的水盐动态规律和盐分对作物生长的影响;在试验基础上实现区域性的计算预测评估。将国际上先进的软件 MODFLOW 与 SWAP 模型耦合,并与地质统计学理论结合用于对微咸水灌溉环境效应的预测评估。

本研究以位于内蒙古河套灌区的乌拉特前旗红卫试验区为研究对象,采用土壤水盐实测信息,以地质统计学理论为基础,研究区域土壤水盐的空间结构性;以灌区主要种植作物为供试作物品种,以研究区地下水位及水质为条件构建地下水流及溶质运移模型,应用田间试验的实测数据检验 SWAP 模型在不同土壤水盐条件及不同地下水边界条件下模拟的可行性,在此基础上构建考虑区域变异的离散化一维垂直非饱和水盐运移 SWAP 模型系统;考虑将地下水(水位及水质)动态变化过程作为非饱和与饱和含水层的耦合界面的交互边界条件,建立 SWAP-MODFLOW 耦合模型并研究该耦合模型的运算方法;以红卫试验区为模拟对象,对所研究的计算方法的可行性、可靠性进行检验和分析;利用耦合模型模拟并探讨适合河套灌区气候特点和使区域水土环境良性循环的最优咸淡水灌溉方式。本书拟从以下几个方面入手,研究并探讨干旱、半干旱地区微咸水灌溉水土环境效应的评估预测。

(1) 在试验区进行主要种植作物的耐盐度试验,通过微咸水灌溉对作物生长特性、产量、土壤水盐变化规律进行分析研究,寻求本区域主要作物的耐盐度阈值,为将来的微咸水灌溉提供灌水浓度依据。

(2) 针对土壤水盐的空间变异性,对试验区的土壤水盐信息进行统计分析及空间结构性研究,摸清研究区土壤水盐的空间结构性。以空间结构性的研究结果对试验区土壤水盐在水平方向上的变化进行分区,为 SWAP 模型的应用提供依据。同时,进行土壤盐分在垂直方向上的空间变异性研究,与 SWAP 模拟结果进行互相检验。

(3) 分析研究微咸水灌溉对地下水位、地下水质的影响,并对近年连续的水位观测资料进行分析,确定研究区的边界条件,为 MODFLOW 的应用奠定可靠基础。利用实测的地下水位、地下水质、水文地质参数对 MODFLOW 和 MT3DMS 模型进行识别,为微咸水灌溉对地下水位、地下水质及地下水盐均衡的预测提供模型基础。

(4) 分析微咸水灌溉条件下的土壤水盐试验结果,利用实测的土壤水盐运移特征参数等数据率定检验小麦、玉米、葵花 3 种主要作物的 SWAP 模型,为微咸水灌溉对土壤水盐及其均衡的预测提供模型基础。

(5) 基于 SWAP 模型的正常灌溉定额和淋洗灌溉定额下微咸水灌溉的土壤盐分变化规律预测研究,并用 SWAP 模型预测土壤盐分的积累趋势,分析研究微咸水灌溉对本区水土环境效应影响。采用率定后的 MODFLOW 与 MT3DMS 模型,模拟预测正常灌溉定额和淋洗灌溉定额两种灌水水平下,未来 10 年微咸水灌溉后地下水环境的变化规律。

(6) 考虑以地下水(水位及水质)动态变化过程作为非饱和与饱和含水层的耦合界面的交互边界条件,建立 SWAP-MODFLOW 耦合模型并研究该耦合模型的运算方法;利用耦合模型模拟探讨适合河套灌区气候特点和使区域水土环境良性循环的最优咸淡水灌溉方式。

(7) 探讨微咸水与淡水联合运用的灌水模式,寻求在长期使用条件下能使作物根区和灌区范围内不积盐、不破坏水-土生态环境的微咸水、淡水联合灌溉模式。

第 2 章　研究区概况与试验设计

2.1　研究区地理位置

研究区设在内蒙古乌拉特前旗公庙乡红卫村,属于黄河冲积平原,地势平坦,地面坡降东西向 1/7000～1/5000,南北向 1/12000～1/10000,地理坐标为东经 108°45′～109°36′,北纬 40°30′～40°40′。地处内蒙古河套灌区最下游的三湖河灌域西部,研究区西起新华支渠,东以大树营子到张锁圪旦路为界,北以三湖河为界,南至二斗沟,东西长约 4.5km,南北宽约 1.52km,总控制面积约 10000 亩。研究区地表水通过三湖河(河套灌区末梢干渠)的三分渠引黄河水灌溉,水井位置及灌排系统布置见研究区平面位置见图 2.1。

2.2　研究区气象及水文地质条件

研究区距乌拉特前旗西山咀镇气象站 28km,气象与该站气象成因一致。经统计分析,研究区属中温带大陆性多风干旱气候区,冬寒夏热,昼夜温差大,光照充足,降水量少,蒸发量大,年平均降水量 270mm,年平均蒸发量 2383mm,年平均气温 7.9℃,无霜期 146 天,积温(>10℃)3200h,土壤最大冻结深度 115cm。2004 年乌拉特前旗气象资料见表 2.1,典型年气象资料见表 2.2。

表 2.1　2004 年乌拉特前旗气象资料

月份	最高温度 /℃	最低温度 /℃	风速 /(m/s)	湿度 /%	日照时数 /h	降水量 /mm	蒸发量 /mm
1	−3.8	−14.5	5.7	54	235.6	5.8	28.4
2	3.9	−8.8	8.2	36	253.6	0	81.7
3	8.9	−3.1	8.0	33	261.5	4.4	153.2
4	21.8	6.6	9.0	29	316.6	1.3	356.8
5	24.3	10.6	9.0	37	321.6	24.5	381.5
6	28.0	16.2	7.0	51	269.6	44.6	323.9
7	30.5	18.0	6.0	53	319.7	28.2	320.6
8	25.6	15.5	6.0	65	261.0	91.1	228.1
9	23.0	10.6	5.0	57	262.8	39.6	188.3
10	15.9	2.6	6.6	48	262.9	3.0	116.8
11	6.2	−4.3	5.0	51	246.7	0.2	64.2
12	−0.9	−9.8	4.2	59	175.8	7.4	35.4

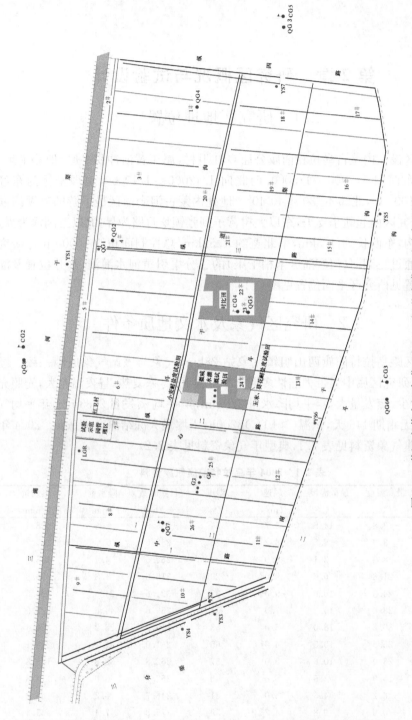

图 2.1　黄河内蒙古河套灌区红卫田间节水灌溉试验布置图

表 2.2　典型年(2002年)乌拉特前旗气象资料

月份	最高温度 /℃	最低温度 /℃	风速 /(m/s)	湿度 /%	日照时数 /h	降水量 /mm	蒸发量 /mm
1	0.6	−10.6	1.9	55	250.0	0	46.7
2	5.6	−6.4	2.4	47	216.4	0.1	77.2
3	10.3	−1.6	3.4	46	263.0	7.6	154.1
4	16.8	4.3	3.9	37	271.4	22.3	272.7
5	23.1	11.8	3.0	52	287.5	66.1	262.9
6	30.3	17.9	3.0	49	313.5	47.9	406.8
7	30.1	18.5	2.4	55	308.2	26.7	327.7
8	30.7	17.2	2.6	53	340.5	17.3	337.3
9	22.9	10.5	2.9	56	228.8	14.9	212.0
10	14.4	0.8	2.5	45	268.7	0.1	137.1
11	4.9	−6.8	6.5	50	243.8	0.6	62.9
12	−4.2	−13.5	5.3	60	159.5	3.8	32.1

研究区的地层主要为侏罗纪晚期形成的冲积湖积层,根据研究区水文地质勘探资料,在70m勘探深度内,分布有全新统-上更新统湖积、冲洪积层,中更新统上段湖相沉积层。全新统-上更新统上部以冲洪积为主,下部以湖积层为主,上、下部之间无连续稳定的隔水层。土壤表层为黏性土,厚度为4~15m,由砂壤土、壤土和黏土组成。下部为厚层细砂夹薄层黏土层,厚度约50m,砂层中含有砾石层,分布在10~15m及30~40m深度内。砂层中分布有薄层黏土,厚度为0.25~1m,不连续也不稳定。中更新统上段为湖积层,以黏土为主,部分为砂壤土,分部稳定,埋深为45~50m,此段为区域性隔水层。

研究区地下水位主要受气象和引黄灌溉的影响,地下水位具有明显的以年为周期的季节性变化特征。近10年地下水位平均埋深1.83m,最小埋深0.5m,最大埋深3m,地下水位平均年变幅为1.0~1.5m。研究区地下水的补给主要由灌溉入渗、降水入渗、乌拉山冲积扇侧向补给等组成。通过对研究区井水水质的实测资料分析,受三湖河的补给影响,三湖河以南和研究区中心路以北的地下水含盐量较低。中心路以南地下水质较差,属咸水,微咸水。按舒卡列夫分类,地下水以Cl-Na-Mg型为主,其次为Cl-Na型。从含水层岩性看,富水性中等,有一定供水意义。研究区井水水质化验结果见表2.3,研究区井水水样全盐量原始数据统计分析见表2.4。

表 2.3 研究区井水水质化验结果

水样编号	采样地点	pH	全盐/(g/L)	CO_3^{2-}/(mg/L)	HCO_3^-/(mg/L)	Cl^-/(mg/L)	SO_4^{2-}/(mg/L)	Ca^{2+}/(mg/L)	Mg^{2+}/(mg/L)	K^+和Na^+/(mg/L)
1#		7.9	1.30	—	335.6	336.8	240.0	100.2	79.0	212.5
2#		7.8	0.68	—	244.1	124.1	120.0	85.2	33.4	75.0
3#		7.8	1.05	—	312.7	381.1	48.0	105.2	63.8	159.4
4#		7.8	0.74	—	213.6	195.0	120.0	60.1	66.8	75.0
5#		7.8	0.70	—	213.6	257.0	24.0	100.2	42.5	68.8
6#	开泵即取样	7.9	1.93	—	244.1	904.0	84.0	180.4	75.9	400.0
6#	抽40min后取	7.9	1.55	—	244.1	611.5	192.0	140.3	66.8	318.8
7#		7.7	2.24	—	254.3	939.4	264.0	200.4	66.8	518.8
10#		7.4	2.90	—	244.1	1329.4	312.0	230.5	109.4	687.5
12#		7.6	6.64	—	411.9	3226.0	768.0	365.7	258.2	1856.3
14#		7.4	9.91	—	320.4	5423.8	744.0	85.2	853.5	2481.2
15#		7.4	9.20	—	518.7	4803.5	624.0	400.8	571.0	2250.0
16#		7.6	6.64	—	335.6	3527.3	432.0	310.6	449.6	1537.5
19#		7.8	3.94	—	259.5	1630.7	672.0	215.4	300.7	718.8
20#		9.1	3.40	30.0	61.0	1533.2	504.0	15.0	33.4	1306.2
23#		7.3	5.36	—	259.5	2729.6	528.0	430.9	273.4	1206.2
26#		7.3	14.15	—	518.7	5813.8	2868.0	566.1	662.2	3737.5

表 2.4 研究区井水水样全盐量原始数据统计分析

测项	样本容量	最小值	最大值	均值	方差	标准差	峰度系数	偏度系数	变异系数
全盐/(g/L)	17	0.68	14.15	4.26	15.20	3.90	1.09	1.27	0.92

2.3 研究区土壤特征参数

研究区的土壤有机质平均含量为 2.21%,属于 3 级土壤。其中,含量在 3%～4%的二级土壤占 3.3%,含量在 2%～3%的三级土壤占 74.9%,含量在 1%～2%的四级土壤占 21.8%。土壤中有效磷平均为 7.51mg/L,属于四级土壤。其中,含量大于 40mg/L 的一级土壤仅占 0.5%;含量为 20～40mg/L 的二级土壤仅占 0.6%;含量为 10～20mg/L 的三级土壤占 11.9%;含量为 5～10mg/L 的四级土壤占 61.2%,含量为 3～5mg/L 的五级土壤占 19.3%;含量小于 3mg/L 的六级土壤占 6.5%。土壤中铵态氮平均含量为 15.26mg/L,属二级土壤。其中,含量大于 20mg/L 的一级土壤占 6.0%;含量为 10～20mg/L 的二级土壤占 85.2%;含量小于 10mg/L 的三级土壤占 8.8%。土壤中速效钾平均含量为 218.45mg/L,属于一

级。其中,含量为 150~200mg/L 的二级土壤占总面积的 28.0%;含量为 100~
150mg/L 属三级土壤,占 6%。研究区土壤的 pH 为 7.7。全盐含量小于 0.48%
的轻盐碱地占总面积的 16.9%;全盐含量为 0.48%~0.84% 的中盐碱地占
9.0%;全盐含量大于 0.84% 的重盐碱地占 74.1%。氯化物盐土面积占总面积的
23.3%;硫酸盐氯化物盐土占 41.9%;氯化物硫酸盐盐土占 9.0%;Cl^-、SO_4^{2-} 小
于 0.8% 的占 25.8%。阳离子中 K^+ 和 Na^+ 的含量平均为 25.942mg/100g,Ca^{2+}
为 4.398mg/100g,Mg^{2+} 为 9.178mg/100g。

　　研究区内的土壤参数及质地具有一定的空间变异特征,为了使土壤水盐运移
模型能够客观准确地模拟研究区的土壤水盐动态,作者对研究区的土壤进行了质
地颗分测定与土壤水分运动特征参数测定。根据土壤水盐空间变异性研究,将研
究区分为两个小区,分别取得了这两个小区的土样,取土深度为 2.30m。

2.3.1　土壤水分特征曲线测定

　　土壤水分特征曲线采用压力薄膜仪测得,土样用环刀取原状土。由 Van Ge-
nuchten 提出的土壤水分特征曲线函数式对试验测得的数据进行拟合,该函数的
形式为

$$\theta = \theta_r + (\theta_s - \theta_r)[1 + (\alpha S)^n]^{-m} \tag{2.1}$$

式中,θ 为体积含水率,%;θ_r 为残余含水率,%;θ_s 为饱和含水率,%;S 为土壤水吸
力,cmH_2O;α、m、n 为决定土壤水分特征曲线形状的参数,$m = 1 - 1/n$。

　　α 和 n 的拟合值列于表 2.5 中,所得拟合曲线见图 2.2。

表 2.5　试验区土壤水力参数

站点	θ_s	θ_r	K_s	α	n	λ
1 区上层	0.363	0.029	2.20	0.011	1.4	-1.50
1 区下层	0.349	0.208	2.35	0.0085	1.218	-1.45
2 区上层	0.336	0.094	3.20	0.010	1.465	-1.40
2 区下层	0.303	0.074	15.80	0.008	1.121	-1.45

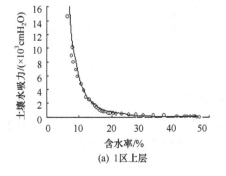

(a) 1区上层

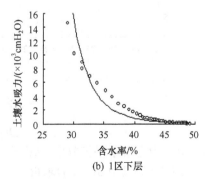

(b) 1区下层

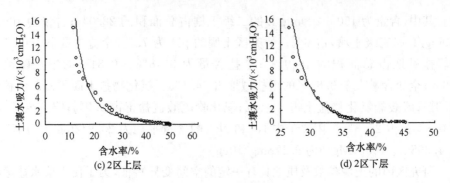

图 2.2 土壤水分特征曲线

2.3.2 土壤水平扩散率的测定

根据试验数据，点绘出 θ-$D(\theta)$ 关系图，并采用指数拟合该 θ-$D(\theta)$ 关系，结果见图 2.3。

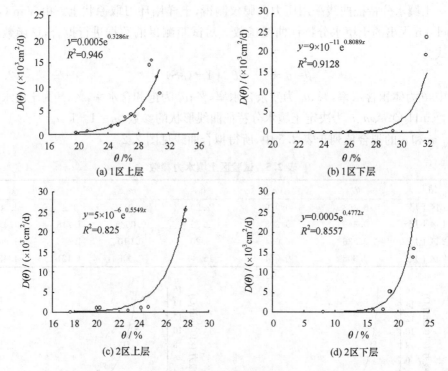

图 2.3 水平扩散率

$$D(\theta) = ae^{b\theta} \qquad (2.2)$$

式中，$D(\theta)$ 为土壤水平扩散率，cm^2/d；a、b 为拟合常数；其余符号意义同前。

非饱和导水率由式(2.3)求得

$$K(S) = C(S)D(S) \tag{2.3}$$

$$C(S) = -\frac{d\theta}{dS} = \alpha mn\theta_s \, (\alpha\theta)^{n-1} \left[1 + (\alpha\theta)^n\right]^{-m-1} \tag{2.4}$$

$$K(S) = \alpha mn\theta_s \, (\alpha\theta)^{n-1} \left[1 + (\alpha\theta)^n\right]^{-m-1} a\exp\{b\theta_s \left[1 + (\alpha S)^n\right]^{-m}\} \tag{2.5}$$

式中,$K(S)$ 为非饱和导水率,cm/d;其余符号意义同前。

由瓦格宁根大学集成的 SWAP 模型非饱和导水率采用 Mualem 于 1976 年提出的非饱和导水率函数:

$$K = K_{sat} S_e^{\lambda} \left[1 - (1 - S_e^{\frac{n-1}{n}})\right]^2 \tag{2.6}$$

式中,K_{sat} 为饱和导水率,cm/d;λ 为形状参数;S_e 为相对饱和度。

$$S_e = \frac{\theta - \theta_{res}}{\theta_{sat} - \theta_{res}} \tag{2.7}$$

将式(2.6)和式(2.7)两个模型拟合求得的 λ 值列于表 2.5。

2.3.3 土壤质地的测定

从研究区土样的颗分试验结果可以得到,研究区各分区典型剖面颗粒级配曲线(图 2.4)。按美国农业部关于土壤质地三角划分[14],研究区地面以下 2.3m 的土层分布为两种类型:1 区在 2.30m 之内为粉壤土;2 区在 1m 以上为粉壤土,1m 以下为砂土。0～100cm 土壤容重为 1.48g/cm³;100～300cm 土壤容重为 1.47g/cm³。研究区土壤质地详见表 2.6。

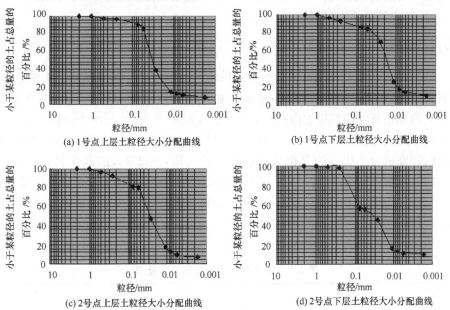

(a) 1 号点上层土粒径大小分配曲线   (b) 1 号点下层土粒径大小分配曲线

(c) 2 号点上层土粒径大小分配曲线   (d) 2 号点下层土粒径大小分配曲线

图 2.4 土壤级配曲线图

表 2.6　研究区土壤质地

分区	土层厚度/cm	0.05~2mm	0.002~0.05mm	<0.002mm	土壤质地
1 区	0~100	30.42%	64.07%	5.51%	粉壤土
	100~230	25.88%	70.9%	3.2%	粉壤土
2 区	0~100	37.33%	59.78%	2.89%	粉壤土
	100~230	65.73%	31.2%	3.07%	砂壤土

2.4　试验设计方案

　　微咸水灌溉后有部分盐分会在土壤中积累,如果根区中可溶性盐分的浓度过高,作物产量会因为植株受到物理损害而下降。灌溉的目的也包括使土壤盐分及盐度水平保持在适宜于植株生长的范围内,以保证农业生产的可持续性。确保一个时段内在作物根系层内有净向下的水流通量,是控制盐度的有效方法。此时,需增大通常定义的净灌溉需水量,使其包含淋洗所需增加的水量——淋洗定额。淋洗灌溉定额是指,农田补充并入渗的总水量中必须流经作物根区下渗到下层以防止盐分过量积累而引起产量下降的那部分水量的最小比例。微咸水灌溉可能会使土壤盐度达到危害作物正常生长的程度,试验设计时需考虑正常灌溉定额和淋洗灌溉定额两种灌溉水平,观测在这两种灌溉水平下作物的生长情况。在获得作物耐盐程度的同时,也可确定微咸水灌溉应采用的最优灌溉定额。微咸水灌溉试验于 2004 年 5 月开始,直到秋浇结束。

2.4.1　粮油作物灌溉方案

　　粮油作物以小麦、葵花、玉米为试验作物。在正常灌溉定额和淋洗灌溉定额情况下,针对小麦分别进行 5 种不同灌溉水矿化度的处理,每个处理设置一个重复。处理之间和重复之间都设置隔离带,每个小区面积为 $2m \times 2m = 4m^2$(0.006 亩)。各试验小区周边全部用高 10cm 的田埂分割。隔离带面积与试验小区面积相同。作物耐盐度试验小田旁边是微咸水灌溉试验大田(图 2.1),灌溉作物有小麦、玉米、葵花,灌溉水浓度为 3g/L,所以在设置处理时,应考虑以下几个灌水浓度的处理,见表 2.7。在两种灌溉定额下分别对葵花、玉米进行 4 个不同灌溉水矿化度的处理,设置方法同小麦。试验小区面积为 $1.5m \times 1.5m = 2.25m^2$(0.003 亩)。按灌水浓度的不同分为 4 个处理,见表 2.8。

表 2.7　小麦耐盐度试验田不同处理

处理	I	II	III	IV	V
灌水浓度/(g/L)	2	4	5	7	8.21

表 2.8　葵花、玉米耐盐度试验田不同处理

处理	Ⅰ	Ⅱ	Ⅲ	Ⅳ
灌水浓度/(g/L)	4	5	7	8.21

微咸水的利用应建立在试验和理论的基础之上,本书为揭示微咸水灌溉后土壤的水盐运移动态规律,在试验区内选择边界条件清楚、灌溉方便的田块作为试验田,同时选择条件相近的田块作为对比田进行微咸水灌溉试验的研究。

试验设置了试验田、对比田。试验田位于农 2-11 渠与农 2-13 渠之间(图 2.1),总面积 118.1 亩。对比田位于农 2-15 渠与农 2-17 渠之间,总面积也为118.1 亩。试验期间,在灌水前后对试验田、对比田分别取土样,进行土壤水分、盐分含量的测定。取样深度为 5cm、20cm、40cm、60cm、100cm。土壤含水率采用烘干法测定,土壤盐分采用 1∶5 的土水比溶液测定,每个处理重复 3 次。秋浇后,由于田内水还没有完全下渗就已结冰,因此土样无法取得。同时,还对试验田、对比田中的观测井进行地下水位、水质观测,试验作物有小麦、玉米、葵花,分别进行了株高、茎粗和产量的跟踪测试。试验田与对比田的灌溉制度见表 2.9,其中,9 月20 日玉米的灌溉水浓度为 8.07g/L,由于 9 月份河套灌区没有从黄河引水,所以直接采用井水灌溉。

表 2.9　作物灌溉制度表

田块	灌溉时间	作物	灌溉面积/亩	灌水定额/(m³/亩)	灌溉浓度/(g/L)
试验田	5 月 12 日～14 日	小麦	18.5	60	0.608
	5 月 28 日	小麦	18.5	50	3.000
	7 月 4 日	小麦	18.5	50	8.210
	7 月 4 日	葵花	73.1	60	3.060
	7 月 4 日	玉米	26.5	60	3.060
	9 月 20 日	玉米	8.0	50	8.070
对比田	5 月 12 日～14 日	小麦	12.0	60	0.608
	5 月 28 日	小麦	12.0	50	0.608
	7 月 4 日	小麦	12.0	50	0.608
	7 月 4 日	葵花	69.0	60	0.608
	7 月 4 日	玉米	37.1	60	0.608

淋洗灌溉定额的计算公式如下:

$$F_n = \frac{ET_c}{1 - L_r} \tag{2.8}$$

式中,F_n 为净淋洗需水量,m³;ET_c 为生长季作物蒸散量,m³;L_r 为淋洗需水量,m³。

$$F_g = \frac{F_n}{E_a} \tag{2.9}$$

式中，F_g 为毛淋洗灌溉需水量，m^3；E_a 为灌水效率。

3 种作物灌水量相同，灌溉情况见表 2.10。考虑到小麦幼苗期耐盐程度差，5月 12 日引用黄河水。观测内容包括作物生长状况、每次灌水前后土壤含水率和土壤盐分观测、籽粒产量、株高和茎粗等。2004 年研究区作物生育期降水过程见图 2.5。

表 2.10　3 种作物灌溉情况表

作物	灌水时间	灌水浓度/(g/L)	正常灌水定额/(m³/亩)	正常灌水量/m³	淋洗灌水定额/(m³/亩)	淋洗灌水量/m³
小麦	5 月 12 日（分蘖期）	2	60	0.36	81.52	0.48
		4	60	0.36	89.00	0.53
	5 月 29 日（分蘖期）	5	60	0.36	94.94	0.57
	7 月 4 日（灌浆期）	7	60	0.36	101.35	0.61
		8.21	60	0.36	104.17	0.62
玉米	7 月 7 日（孕穗期）	4	60	0.2	94.27	0.32
		5	60	0.2	97.17	0.33
	8 月 20 日（灌浆期）	7	60	0.2	98.68	0.34
		8.21	60	0.2	98.68	0.34
葵花		4	60	0.2	81.49	0.27
	7 月 7 日（开花期）	5	60	0.2	85.35	0.29
		7	60	0.2	88.95	0.3
		8.21	60	0.2	91.53	0.31

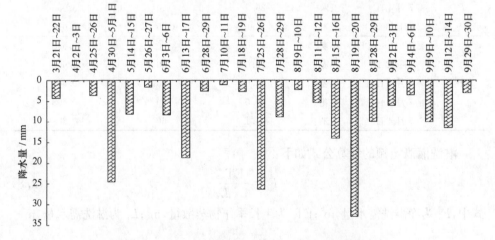

图 2.5　2004 年研究区作物生育期降水量过程

2.4.2　经济作物灌溉方案

经济作物以枸杞为试验作物,本次试验的枸杞灌溉制度直接采用已有研究成果,即生育期内灌溉 4 次,秋浇灌溉 1 次。枸杞的第 1 次灌溉拟定为淡水灌溉,灌水定额为 90mm;黄河水秋浇灌溉是河套盐渍化灌区降低作物生育期内土壤积盐的特有灌溉方式,所以秋浇灌溉保持每年 150mm 不变。因此,所谓咸淡水轮灌只是在生育期内第 2～4 次的 3 次灌水间进行。考虑到节水及枸杞的耐盐性等因素,枸杞第 2～4 次灌水定额都为 75mm,微咸水灌溉没有采用淋洗定额,且只考虑 2 咸 1 淡及全部为咸水情况。

枸杞微咸水灌溉试验共设 16 个小区,每个小区面积 6m²(2m×3m),小区间用 1m 深的塑料板分隔,防止侧渗。设 4 个处理(咸淡咸、咸咸淡、淡咸咸、咸咸咸)和 1 个对照(当地灌溉),2 次重复,2 个区组(轻度盐碱地和中度盐碱地)。4 月下旬进行深翻施基肥,分别为磷酸二胺 900kg/hm²、硝酸磷 825kg/hm²;5 月中旬和 6 月中旬进行 2 次追肥,均为尿素 825kg/hm²。4 月中旬、5 月上旬和下旬及 6 月上旬分别喷溴氰菊酯、哒螨灵、阿维菌素杀虫剂。具体试验小区布置、咸淡水轮灌方案及灌溉方案见表 2.11 和表 2.12。

表 2.11　咸淡水轮灌方案

小区	一水	二水	三水	四水	五水
Z1	淡	咸	咸	淡	淡
Z2	淡	咸	淡	咸	淡
Z3	淡	淡	咸	咸	淡
Z4	淡	咸	咸	咸	淡
Z5	淡	咸	咸	淡	淡
Z6	淡	咸	咸	咸	淡
Z7	淡	淡	咸	咸	淡
Z8	淡	咸	咸	咸	淡
Z9	当地常规灌溉				
Q1	淡	咸	咸	淡	淡
Q2	淡	咸	淡	咸	淡
Q3	淡	淡	咸	咸	淡
Q4	淡	咸	咸	咸	淡
Q5	淡	咸	咸	淡	淡
Q6	淡	咸	淡	咸	淡
Q7	淡	淡	咸	咸	淡
Q8	淡	咸	咸	咸	淡
Q9	当地常规灌溉				

注:Q 代表轻度盐碱地,Z 代表中度盐碱地。

表 2.12　灌溉方案

| 灌水次数 | 灌水时间 | | 咸咸淡 | | 咸淡咸 | | 淡咸咸 | | 咸咸咸 | |
	始	终	灌水定额/mm	灌溉水质/(g/L)	灌水定额/mm	灌溉水质/(g/L)	灌水定额/mm	灌溉水质/(g/L)	灌水定额/mm	灌溉水质/(g/L)
1	4月29日	5月6日	90	0.608	90	0.608	90	0.608	90	0.608
2	6月1日	6月16日	75	3.84	75	3.84	75	0.608	75	3.84
3	7月16日	7月22日	75	3.84	75	0.608	75	3.84	75	3.84
4	8月28日	9月4日	75	0.608	75	3.84	75	3.84	75	3.84
5	10月15日	10月25日	150	0.608	150	0.608	150	0.608	150	0.608

2.5　地下水观测井布置

为了监测咸淡水灌溉对地下水环境的影响,在试验区内布置 8 眼地下水观测孔,进行连续 3 年的动态监测,每个小区内布置一眼观测孔,具体布置见表 2.13。

表 2.13　试验田观测点分布

井号	小区	一水	二水	三水	四水
1#	Q1	淡	咸	咸	淡
2#	Q3	淡	淡	咸	咸
3#	Q6	淡	咸	淡	咸
4#	Q8	淡	咸	咸	咸
5#	Z1	淡	咸	咸	淡
6#	Z3	淡	淡	咸	咸
7#	Z6	淡	咸	淡	咸
8#	Z8	淡	咸	咸	咸

注:Q代表轻度盐碱地,Z代表中度盐碱地。

第 3 章　微咸水灌溉对作物
及生长环境影响的试验研究

我国农业的持续发展严重受到水资源紧缺的制约,西北干旱区尤为突出。面对黄河水资源紧缺的现状和内蒙古河套灌区年引水量指令性缩减的严峻形势,节约用水和利用劣质水灌溉已成为河套灌区农业发展的必由之路。本书所研究的区域处于河套灌区的下游,难以实现适时适量的引黄河水灌溉,补充利用劣质水灌溉是本区域农业发展的有效途径之一。经水文地质部门勘探,区域内地下微咸水资源较丰富,可满足农业灌溉。但微咸水灌溉后对作物的生长状况影响如何,是人们一直关注的热点问题。在国际上,关于微咸水灌溉、土壤盐分与作物生长的关系的研究也一直是个热点,北非、西亚等干旱、半干旱地区在这方面进行了广泛研究[40]。我国分别在新中国成立后和20世纪70年代黄淮海平原盐渍化改造时,针对小麦、棉花及其他旱地作物的耐盐性做了大量工作。咸水是否适宜于灌溉,主要取决于咸水中盐分的含量及成分。此外,还与气候、土壤特性、作物种类及品种、灌水方法、灌水时间和耕作措施有关。不同地区作物的耐盐性也有很大差异,一些环境因子与盐度的相互作用会影响作物的耐盐能力。自然和生产条件不同,咸水灌溉条件也不同。需要根据当地的土壤性质、灌水方法、耕作措施及气候条件,通过试验来确定适用于各地区的灌溉水质标准。本章在前人研究的基础上,研究田间试验条件下微咸水灌溉对灌区目前主要种植的粮油作物小麦、葵花、玉米和经济作物枸杞的生长的影响,为本区域的微咸水灌溉、灌溉管理和农业生产提供技术依据。

3.1　盐分对作物生长的影响

3.1.1　微咸水灌溉模式下粮油作物的生长特性分析

株高是表征植株垂向高度的生育指标,茎粗是表征植株横向长度的生育指标,它们都是反映作物生长状态的有效指标。在试验的不同时间测定作物的株高和茎粗,用以观测盐分对作物生长的影响。

图 3.1 和图 3.2 分别给出两种灌溉水平下 3 种作物的株高。可以看出,两种灌溉定额下每种作物的株高变化过程基本一致,但不同灌水浓度表现出的结果有所差异。小麦 2g/L 处理、4g/L 处理在整个生育期株高差别甚微。由于 5 月 29 日开始微咸水灌溉,5g/L 处理在拔节期之后与 2g/L 处理、4g/L 处理的株高稍有差

别,7g/L 处理与前 3 个处理在拔节期之后差异较明显。正常定额与淋洗定额在孕穗期比 2g/L 处理分别降低了 2.5% 与 1%。8.21g/L 处理与前几个处理在拔节期后差异显著,正常定额与淋洗定额比 2g/L 处理株高分别降低了 14.2% 与 13.8%。可见,在灌水浓度大于 5g/L 处理时小麦生长开始受抑制,到 7g/L 处理时小麦受害明显,达到 8.21g/L 时小麦受害显著。

两种灌溉水平下,玉米从孕穗期开始到收获都有一定差异。4g/L 处理与 5g/L 处理较接近,7g/L 与 8.21g/L 处理交接近。正常灌溉定额下,5g/L 处理比 4g/L 处理低 3%,8.21g/L 处理比 4g/L 处理低 9%。淋洗灌溉定额下,5g/L 处理比 4g/L 处理低 4%,而 8.21g/L 处理比 4g/L 处理低 10%。4g/L 处理的株高与试验大田(3g/L)相比降低了 8%,而 3g/L 与淡水灌溉相差不大。对于 4g/L 处理,玉米株高就有所降低,但淋洗灌溉定额下比正常灌溉定额最后株高高出 1%～3%。说明灌溉水浓度大于 3g/L 时,玉米的生长受到明显抑制,淋洗灌溉比正常灌溉玉米受害程度降低。

两种灌溉水平下,7g/L 处理时葵花的株高明显降低。其中,4g/L 处理与 5g/L 处理相差较小,7g/L 处理与 8.21g/L 处理接近。正常灌溉定额下,5g/L 处理比 4g/L 处理低 1.5%,8.21g/L 处理比 4g/L 处理低 7%。淋洗灌溉定额下,5g/L 处理比 4g/L 处理低 3%,8.21g/L 处理比 4g/L 处理低 11%。4g/L 处理的株高与试验大田(3g/L)相比相差很小,而 3g/L 与淡水灌溉也较相近。淋洗灌溉定额下最后株高比正常灌溉定额高 1%～5%。说明在灌溉水浓度 4g/L 时,葵花生长基本不受影响,在灌溉水浓度 5g/L 时影响不明显,7g/L 时葵花生长明显受到抑制。

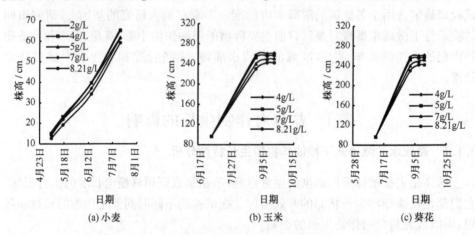

图 3.1　正常灌溉定额下 3 种作物株高

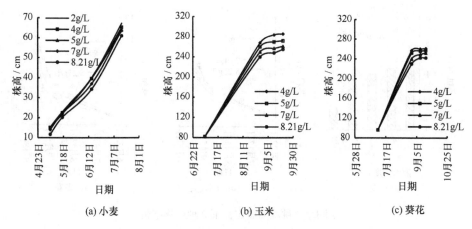

图 3.2　淋洗灌溉定额下 3 种作物株高

　　两种灌溉水平下 3 种作物茎粗如图 3.3 和图 3.4 所示。可以看出,两种灌溉水平下,作物的茎粗变化趋势基本一致。两种灌溉水平下,小麦 2g/L 处理与 4g/L 处理茎粗差别甚微;5g/L 处理与 2g/L 处理、4g/L 处理的茎粗稍有差别;7g/L 处理与 8.21g/L 处理与前 3 个处理有了较明显的差异。正常灌溉定额与淋洗灌溉定额下,8.21g/L 处理比 4g/L 处理分别小 12% 与 11.6%。

　　两种灌溉水平下,玉米茎粗趋势基本一致。4g/L 处理与 5g/L 处理在灌浆后、成熟前基本无差别;到成熟时,正常灌溉定额与淋洗灌溉定额 4g/L 处理分别比 5g/L 处理粗 3.8% 与 3.6%。7g/L 处理以后在孕穗期后有了明显的差异,正常灌溉定额与淋洗灌溉定额 8.21g/L 处理分别比 4g/L 处理的茎粗降低了 17% 与 16%。4g/L 处理的茎粗比 3g/L(试验大田)处理降低了 16%,而 3g/L 处理与淡水灌溉相差不大,淋洗灌溉定额比正常灌溉定额的茎粗提高了 5%～6%。通过分析说明,玉米在灌水浓度大于 4g/L 时,其生长受到影响,3g/L 时生长基本正常。

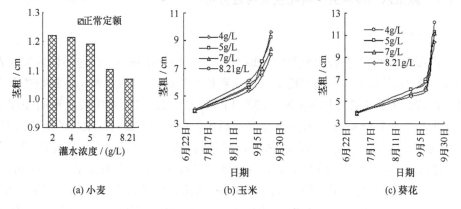

图 3.3　正常灌溉定额下 3 种作物茎粗

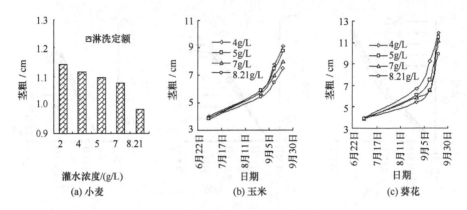

图 3.4　淋洗灌溉定额下 3 种作物茎粗

两种灌溉水平下葵花茎粗的变化过程基本相似,总的趋势是,葵花成熟之前 7g/L 处理与 8.21g/L 处理相差较小,接近成熟时 8.21g/L 处理的茎粗明显降低, 7g/L 处理的茎粗降低不很明显。正常灌溉定额下,成熟之前 4g/L 处理与 5g/L 处理的茎粗基本一致,成熟后 5g/L 处理比 4g/L 处理降低 5.1%;7g/L 处理比 4g/L 处理降低 5.3%;8.21g/L 处理比 4g/L 处理降低 16%。淋洗灌溉定额下 4g/L 处理在成熟之前比其他处理茎粗明显偏高,比 5g/L 处理高 9%,这是由于较 大定额的淋洗灌溉使根区盐分降低。而 4g/L 处理没有使作物受到很大影响,经 过淋洗后得到了补偿性生长。成熟后 5g/L 处理比 4g/L 处理降低 4.8%,7g/L 处 理比 4g/L 处理降低 5%,8.21g/L 处理比 4g/L 处理降低 15%。淋洗灌溉定额下 葵花的茎粗比正常灌溉定额下高 4%~5%。说明葵花在灌水浓度 5g/L 时,成熟 之前对茎粗影响不大,成熟后稍有差异;灌水浓度 7g/L 时,在成熟前有一定影响, 接近成熟时差异减小;灌水浓度 8.21g/L 时茎粗明显降低。

3.1.2　微咸水灌溉模式下枸杞生长特性分析

1. 株高

由图 3.5 可知,在轻度地和中度地中,生育期内枸杞株高生长速率均表现为先 增加后减小,并且其生长速率峰值出现在春梢生长期,株高生长速率在枸杞整个生 育期内按由大到小排序均为 CK>T3>T1>T2>T4。各生育阶段在不同处理下 株高生长速率有所不同,表现为灌溉淡水后生长速率高于灌溉咸水后的生长速率。 不同处理的株高生长速率均在春梢生长期最高,其中轻度地中 T1、T2、T3、T4 和 CK 的株高生长速率分别为 0.170cm/d、0.111cm/d、0.234cm/d、0.133cm/d、 0.256cm/d,中度地中 T1、T2、T3、T4 和 CK 的株高生长速率分别为 0.157cm/d、 0.143cm/d、0.234cm/d、0.153cm/d、0.245cm/d。在轻度地中,萌动期内 T1 处理生长速率最大,为 0.083cm/d;春梢生长期内 T3 处理生长速率最大,为 0.234cm/d;开花初期内 T2 处理生长速率最大,为 0.110cm/d;头茬果成熟期内 T3 处理生长速率最大,为 0.088cm/d;夏果盛期内 T1 处理生长速率最大,为 0.046cm/d。在中度地中,萌动期内 T3 处理生长速率最大,为 0.092cm/d;春梢生长期内 T3 处理生长速率最大,为 0.234cm/d;开花初期内 T2 处理生长速率最大,为 0.095m/d;头茬果成熟期内 T1 处理生长速率最大,为 0.082cm/d;夏果盛期 T1 处理生长速率最大,为 0.038cm/d。

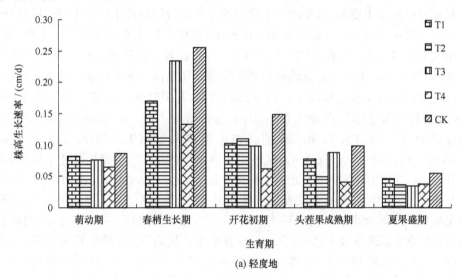

(a) 轻度地

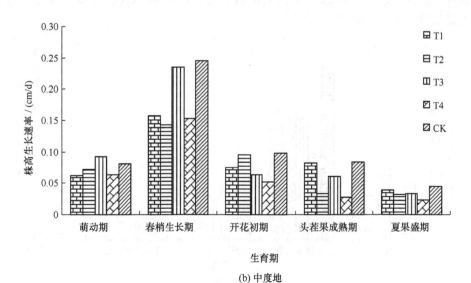

(b) 中度地

图 3.5 不同处理下株高生长速率

2. 新枝

新枝生长速率能够直接反映枸杞的生长发育状况,是考量枸杞生长发育的重要指标之一。枸杞新枝生长速率受土壤盐分影响较大,而不同轮灌模式下土壤盐分差异较大,因此,有必要对不同轮灌模式下枸杞的新枝生长速率进行探究。

由图 3.6 可知,在轻度地和中度地中,枸杞新枝生长速率在生育期内均表现为先增加后减小的趋势,其中在春梢生长期其生长速率达到峰值,并且轻度地的新枝生长速率略高于中度地,这是由于中度地的土壤盐分明显高于轻度地的土壤盐分,对枸杞生长影响较大。在轻度地和中度地中,新枝生长速率在枸杞整个生育期内按由大到小排序均为 CK>T3>T1>T2>T4。在各生育阶段不同处理下新枝生长速率有所不同,表现为灌溉淡水后其生长速率明显高于灌溉咸水后的生长速率。不同处理的新枝生长速率均在春梢生长期最高,其中轻度地中 T1、T2、T3、T4 和 CK 的新枝生长速率分别为 1.02cm/d、0.55cm/d、0.75cm/d、0.78cm/d、0.80cm/d,中度地中 T1、T2、T3、T4 和 CK 的新枝生长速率分别为 0.59cm/d、0.68cm/d、0.50cm/d、0.39cm/d、0.66cm/d。在轻度地中,萌动期内 T3 处理生长速率最大,为 0.49cm/d;春梢生长期内 T1 处理生长速率最大,为 1.02cm/d;开花初期 T2 处理生长速率最大,为 0.25cm/d;头茬果成熟期内 T1 处理生长速率最大,为 0.26cm/d;夏果盛期内不同处理的新枝生长速率基本一致,无显著差异。在中度地中,萌动期内 T4 处理生长速率最大,为 0.51cm/d;春梢生长期内 T3 处理生长速率最大,为 0.68cm/d;开花初期内 T2 处理生长速率最大,为 0.31cm/d;头茬果成熟期内 T1 处理生长速率最大,为 0.25cm/d;夏果盛期内不同处理的新枝生长速率基本一致,无显著性差异。

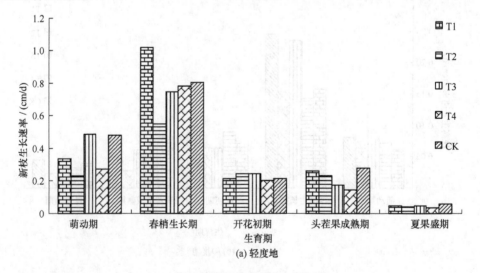

(a) 轻度地

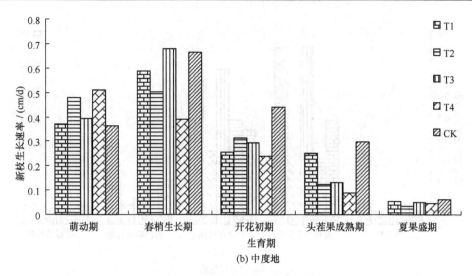

(b) 中度地

图 3.6　不同处理下新枝生长速率

3. 冠幅

冠幅是指枸杞树南北或者东西方向的平均宽度,用来表示枸杞树的规格。因此,通常用它来衡量枸杞树的长势情况。

枸杞冠幅生长速率和新枝生长速率密切相关,因此,不同处理下冠幅生长速率与新枝生长速率在生育期内的变化规律基本保持一致。冠幅生长速率因轮灌方式的不同而有所不同。由图 3.7 可以看出,冠幅生长速率高峰期出现在春梢生长期内,其次是开花初期。在轻度地和中度地中,冠幅生长速率在枸杞整个生育期内按由大到小排序均为 CK>T3>T1>T2>T4,轻度地的冠幅生长速率略高于中度地。不同处理的冠幅生长速率均在春梢生长期最高,轻度地中 T1、T2、T3、T4 和 CK 平均生长速率分别为 0.49cm/d、0.31cm/d、0.82cm/d、0.36cm/d、0.81cm/d,而中度地中各处理平均生长速率分别为 0.39cm/d、0.37cm/d、0.58cm/d、0.35cm/d、0.57cm/d。在轻度地中,萌动期和夏果盛期内不同处理的冠幅生长速率基本一致,无显著差异;春梢生长期内 T3 处理生长速率最大,为 0.82cm/d;开花初期 T3 处理生长速率最大,为 0.71cm/d;头茬果成熟期内 T1 处理生长速率最大,为 0.21cm/d。在中度地中,萌动期和夏果盛期内不同处理的冠幅生长速率基本一致,无显著差异;春梢生长期内 T3 处理生长速率最大,为 0.58cm/d;开花初期内 T1 处理生长速率最大,为 0.42cm/d;头茬果成熟期内 T1 处理生长速率最大,为 0.16cm/d。

4. 地径

地径通常是指枸杞树主干距地面一定距离处的直径,本研究则是量取地面以上 20cm 处枸杞树主干的直径。

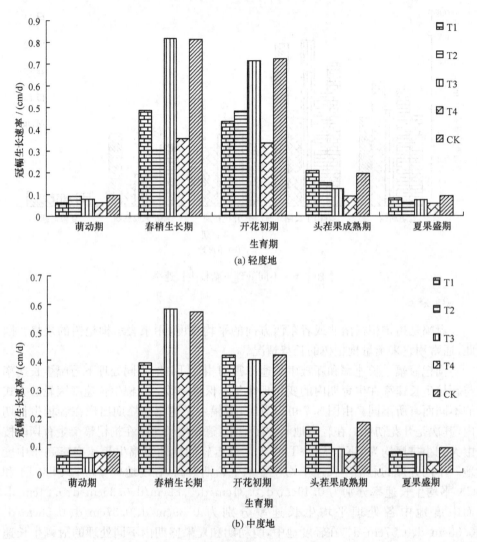

图 3.7　不同处理下冠幅生长速率

由图 3.8 可以看出,轻度地和中度地的地径生长速率在生育期内变化规律一致,均在春梢生长期表现为强劲的生长势头,其次为头茬果成熟期,而在夏果盛期生长速率最小,这是由于该段时间果实消耗了大量的养分,地径的生长速率就受到了一定的抑制。轻度地的地径生长速率略高于中度地,这是由于轻度地的土壤盐分含量比中度地小,因而对枸杞生长的影响就小。

在各生育阶段不同处理的地径生长速率有所不同。在枸杞整个生育期,轻度地和中度地按生长速率由大到小排序为 CK>T3>T1>T2>T4。不同处理的地径生长速率在不同的生育阶段达到峰值,在轻度地中,T3 处理和 CK 均在春梢生长期达到峰值,其地径生长速率分别为 0.164mm/d 和 0.186mm/d。而 T1、T2 和 T4 处理在头茬果成熟期达到峰值,其地径生长速率分别为 0.203mm/d、0.088mm/d 和 0.067mm/d。在中度地中,T3 处理和 CK 在春梢生长期达到峰值,分别为 0.103 mm/d 和 0.113mm/d,T1、T2 和 T4 处理均在头茬果成熟期达到峰值,其地径生长速率分别为 0.138mm/d、0.095mm/d 和 0.032mm/d。

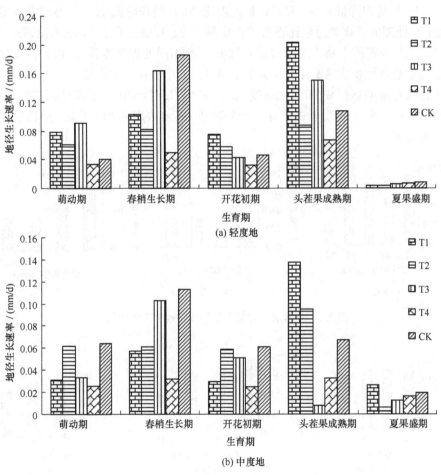

图 3.8　不同处理下地径生长速率

3.2　盐分对干物质累积的影响

3.2.1　微咸水灌溉模式对粮油作物干物质累积的影响

土壤水分和盐分状况影响作物的生理和光合性能,从而影响到作物干物质的累积。由图 3.9 和图 3.10 可以看出,3 种作物地面干物质总量变化的趋势一致,随灌水浓度的增加,地面干物质总量减少。小麦在正常灌溉定额下,2g/L 处理的干物质总量最高,8.21g/L 处理最少,比 2g/L 处理低 17.6%。4g/L 处理和 5g/L 处理相差很小,比 2g/L 处理降低 2.5%。7g/L 处理比 4g/L 处理、5g/L 处理略有降低,比 2g/L 处理降低 4%。在淋洗灌溉定额下,4g/L 处理和 5g/L 处理的干物质总量相等,比 2g/L 处理降低 4%。7g/L 处理比 4g/L 处理和 5g/L 处理略有降低;比 2g/L 处理降低 6%。8.21g/L 处理比 2g/L 处理降低 12%。淋洗灌溉定额下 2g/L 处理的干物质总量比正常灌溉定额下 2g/L 处理高 2%,4g/L 处理、5g/L 处理、7g/L 处理的干物质总量与正常灌溉定额相同处理基本接近,8.21g/L 处理的干物质总量比正常灌溉定额相同处理高 7%。小麦在灌水浓度大于 4g/L 时,地面干物质总量的累积减少,灌水浓度 4g/L 和 5g/L 时,干物质累积量相差较小;灌水浓度 7g/L 时,干物质累积量有一定的减少;灌水浓度 8.21g/L 时,干物质累积量减少显著。

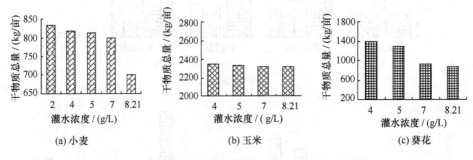

图 3.9　正常灌溉定额下 3 种作物地上干物质总量

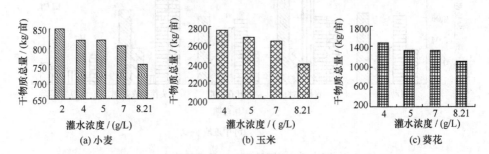

图 3.10　淋洗灌溉定额下 3 种作物地上干物质总量

由图 3.9(b)和图 3.10(b)可以看出,玉米正常灌溉定额下干物质的累积量比淋洗灌溉定额下明显降低。正常灌溉定额下,各处理的干物质累积量相差不大,8.21g/L 处理比淋洗灌溉定额降低了 3%,其他处理比淋洗灌溉定额降低了 15%。淋洗灌溉定额下,随着灌水浓度的增加,干物质累积量减少。其中,8.21g/L 处理比 4g/L 处理减少了 13%。如前所述,灌水浓度大于 3g/L 时,玉米的生长会受到明显影响,在所设置的处理中灌水浓度都大于3g/L,正常灌溉定额下玉米在灌水浓度为4g/L时,干物质累积明显减少,与其他处理没有明显的区别,说明玉米干物质的累积量在正常灌溉定额4g/L处理时就停止积累;淋洗灌溉定额下,4g/L处理、5g/L处理、7g/L处理的干物质累积量明显高于正常灌溉定额下相对应处理,淋洗灌溉定额的作用是非常明显的。

葵花干物质的积累量随着灌水浓度的增大而减少;淋洗灌溉定额下比正常灌溉定额下干物质累积量高。正常灌溉定额下,4g/L和5g/L处理相差不大,7g/L处理有较明显的降低,比4g/L处理降低32%,而8.21g/L处理比4g/L处理降低了36%。淋洗灌溉定额下,5g/L处理和7g/L处理的干物质累积量无差别,比4g/L处理降低了10%;8.21g/L处理比4g/L处理降低了25%。正常灌溉定额与淋洗灌溉定额相比,灌水浓度为4g/L、5g/L、7g/L、8.21g/L时,分别降低了6%、3%、29%、20%。以上分析说明,正常灌溉定额下,在灌水浓度大于5g/L时,葵花干物质累积量明显降低;淋洗灌溉定额下,在灌水浓度大于7g/L时,葵花干物质累积量明显降低。

3.2.2 微咸水灌溉模式对枸杞生长量的影响

图3.11显示了轻度地和中度地中不同轮灌模式对枸杞生长量的影响。可以看出,不同处理对枸杞生长的影响在轻度地和中度地中基本一致。

轻度地中,T1处理、T2处理和T4处理的冠幅生长量、新枝生长量和地径生长量与CK差异显著,而T3处理和CK差异不显著,只是株高生长量和CK差异显著。冠幅生长量在T3处理和CK之间差异不显著,而与其他处理差异显著,表现为咸淡水轮灌模式下,T3处理的冠幅生长量最高,仅次于CK,达到45.26cm;T1处理和T2处理差异不显著,但T1处理的冠幅生长量显著高于T4处理,高出达41.7%左右,而T2处理和T4处理之间差异不显著。咸淡水轮灌模式下新枝生长量在T3处理变为最高,在T4处理时最低,仅为27.40cm。不同处理的株高生长量和CK差异显著,其中,CK的株高生长量达到14.01cm,而T3处理仅次于CK,为11.42cm;T1处理和T3处理的株高生长量差异不显著,T2处理和T4处理差异不显著,而T1处理、T3处理和T2处理、T4处理之间差异显著。地径生长量在T1处理、T3处理和CK之间差异不显著,而T1处理、T3处理、CK处理和T2处理、T4处理之间差异显著。

中度地中,咸淡水轮灌模式下冠幅生长量同样在T3处理时达到最高,为29.50cm,与CK处理相比仅低7.8%;T3处理和T1处理差异不显著,而与T2处理和T4处理显著,T2处理和T4处理之间差异不显著。T3处理的新枝生长量与CK处理差异不显著,其他处理与CK处理差异显著;T1处理、T2处理和T3处理之间新枝生长量差异不显著,而T1处理、T3处理和T4处理差异显著。不同处理的株

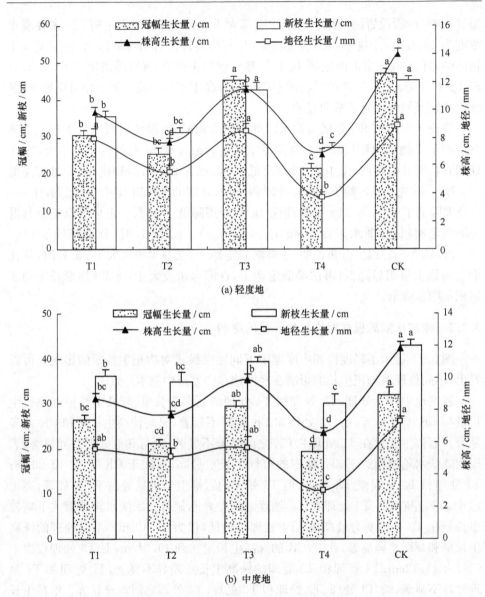

图 3.11　不同处理对枸杞生长量的影响

不同字母表示差异达 5% 显著水平

高生长量与 CK 处理均差异显著,而 T1 处理和 T3 处理差异不显著,T2 处理和 T4 处理差异不显著。地径生长量在 T1 处理、T3 处理和 CK 处理之间差异不显著,而 CK 处理与 T2 处理、T4 处理差异显著;地径生长量在 T1 处理、T2 处理和 T3 处理之间表现为 T3 处理最大,为 5.67mm,T1 处理仅次于 T3 处理,为 5.58mm。

通过上述分析可知,不同轮灌模式对枸杞的生长发育有很大影响,在咸淡水轮灌模式下 T3 处理对枸杞生长有利,而 T4 处理对枸杞的生长最不利,最大限度地抑制了枸杞的生长。因此,在采用咸水灌溉枸杞时,应采取合理的灌溉制度,避免对枸杞的生长产生大的影响。

将土壤电导率与枸杞各生长量做相关性分析可知,轻度地中(表 3.1),土壤电导率与冠幅生长量、新枝生长量、株高生长量和地径生长量呈显著负相关性,相关系数(分别为 -0.845、-0.875、-0.896 和 -0.780)大小表明,土壤电导率对枸杞生长的影响从大到小依次排序为株高、新枝、冠幅和地径。枸杞的冠幅生长量、株高生长量分别和新枝生长量表现为极显著正相关性,其中,冠幅生长量和新枝生长量的相关系数最大(0.990),其次为株高生长量和新枝生长量(0.976)。其余各指标之间均表现为显著正相关性,其中,冠幅生长量和株高生长量的相关系数最大(0.957),冠幅和地径的相关性最低(0.897)。

表 3.1　轻度地土壤电导率与生长量相关性分析

生长指标	土壤电导率	冠幅生长量	新枝生长量	株高生长量	地径生长量
土壤电导率	1.000				
冠幅生长量	$-0.845*$	1.000			
新枝生长量	$-0.875*$	$0.990**$	1.000		
株高生长量	$-0.896*$	$0.957*$	$0.976**$	1.000	
地径生长量	$-0.780*$	$0.897*$	$0.944*$	$0.913*$	1.000

** 在 0.01 水平上显著相关;* 在 0.05 水平上显著相关。

中度地中(表 3.2),土壤电导率与新枝生长量、株高生长量和地径生长量呈极显著负相关性,与冠幅生长量呈显著负相关性,相关系数(分别为 -0.980、-0.962、-0.961 和 -0.884)大小表明,土壤电导率对枸杞生长的影响从大到小依次排序为新枝、株高、地径和冠幅。枸杞的地径生长量和新枝生长量,冠幅生长量和株高生长量、新枝生长量和株高生长量呈极显著正相关性,其中,株高生长量和新枝生长量相关系数最大(0.986)。其余各生长指标均呈显著正相关性,其中,冠幅生长量和新枝生长量的相关系数最大(0.954),冠幅和地径相关系数最小(0.897)。

表 3.2　中度地土壤电导率与生长量相关性分析

生长指标	土壤电导率	冠幅生长量	新枝生长量	株高生长量	地径生长量
土壤电导率	1.000				
冠幅生长量	$-0.884*$	1.000			
新枝生长量	$-0.980**$	$0.954*$	1.000		
株高生长量	$-0.962**$	$0.970**$	$0.986**$	1.000	
地径生长量	$-0.961**$	$0.897*$	$0.969**$	$0.937*$	1.000

** 在 0.01 水平上显著相关;* 在 0.05 水平上显著相关。

为了寻求土壤盐分与枸杞冠幅生长量、新枝生长量、株高生长量和地径生长量之间的数量关系,对相关数据进行回归分析。通过对土壤盐分与枸杞各生长指标关系分析可知,土壤盐分与枸杞各生长指标之间的关系满足三次多项式,即

$$y=ax^3+bx^2+cx+d \tag{3.1}$$

式中,y 分别为冠幅生长量,cm;新枝生长量,cm;株高生长量,cm;地径生长量,mm;x 为土壤盐分,mS/cm;a、b、c、d 均为回归系数。

通过式(3.1)得到各生长指标与土壤盐分的回归方程。轻度地中(表 3.3),土壤盐分与枸杞各生长指标的生长曲线以三次曲线拟合度最高。依据 R^2 的大小,方程拟合性顺序为株高生长量>新枝生长量>冠幅生长量>地径生长量。中度地中(表 3.4),土壤盐分与枸杞各生长指标的生长曲线同样以三次曲线拟合度最高。依据 R^2 的大小,方程拟合性顺序为地径生长量>新枝生长量>株高生长量>冠幅生长量。

轻度地中,根据土壤盐分与枸杞生长量的回归方程可知(表 3.3),冠幅生长量随着土壤电导率的增大呈现先增加后减小的趋势,当土壤电导率为 0.67mS/cm 时,冠幅生长量达到最大值(51.43cm);新枝生长量、株高生长量和地径生长量均在土壤电导率为 0.64mS/cm 时达到最大值,分别为 45.22cm、14.01cm 和 8.91mm,之后随着土壤电导率的不断增加,新枝生长量、株高生长量和地径生长量均呈逐渐下降的趋势。

表 3.3 轻度地土壤盐分与枸杞生长量模拟方程

生长指标	回归方程	R^2
冠幅生长量	$y=32390x^3-70829x^2+51255x-12236$	0.7678
新枝生长量	$y=7996.4x^3-17682x^2+12867x-3043.2$	0.7880
株高生长量	$y=-1064.7x^3+2371.1x^2-1795.5x+471.16$	0.8078
地径生长量	$y=-5013.1x^3+10724x^2-7643.1x+1822.4$	0.7290

中度地中,同样根据土壤盐分与枸杞生长量的回归方程可知(表 3.4),冠幅生长量、新枝生长量、株高生长量和地径生长量均随着土壤电导率的增加呈现不断下降的趋势,在土壤电导率为 1.18mS/cm 时,冠幅生长量、新枝生长量、株高生长量和地径生长量均达到最大值,分别为 32cm、42.87cm、11.81cm 和 7.30mm。

表 3.4 中度地土壤盐分与枸杞生长量模拟方程

生长指标	回归方程	R^2
冠幅生长量	$y=631.5x^3-2589.9x^2+3484.6x-1511.1$	0.7943
新枝生长量	$y=239.83x^3-1001x^2+1348.1x-548.19$	0.9690
株高生长量	$y=134.27x^3-539.03x^2+702.27x-286.95$	0.9344
地径生长量	$y=-320.64x^3+1292.5x^2-1738.5x+785.79$	0.9823

本节主要分析了不同咸淡水轮灌对枸杞生长特性的影响,主要得到以下结论:
(1)不同处理的株高、新枝、冠幅和地径生长速率均在春梢生长期最高,灌溉

淡水后其生长速率明显高于灌溉咸水后的生长速率,并且轻度地各生长指标的生长速率均高于中度地,说明土壤盐分的大小是影响枸杞生长的重要指标之一。在轻度地和中度地中,各生长指标生长速率在枸杞整个生育期内按由大到小排序均为 CK>T3>T1>T2>T4。

(2) 不同处理的株高生长量、新枝生长量、冠幅生长量和地径生长量与生长速率具有一致性,也表现为 T3 处理各生长指标的生长量最高,仅次于 CK 处理,而 T4 处理的生长量最低。说明不同轮灌模式对枸杞生长发育影响较大,在咸淡水轮灌模式下,T3 处理土壤盐分较低,因此 T3 处理的各项生长指标较其他处理均较高。

(3) 通过相关性分析表明,土壤电导率与枸杞各生长指标均呈现显著负相关性,说明随着土壤盐分的增加,枸杞各生长指标会受到不同程度的抑制。土壤盐分与枸杞各生长指标之间的关系以三次曲线拟合度最高,通过回归方程可知,轻度地中,冠幅生长量随着土壤电导率的增大呈现先增加后减小的趋势,而其他生长指标均随着土壤电导率的增加呈逐渐下降趋势;中度地中,枸杞各生长指标均随着土壤电导率的增加呈现不断下降的趋势。

3.3　盐分对产量的影响

3.3.1　微咸水灌溉模式对粮油作物产量的影响

作物产量及其生长要素如表 3.5 所示。可以看出,作物产量及其要素随灌水浓度的增加而呈现减小的趋势;淋洗灌溉定额下作物的产量比正常灌溉定额下的产量增高。淋洗灌溉定额下 2g/L 处理的小麦产量比正常灌溉定额高 6%,4g/L 处理和 5g/L 处理在两种灌溉定额下的产量基本相等;淡水灌溉的小麦产量为 350~400kg/亩。由表 3.5 可看出,灌水浓度≥5g/L 时小麦开始减产。两种灌溉水平下 5g/L 处理的小麦产量比淡水灌溉降低 18%。

表 3.5　作物产量及其要素

方案	灌溉水浓度/(g/L)	小麦			玉米			葵花		
		平均亩产/(kg/亩)	株数/株	千粒重/g	平均亩产/(kg/亩)	株数/株	千粒重/g	平均亩产/(kg/亩)	株数/株	千粒重/g
正常灌水定额	2.0	383	51.42	41.2	—	—	—	—	—	—
	4.0	365	45.78	40.2	440	5800	243.9	238	3700	167
	5.0	332	43.28	39.6	340	5800	235.8	227	3703	162
	7.0	284	43.08	39.4	313	5800	216.9	168	3700	158
	8.21	258	40.73	36.9	286	5796	176.5	151	3697	144

续表

方案	灌溉水浓度/(g/L)	小麦			玉米			葵花		
		平均亩产/(kg/亩)	株数/株	千粒重/g	平均亩产/(kg/亩)	株数/株	千粒重/g	平均亩产/(kg/亩)	株数/株	千粒重/g
淋洗灌溉定额	2.0	408	55	45.2	—					
	4.0	367	49.3	40.4	453	5803	262.6	249	3700	183
	5.0	332	47.8	42.9	440	5800	244.9	227	3700	180
	7.0	295	44.83	39.8	320	5800	221.8	205	3700	172
	8.21	260	40.05	39.5	293	5800	201.6	162	3698	161

　　玉米淡水灌溉产量为 $500\sim550$kg/亩。从表3.5可以看出,所有处理下玉米产量全部减产,与淡水灌溉相比,减产率在9%~42%。淋洗灌溉定额下的各处理产量比正常灌溉定额下的产量有所提高。4g/L处理和5g/L处理淋洗灌溉定额的产量比正常灌溉定额高3%,7g/L处理和8.21g/L处理淋洗灌溉定额的产量比正常灌溉定额高2%。灌水浓度3g/L的试验大田中,玉米产量为540kg/亩,基本不减产。以上说明,玉米在灌水浓度大于3g/L时开始减产。

　　淡水灌溉的葵花产量为 $200\sim250$kg/亩。在表3.5中,正常灌溉定额下葵花在灌水浓度≥5g/L时开始减产,7g/L处理的产量比淡水灌溉的产量降低16%。淋洗灌溉定额下灌溉水浓度可达到7g/L,7g/L处理比正常灌溉定额高22%;8.21g/L处理的产量比淡水灌溉降低19%。由于2004年研究区降水量较大,葵花仅进行了一次微咸水灌溉,加上降雨的淋洗,因此葵花所能承受的灌水浓度可能会增大。

　　利用实测资料构建产量与灌水浓度的相关关系如图3.12所示。可以看出,作物产量与灌水浓度基本呈三次函数关系,相关系数在 $0.96\sim1.0$,相关性较为显著。

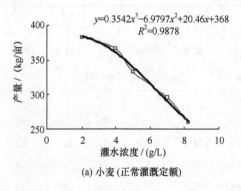

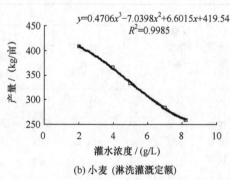

(a) 小麦(正常灌溉定额)　　　　　　　(b) 小麦(淋洗灌溉定额)

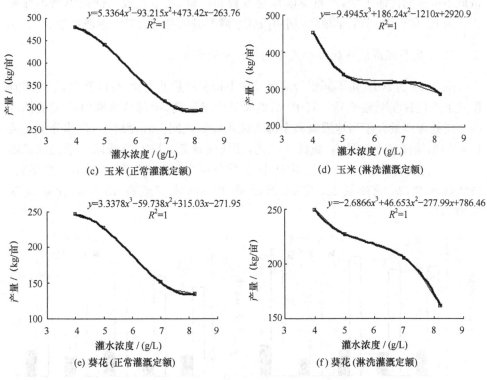

图 3.12　作物产量与灌水浓度的关系

由以上两种灌溉条件下的相关关系预测出 3 种作物的最大耐盐能力,如表 3.6 所示。2004 年 5～9 月研究区降雨频繁,微咸水灌溉后,降雨的不断淋洗使作物根区土壤中的盐分降低,导致微咸水灌溉对作物的影响减弱,所以表 3.6 中的数据应该偏大。从表 3.6 可以看出,淋洗灌溉定额下作物的耐盐能力增大,这是由于较大定额的淋洗灌溉将盐分淋洗到深层,在排水作用下从深层土壤中排出,使作物根区盐分降低。

表 3.6　3 种作物耐盐能力

灌溉条件	小麦/(g/L)	玉米/(g/L)	葵花/(g/L)
正常灌溉定额	4.5	3.0	5.0
淋洗灌溉定额	4.5	3.5	7.0

3.3.2　微咸水灌溉模式对枸杞产量的影响

微咸水灌溉易造成土壤可溶性盐分含量过高,引起盐害即盐分胁迫,同时在灌水量不足情况下,会引起水盐联合胁迫,特别是长时间或严重的水盐胁迫下,常常造成不可逆的代谢失常,严重影响作物发育和产量,甚至造成局部或整株植株死亡。因此,在干旱、半干旱地区,利用微咸水灌溉必须制定合理的灌溉制度。

1. 不同年度咸淡水轮灌模式下枸杞产量的变化

图 3.13 为 2012 年不同组合灌溉顺序下枸杞产量的变化,可以看出,不同灌溉模式下产量存在明显差异。其中,当地灌溉产量最高,全部咸水灌溉产量最低,2咸 1 淡处理产量介于当地灌溉和全部为咸水灌溉之间。轻度地中,具体分析 2 咸1 淡处理,淡咸咸产量最高,咸咸淡次之,咸淡咸最低,其中,淡咸咸产量比咸咸淡高 8.2%,比淡咸咸高 11%。中度地中,具体分析 2 咸 1 淡处理,淡咸咸产量最高,咸淡咸次之,咸咸淡最低,其中,淡咸咸产量比咸淡咸高 13.5%,比咸咸淡高 28.1%。

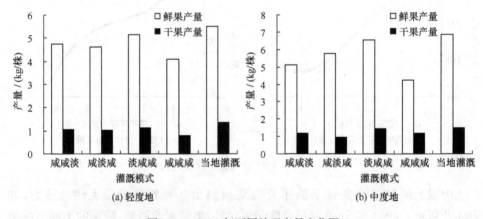

图 3.13　2012 年不同处理产量变化图

图 3.14 为 2013 年不同组合灌溉顺序下枸杞产量的变化,可以看出,不同灌溉模式下产量也存在明显差异。不同区块的产量变化与 2012 年基本一致,均表现为当地灌溉产量最高,全部咸水灌溉产量最低,2 咸 1 淡处理产量介于当地灌溉和全部为咸水灌溉之间。轻度地中,具体分析 2 咸 1 淡处理,淡咸咸产量最高,咸咸淡次之,咸淡咸最低,其中,淡咸咸产量比咸咸淡高 21%,比咸淡咸高 31.9%。中度地中,具体分析 2 咸 1 淡处理,淡咸咸产量最高,咸咸淡次之,咸淡咸最低,其中,淡咸咸产量比咸咸淡高 25.1%,比咸淡咸高 27.8%。

图 3.15 为 2014 年不同组合灌溉顺序下枸杞产量的变化,可以看出,不同灌溉模式下产量也表现出明显的差异。其中,当地灌溉产量最高,全部咸水灌溉产量最低,2 咸 1 淡处理产量介于当地灌溉和全部为咸水灌溉之间。轻度地中,具体分析2 咸 1 淡处理,淡咸咸产量最高,咸咸淡次之,咸淡咸最低,其中,淡咸咸产量比咸咸淡高 19.4%,比咸淡咸高 30.5%。中度地中,具体分析 2 咸 1 淡处理,淡咸咸产

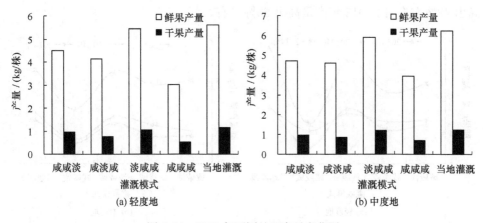

图 3.14　2013 年不同处理产量变化图

量最高,咸咸淡次之,咸淡咸最低,其中,淡咸咸产量比咸咸淡高 7.9%,比咸淡咸高 12.4%。

因此,3 个年度枸杞产量由大到小的次序均为当地灌溉>淡咸咸>咸咸淡>咸淡咸>咸咸咸。

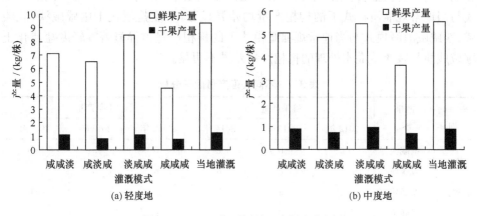

图 3.15　2014 年不同处理产量变化图

2. 年度间咸淡水轮灌模式下枸杞产量的变化

图 3.16 为 2013~2015 年不同处理下枸杞产量变化图,可以看出,变化趋势基本一致,均表现为当地灌溉产量最高,咸咸咸最低,2 咸 1 淡处理的产量介于 2 者之间,在 2 咸 1 淡处理中,产量由大到小的顺序依次为淡咸咸>咸咸淡>咸淡咸。2014 年不同处理产量明显高于 2012 年和 2013 年,这是由于在枸杞盛果期,2014 年降雨比 2012 年和 2013 年少,没有导致枸杞果实的腐烂,2014 年比 2012 年产量

高出 49％左右，比 2013 年产量高出 58％左右。

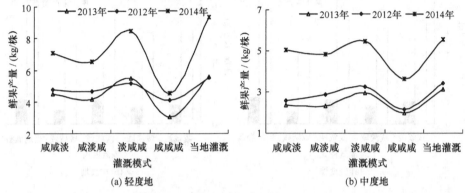

图 3.16　不同处理产量年际变化图

3. 咸淡水轮灌模式下枸杞产量与土壤水盐的相关性分析

由表 3.7 可以看出，不同的轮灌模式对不同年份、不同盐渍化土壤枸杞产量的影响不同，对枸杞的鲜果产量和干果产量的影响也不同。轻度地 4 种不同灌溉模式与当地常规灌溉模式下的枸杞产量均差异显著，中度盐渍化土壤咸咸淡、咸淡咸、淡咸咸灌溉模式与当地常规灌溉模式下的枸杞产量差异显著。轻度盐渍化土壤咸咸淡与咸淡咸灌水处理的枸杞产量差异不明显。

表 3.7　不同处理产量因子分析

处理	产量	鲜果产量			干果产量		
		2012 年	2013 年	2014 年	2012 年	2013 年	2014 年
轻度地	咸咸淡	c	b	c	b	b	ab
	咸淡咸	c	c	d	b	b	b
	淡咸咸	b	a	b	b	ab	ab
	咸咸咸	d	d	e	c	c	b
	当地灌溉	a	a	a	a	a	a
中度地	咸咸淡	b	b	b	bc	ab	ab
	咸淡咸	b	bc	c	b	ab	b
	淡咸咸	a	a	a	b	a	a
	咸咸咸	c	c	c	bc	5b	b
	当地灌溉	a	a	a	a	a	ab

注：不同字母表示差异达 5％显著水平。

从表 3.8 可以看出，枸杞产量与土壤盐分、含水率分别在 0.01 和 0.05 水平上显著相关,并且枸杞产量与土壤盐分呈极显著负相关,说明枸杞产量随着土壤盐分的增加而减少,枸杞产量与土壤含水率呈负相关,土壤含水率与土壤盐分呈极显著正相关。

表 3.8　枸杞产量与土壤盐分、土壤含水率的相关分析

	产量	土壤盐分	土壤含水率
产量	1		
土壤盐分	−0.542**	1	
土壤含水率	−0.383*	0.650**	1

** 在 0.01 水平上显著相关;* 在 0.05 水平上显著相关。

　　在相同灌水量条件下,咸水灌溉量的增加导致枸杞产量下降,即微咸水的使用与枸杞产量呈负相关。所有咸淡组合灌溉的产量都介于咸水灌溉和当地灌溉之间。灌 2 次咸水的产量明显大于灌 3 次咸水的产量。灌溉 2 次微咸水的处理,淡咸咸的产量高于咸咸淡和咸淡咸,从作物耐盐度方面考虑,枸杞属于耐盐性作物。淡咸咸处理第一次灌溉了淡水,对土壤盐分进行了淋洗,为后续两次咸水灌溉提供了基础,这样就保证枸杞生育期内根区含盐量最低,对作物生理性状和产量影响最小。

3.4　作物生育期土壤水盐动态

　　微咸水灌溉后,作物能否正常生长,取决于作物根层的土壤溶液浓度,当作物根层的土壤溶液浓度超过作物耐盐度的临界值时,作物生长受到抑制,产量下降甚至植株死亡。不同地区的不同作物耐盐度不同,研究区的主要种植作物为小麦、玉米、葵花。研究这 3 种主要作物在本区域的耐盐度值,是在本区域进行微咸水灌溉的基础。

3.4.1　小麦试验田土壤水盐动态

1. 土壤水盐在垂直方向的变化

　　小麦耐盐度试验设置两种灌水水平方案和 5 个灌水浓度水平,处理两个重复共 20 块试验小田,小麦生育期内共灌溉 3 次。考虑到小麦幼苗期耐盐能力差,5月 12 日的第一次灌溉用黄河水,5 月 29 日和 7 月 4 日进行两次微咸水灌溉,小麦生育期内两种方案的土壤水、盐在垂直方向的变化如图 3.17 和图 3.18 所示。

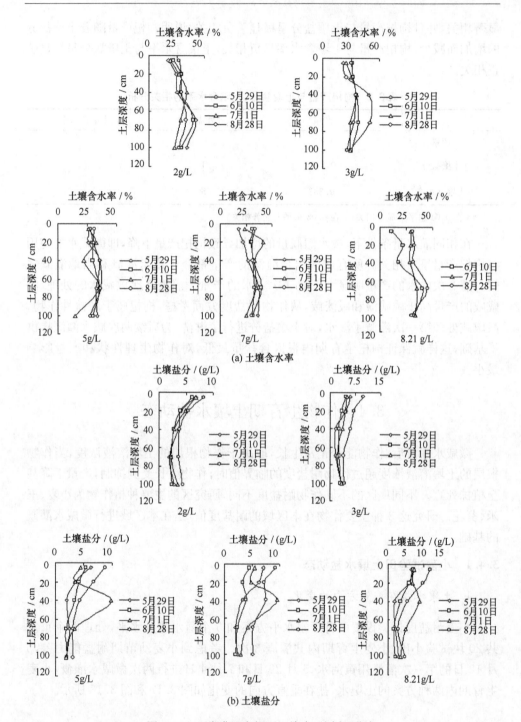

(a) 土壤含水率

(b) 土壤盐分

图 3.17　正常灌溉定额下土壤水、盐剖面分布

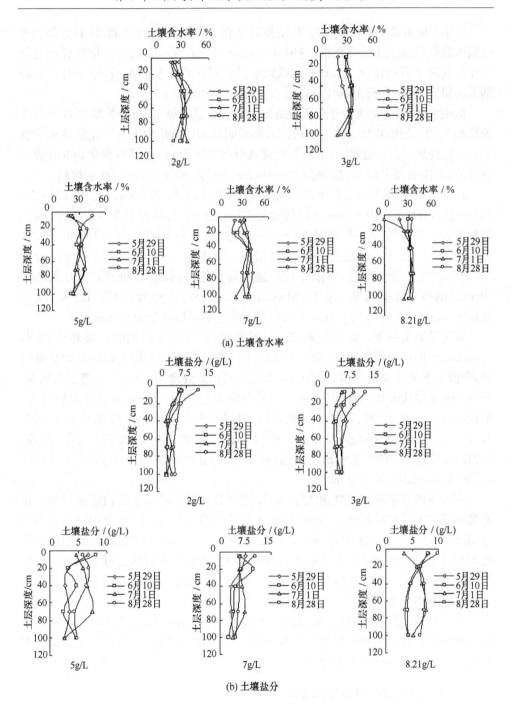

(a) 土壤含水率

(b) 土壤盐分

图 3.18　淋洗灌溉定额下土壤水、盐剖面分布

　　7月1日为第一次微咸水灌溉后第32天的土壤盐分剖面,8月28日为第二次微咸水灌溉后的土壤盐分剖面,这时小麦已收割。微咸水灌溉后土壤盐分的变化主要在这两个剖面体现。本章研究微咸水灌溉对作物生长的影响,以7月1日的剖面为研究对象,分析土壤盐分在垂直方向的变化。

　　微咸水灌溉后,土壤盐分在垂直剖面上的运移总趋势是,两种灌溉水平下2g/L处理和3g/L处理在100cm土层内没有形成明显的盐分集中聚集。正常灌溉定额下,5g/L处理、7g/L处理、8.21g/L处理盐分在20～70cm土层内聚集,40cm处达到峰值;淋洗灌溉定额下,盐分在40～100cm土层内聚集,70cm处达到峰值。

　　正常灌溉定额下,2g/L处理、3g/L处理时,从表层到70cm盐分逐渐减少,100cm处盐分增大,20～70cm土层的盐分平均值在2g/L处理下为3.37g/L,3g/L处理下为3.46g/L。5g/L处理下0～20cm土层盐分向下运移,70～100cm土层盐分向上运移,在40cm处盐分达到峰值9.87g/L,20～70cm土层平均盐分为5.67g/L。7g/L处理与8.21g/L处理盐分运移趋势同5g/L处理,7g/L处理下40cm处的盐分峰值为9.55g/L,20～70cm土层平均盐分为6.17g/L。8.21g/L处理下40cm处的盐分为8.90g/L,20～70cm土层平均盐分为6.94g/L。

　　淋洗灌溉定额下,2g/L处理、3g/L处理时,盐分在土层内的运移趋势相同,0～40cm土层盐分逐渐降低,70～100cm土层盐分由下向上增大,70cm处盐分增高,但没有形成明显的峰值。而在5g/L处理、7g/L处理、8.21g/L处理下表现为:0～70cm土层盐分逐渐增大,100cm处盐分向上运移,在70cm处盐分明显增大,形成峰值。5g/L处理、7g/L处理、8.21g/L处理下,在70cm处的峰值分别为7.5g/L、7.33g/L、7.58g/L。2g/L处理、3g/L处理、5g/L处理、7g/L处理、8.21g/L处理下,40～100cm处土层的盐分平均值分别为2.87g/L、3.11g/L、5.53g/L、5.92g/L、6.50g/L。

　　两种灌溉水平下都表现出大于5g/L处理盐分聚集层的盐分值明显增加。正常灌溉定额下,5g/L处理时20～70cm土层的盐分值比2g/L处理相同土层的盐分值高2.3g/L。淋洗灌溉定额下,5g/L处理时20～70cm土层的盐分值比2g/L处理相同土层的盐分值高2.66g/L。淋洗灌溉定额比正常灌溉定额下盐分聚集层的位置下移20～30cm,土壤盐分减少4%～15%。其中,5g/L处理下土壤盐分比正常灌溉定额低2.5%。

　　综上所述,灌溉水浓度达到5g/L时,盐分在土层内一定区域集中聚集,作物根层高浓度的盐分累积对作物生长极为不利,将会造成减产。结论与土壤盐分对作物生长影响的分析结果相吻合。

2. 土壤盐分随时间的变化过程

　　由图3.17和图3.18可以看出,盐分主要在0～70cm或0～100cm处积累。正常灌溉定额下0～70cm和淋洗定额下0～100cm的平均土壤盐分变化过程见图3.19。

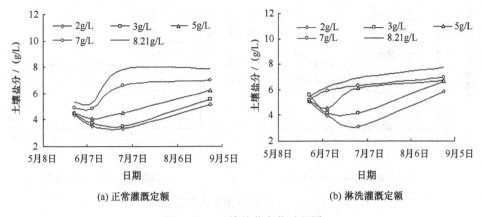

(a) 正常灌溉定额　　　　　　　　(b) 淋洗灌溉定额

图 3.19　土壤盐分变化过程图

由图 3.19 可以看出,两种灌溉水平下盐分变化的总趋势为:经过两次微咸水灌溉后,土壤盐分增加。正常灌溉定额下,生育期前后 2g/L 处理、3g/L 处理、5g/L 处理、7g/L 处理和 8.21g/L 处理时土壤盐分分别增加了 19%、23%、37%、43% 和 48%。从 5g/L 处理开始,土壤盐分的增加幅度较大,比 2g/L 处理增加了 14%。

淋洗灌溉定额下,生育期前后 2g/L 处理、3g/L 处理、5g/L 处理、7g/L 处理和 8.21g/L 处理时土壤盐分分别增加了 15%、18%、31%、35% 和 41%。从 5g/L 处理开始,土壤盐分的增加幅度较大,比 2g/L 处理下土壤盐分增加了 16%。淋洗灌溉定额比正常灌溉定额下生育期前后各处理(2g/L、3g/L、5g/L、7g/L 和 8.21g/L)的土壤盐分分别低 4%、5%、6%、8% 和 7%。

从以上分析可以看出,在小麦生育期内,微咸水灌溉将使土壤盐分增加。淋洗灌溉定额下土壤盐分的累积低于正常灌溉定额。两种灌溉水平下,从 5g/L 处理开始,土壤盐分增加幅度加大,作物根层盐分大幅度增加将会导致作物生长受到抑制。

3. 土壤盐分随灌溉浓度的变化过程

正常灌溉定额下 0~70cm 土层平均盐分和淋洗灌溉定额下 0~100cm 土层平均盐分与灌水浓度的关系见图 3.20。

从图 3.20 可以看出,两种灌溉水平下,土壤盐分随灌水浓度的增加而增加。第一次微咸水灌溉后(7 月 1 日),正常灌溉定额下,8.21g/L 处理比 2g/L 处理、3g/L 处理、5g/L 处理和 7g/L 处理土壤盐分分别增加 4.46g/L、4.32g/L、3.29g/L 和 1.22g/L。5g/L 处理土壤盐分的增加幅度较大,比 2g/L 处理增加 1.17g/L。淋洗灌溉定额下,8.21g/L 处理比 2g/L 处理、3g/L 处理、5g/L 处理和 7g/L 处理土壤盐分分别增加 3.76g/L、2.77g/L、0.77g/L 和 0.57g/L。5g/L 处理比 2g/L 处理增加 2.99g/L,土壤盐分的增加幅度较大。淋洗灌溉定额土壤盐分增加值低

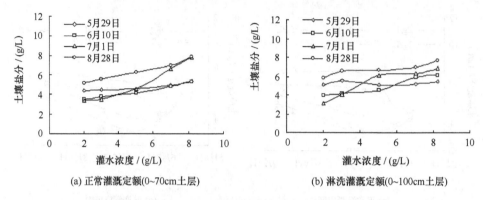

(a) 正常灌溉定额(0~70cm土层)　　　　(b) 淋洗灌溉定额(0~100cm土层)

图 3.20　土壤盐分-灌水浓度关系图

于正常灌溉定额,其中,淋洗灌溉定额下 5g/L 处理的土壤盐分增加值比正常定额低 2.43g/L。

第二次微咸水灌溉后(8 月 28 日),正常灌溉定额下 8.21g/L 处理比 2g/L 处理、3g/L 处理、5g/L 处理和 7g/L 处理土壤盐分分别增加 2.74g/L、2.39g/L、1.67g/L 和 0.89g/L。5g/L 处理土壤盐分的增加幅度较大,比 2g/L 处理增加 1.07g/L。淋洗灌溉定额下 8.21g/L 处理比 2g/L 处理、3g/L 处理、5g/L 处理和 7g/L 处理土壤盐分分别增加 1.86g/L、1.11g/L、1.02g/L 和 0.75g/L。5g/L 处理下土壤盐分的增加幅度较大,比 2g/L 处理增加 0.84g/L。淋洗灌溉定额土壤盐分的增加值低于正常灌溉定额,淋洗灌溉定额下 5g/L 处理的土壤盐分增加值比正常灌溉定额下低 0.65g/L。

结果表明,微咸水灌溉后,在相同灌水浓度下,淋洗灌溉定额的土壤积盐低于正常定额。两种灌溉水平下大于 5g/L 处理的土壤盐分增加幅度较大。

综上所述可知,微咸水灌溉后,土壤盐分随灌水浓度的增大和时间的推移而增加。在灌水浓度大于 5g/L 时,土壤盐分在作物根层内积累明显;淋洗灌溉定额下土壤盐分增加低于正常灌溉定额,土层内盐分峰值位置比正常灌溉定额下移 20~30cm。与前面微咸水灌溉对作物生长、产量的影响结果相比,初步认为,小麦在灌溉水浓度≥5g/L 时,作物生长受到影响。通过构建作物产量与灌水浓度的关系模型,预测小麦在研究区现状年条件下的耐盐度值为 4.5g/L。

3.4.2　葵花试验田土壤水盐动态

1. 土壤水盐在垂直方向的变化

葵花耐盐度试验设置两种方案 4 个处理两个重复,共 16 块试验小田,由于 2004 年降雨较多,生育期内共灌溉一次(7 月 7 日),葵花生育期内两种方案的土壤水、盐在垂直方向的变化见图 3.21 和图 3.22。

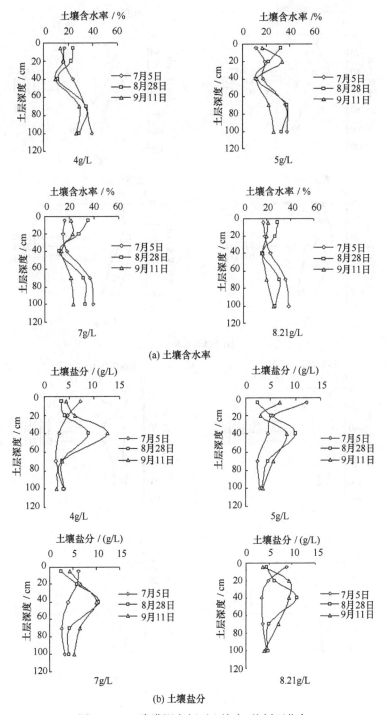

(a) 土壤含水率

(b) 土壤盐分

图 3.21　正常灌溉定额下土壤水、盐剖面分布

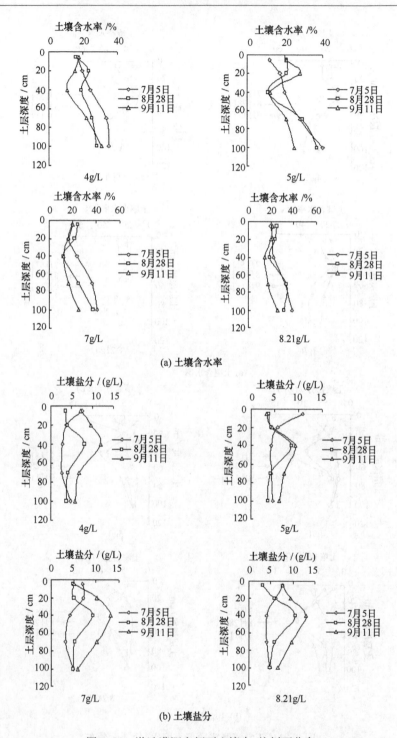

(a) 土壤含水率

(b) 土壤盐分

图 3.22　淋洗灌溉定额下土壤水、盐剖面分布

　　微咸水灌溉后土壤盐分的变化主要体现在 8 月 28 日和 9 月 11 日这两个剖面。9 月 11 日距微咸水灌溉时间太长,且已接近收获。本章主要研究微咸水灌溉对作物生长的影响,以 8 月 28 日的土壤盐分剖面为研究对象,分析土壤盐分在垂直方向的变化。

　　从图 3.21 和图 3.22 可以看出,微咸水灌溉后,土壤盐分在垂直剖面上的运移总趋势为,两种灌溉水平下各处理盐分在 20～70cm 土层内聚集,在 40cm 处达到峰值。正常灌溉定额下,各处理在 0～40cm 土层盐分向下运移,在 70～100cm 土层盐分向上运移,在 40cm 处盐分达到峰值。4g/L 处理、5g/L 处理、7g/L 处理和 8.21g/L 处理在 40cm 处峰值分别为 8.90g/L、10.10g/L、10.53g/L、11.12g/L;20～70cm 土层平均盐分分别为 5.52g/L、6.58g/L、6.89g/L、7.44g/L。

　　淋洗灌溉定额下,各处理时盐分在土层内的运移趋势与正常灌溉定额下相同,4g/L 处理、5g/L 处理、7g/L 处理和 8.21g/L 处理在 40cm 的峰值分别为 8.11g/L、8.56g/L、9.31g/L 和 10.54g/L,20～70cm 土层的盐分平均值分别为 5.42g/L、5.63g/L、6.52g/L 和 7.39g/L。正常灌溉定额下,5g/L 处理时盐分聚集层的盐分值明显增加,20～70cm 土层的平均盐分比 4g/L 处理相同土层的平均盐分高 1.06g/L。淋洗灌溉定额下,7g/L 处理时盐分聚集层的平均盐分增加较大,20～70cm 土层的平均盐分比 4g/L 处理相同土层的平均盐分高 1.1g/L。淋洗灌溉定额比正常灌溉定额下土壤盐分减少 2%～14%。其中,5g/L 处理土壤盐分比正常灌溉定额低 14%;7g/L 处理土壤盐分比正常灌溉定额下低 5%。

　　综上所述可知,正常灌溉定额下,灌溉水浓度达到 5g/L 时,盐分在土层内一定区域聚集量明显增大;淋洗灌溉定额下,灌水浓度达到 7g/L 时,盐分在土层内一定区域聚集量增加明显。

　　2. 土壤盐分随时间的变化过程

　　图 3.23 为 0～70cm 的土壤盐分平均值的动态过程曲线。两种灌溉水平下,盐分变化总趋势为微咸水灌溉后土壤盐分随时间的推移而增加。正常灌溉定额下,从微咸水灌溉后到收割,4g/L 处理、5g/L 处理、7g/L 处理和 8.21g/L 处理土壤盐分分别增加了 17%、31%、38% 和 43%。大于 5g/L 处理土壤盐分的增加幅度较大,比 4g/L 处理下土壤盐分增加了 14%。

　　淋洗灌溉定额下,从微咸水灌溉后到收割,4g/L 处理、5g/L 处理、7g/L 处理和 8.21g/L 处理土壤盐分分别增加了 15%、24%、32% 和 41%。从 7g/L 处理开始,土壤盐分的增加幅度较大,比 4g/L 处理下土壤盐分增加了 17%。淋洗灌溉定额比正常灌溉定额下各处理(4g/L、5g/L、7g/L 和 8.21g/L)的土壤盐分分别低 2%、7%、4% 和 2%。

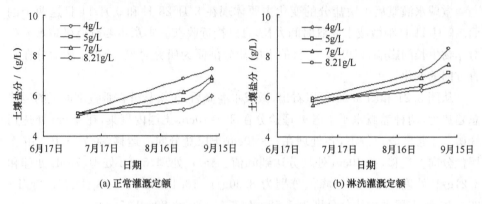

图 3.23　0～70cm 土壤盐分变化过程图

从以上讨论可看出,在葵花生育期内,微咸水灌溉将使土壤盐分增加,淋洗灌溉定额土壤盐分的累积低于正常灌溉定额。正常灌溉定额下,大于 5g/L 处理和淋洗灌溉定额下大于 7g/L 处理时,土壤盐分增加幅度加大。

3. 土壤盐分随灌溉浓度的变化过程

0～70cm 土壤平均盐分与灌水浓度的关系见图 3.24。两种灌溉水平下,土壤盐分随灌水浓度的增加而增加。第一次微咸水灌溉后(8 月 28 日),正常灌溉定额下,8.21g/L 处理比 4g/L 处理、5g/L 处理和 7g/L 处理土壤盐分分别增加 1.52g/L、1.07g/L 和 0.64g/L。5g/L 处理土壤盐分的增加幅度较大,比 4g/L 处理增加 0.88g/L。

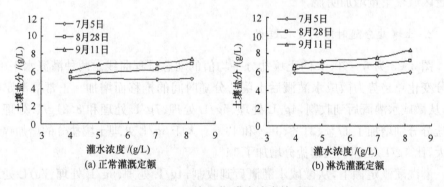

图 3.24　土壤盐分-灌水浓度关系图

淋洗灌溉定额下,8.21g/L 处理比 4g/L 处理、5g/L 处理和 7g/L 处理土壤盐分分别增加 0.95g/L、0.75g/L 和 0.35g/L。7g/L 处理土壤盐分的增加幅度较大,比 4g/L 处理增加 0.6g/L。淋洗灌溉定额下土壤盐分的增加值比正常灌溉定额下低。其中,淋洗灌溉定额下 5g/L 处理的土壤盐分增加值比正常灌溉定额下低 0.32g/L;7g/L 处理的土壤盐分增加值比正常灌溉定额下低 0.29g/L。微咸水灌溉后,在相同灌水浓度下,淋洗灌溉定额的土壤积盐比正常灌溉定额低。正常灌溉定额下 5g/L 处理和淋洗灌溉定额下 7g/L 处理的土壤盐分增加值幅度较大。

综上所述,微咸水灌溉后,土壤盐分随灌水浓度的增大和时间的推移而增加。正常灌溉定额下灌水浓度大于 5g/L 时和淋洗灌溉定额下灌水浓度大于 7g/L 时,土壤盐分在作物根层内积累明显;淋洗灌溉定额下土壤盐分增加量低于正常灌溉定额。结合前面微咸水灌溉对作物生长、产量的影响结果,初步认为,葵花在正常灌溉定额下灌溉水浓度大于 5g/L 时和淋洗灌溉定额下灌溉水浓度大于 7g/L 时,作物生长受到影响。通过构建作物产量与灌水浓度的关系模型,预测葵花在研究区现状年条件下,正常灌溉定额下的耐盐度值为 5g/L,淋洗灌溉定额下的耐盐度值为 7g/L。

3.4.3 玉米试验田土壤水盐动态

玉米耐盐度试验设置和葵花相同,为两种方案 4 个处理两个重复共 16 块试验小田,生育期内共微咸水灌溉 2 次,分别在 7 月 7 日和 9 月 20 日进行。9 月 20 日玉米已经成熟,微咸水灌溉对作物生长已没有很大影响。微咸水灌溉后土壤盐分对作物生长的影响主要在 8 月 28 日的土壤盐分剖面显示。玉米生育期内两种方案的土壤水、盐在垂直方向的变化见图 3.25 和图 3.26。0～70cm 土层盐分变化过程见图 3.27,0～70cm 土层土壤盐分-灌水浓度关系见图 3.28。

玉米与其他两种作物的土壤盐分变化趋势基本相似,只是初始剖面的差别导致灌溉后的剖面形状有所不同,此处不再细述。

从图 3.25～图 3.28 可以看出,7 月 7 日的微咸水灌溉后,8 月 28 日的土壤盐分变化趋势为:正常灌溉定额下灌水浓度大于 3g/L 时,土壤盐分开始明显增加;淋洗灌溉定额下灌水浓度≥4g/L 时,土壤盐分开始明显增加。综合前面微咸水灌溉对作物生长、产量的影响及产量与灌水浓度关系的预测,初步得出研究区现状年条件下玉米在正常灌溉定额下的耐盐度为 3g/L,淋洗灌溉定额下的耐盐度为 3.5g/L。

通过对 3 种作物耐盐度试验田不同灌水浓度处理下土壤盐分变化规律的分析可以看出,灌水浓度达到某一临界值时,盐分在一定深度的土层内聚集明显增大。不同作物发生这一现象的灌水浓度不同。该浓度与灌水浓度使作物生长、产量受到抑制的灌水浓度基本一致。通过构建产量与浓度的关系模型预测出 3 种作物的耐盐度值在分析值范围之内。

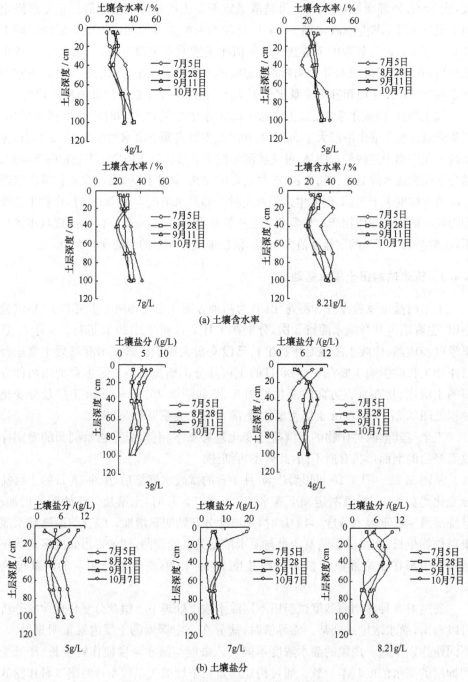

(a) 土壤含水率

(b) 土壤盐分

图 3.25　正常灌溉定额下土壤水、盐剖面分布

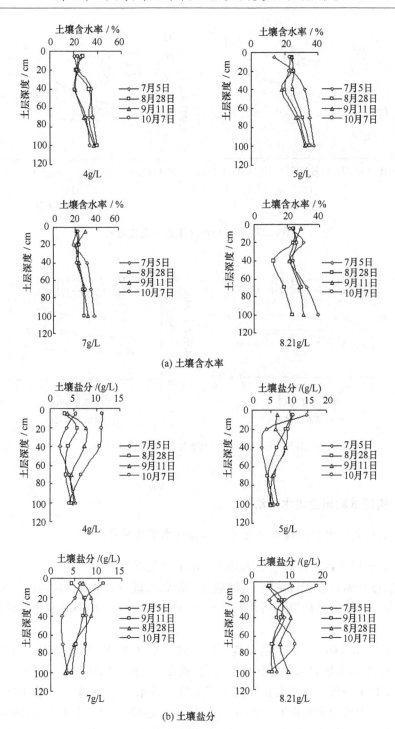

(a) 土壤含水率

(b) 土壤盐分

图 3.26　淋洗灌溉定额下土壤水、盐剖面分布

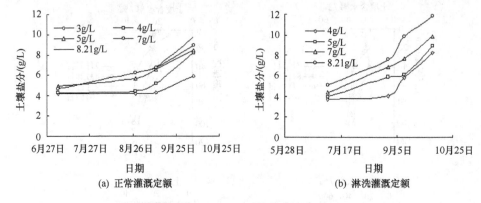

图 3.27　0～70cm 土壤盐分变化过程

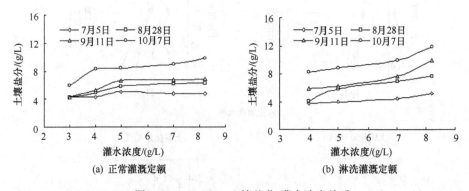

图 3.28　0～70cm 土壤盐分-灌水浓度关系

3.4.4　枸杞试验田土壤水盐动态

1. 不同咸淡水轮灌模式的土壤剖面含水率变化规律

1）不同年度轻度盐碱地土壤剖面含水率变化规律

在轻度盐碱区设置咸咸淡、咸淡咸、淡咸咸、咸咸咸及全部为淡水的 5 个处理，在枸杞整个生育期及秋浇前后共取样 6 次，分别对土壤含水率的变化规律进行分析研究。

图 3.29 是 2012 年轻度盐碱地不同处理土壤含水率的变化情况。可以看出，0～100cm 土层土壤含水率变化幅度较大，而在 100cm 以下，各种灌溉模式下土壤水分基本趋于一致。这主要是因为上层土壤受灌水、降雨和蒸发的影响较大。不同处理下的土壤含水率在 0～40cm 土层呈增大趋势，其中，咸咸淡、咸淡咸、淡咸咸处理变化幅度最大，咸咸咸次之，当地灌溉最小，咸淡咸、淡咸咸、咸咸淡、咸咸

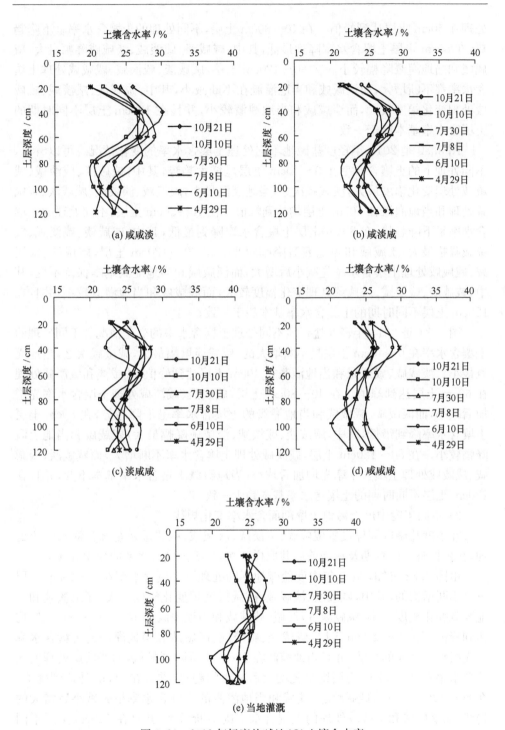

图 3.29　2012 年轻度盐碱地(Q)土壤含水率

处理在 40cm 土层达到峰值。在 40～80cm 土层,不同处理的土壤含水率呈下降趋势,在 80cm 土层土壤含水率降到最低,其中,咸咸淡、咸淡咸、淡咸咸降幅最大,咸咸咸和当地灌溉降幅较小。在 80～120cm 土层,咸咸淡、咸淡咸、咸咸咸处理土壤含水率都不断增大,而淡咸咸和当地灌溉在不断减小,其中,咸咸淡、咸淡咸、咸咸咸处理变化幅度较大,而淡咸咸和当地灌溉较小,并且在 120cm 土层不同时期的土壤含水率基本趋于一致。

图 3.30 是 2013 年轻度盐碱地不同处理土壤含水率的变化情况。可以看出,不同处理下的土壤含水率在 0～40cm 土层呈增大趋势,其中,咸咸淡、咸淡咸、咸咸咸处理变化幅度最大,淡咸咸次之,当地灌溉最小,咸淡咸、淡咸咸、咸咸淡、咸咸咸处理和当地灌溉在 40cm 土层均达到峰值。在 40～80cm 土层,不同处理的土壤含水率呈下降趋势,在 80cm 土层土壤含水率降到最低,其中,咸咸淡、咸淡咸、咸咸咸降幅最大,淡咸咸和当地灌溉降幅较小。在 80～120cm 土层,咸咸淡、咸淡咸、咸咸咸处理土壤含水率先减小后增大,而淡咸咸和当地灌溉基本保持不变,其中,咸咸淡、咸淡咸、咸咸咸处理变化幅度较大,而淡咸咸和当地灌溉较小,并且在 120cm 土层不同时期的土壤含水率基本趋于一致。

图 3.31 是 2014 年轻度盐碱地不同处理土壤含水率的变化情况。不同处理的土壤含水率在 0～40cm 土层是不断增大的,咸咸淡增幅最大,咸咸咸次之,当地灌溉最小。淡咸咸、咸咸咸和当地灌溉在 40cm 土层达到峰值,咸咸淡和咸淡咸处理在 60cm 土层达到峰值。在 40～80cm 土层,咸咸淡、咸淡咸处理土壤含水率先增加后减小,而淡咸咸、咸咸咸和当地灌溉的土壤含水率呈下降趋势,在 80cm 土层土壤含水率降到最低,其中,咸咸淡、咸淡咸、淡咸咸降幅最大,咸咸咸和当地灌溉降幅较小。在 80～120cm 土层,咸淡咸处理土壤含水率不断增大,而咸咸淡、淡咸咸、咸咸咸处理土壤含水率先增加后减小,当地灌溉土壤含水率基本不变,并且在 120cm 土层不同时期的土壤含水率基本趋于一致。

2) 不同年度中度盐碱地土壤剖面含水率变化规律

在中度盐碱区同样设置咸咸淡、咸淡咸、淡咸咸、咸咸咸及全部为淡水 5 个处理,在枸杞整个生育期及秋浇前后共取样 6 次,分析土壤含水率的变化规律。

由图 3.32 可知,2012 年中度盐碱地不同处理下土壤含水率在 0～40cm 土层也是不断增大的,其中,咸咸淡、淡咸咸、咸咸咸处理变化幅度较大,而咸淡咸和当地灌溉变化幅度较小,咸咸淡、咸淡咸、咸咸咸和当地灌溉在 40cm 及 80cm 土层均达到峰值。在 40～80cm 土层,咸咸淡、咸淡咸、咸咸咸和当地灌溉的土壤含水率呈先减小后增大的趋势,并且当地灌溉在 60cm 土层降到最低,而淡咸咸处理的土壤含水率在 40～80cm 土层则呈先增大后减小的趋势,并且在 60cm 处达到峰值。在 80～120cm 土层,咸咸淡、咸淡咸和当地灌溉的土壤含水率呈先减小后增大的趋势,而淡咸咸和咸咸咸处理的土壤含水率则不断增大,并且在 120cm 土层不同时期的土壤含水率也基本趋于一致。

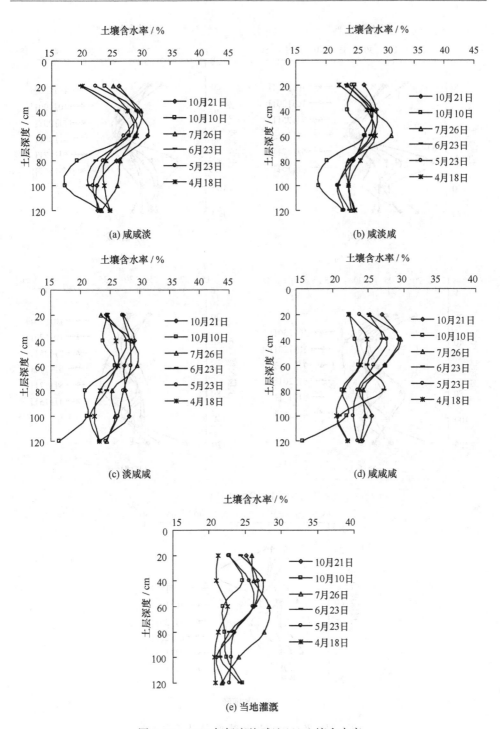

图 3.30　2013 年轻度盐碱地(Q)土壤含水率

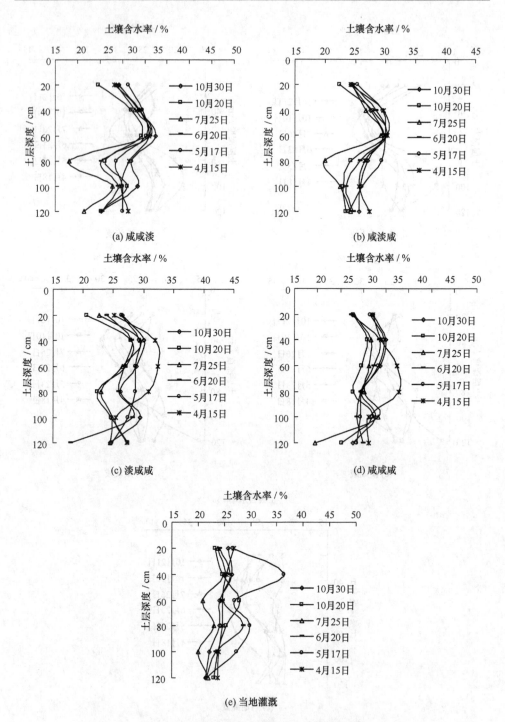

图 3.31　2014 年轻度盐碱地（Q）土壤含水率

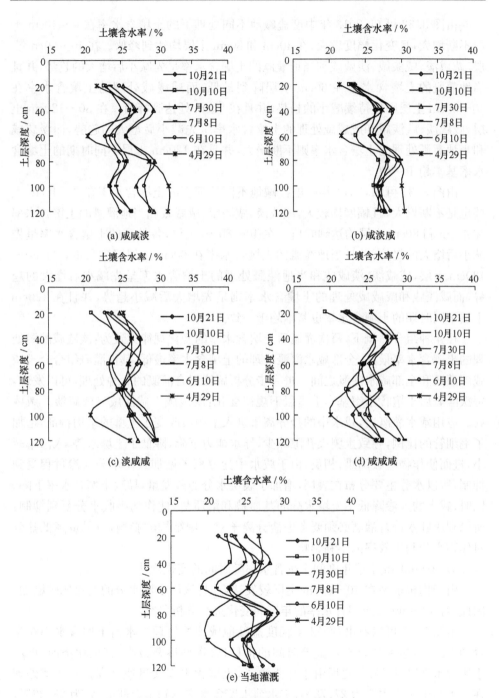

图 3.32　2012 年中度盐碱地(Z)土壤含水率

由图 3.33 可知,2013 年中度盐碱地不同处理下的土壤含水率在 0～40cm 土层不断增大,且变化幅度较大,在 40cm 和 80cm 土层均达到峰值。在 40～80cm 土层,咸咸淡、咸淡咸、淡咸咸和当地灌溉的土壤含水率呈先减小后增大的趋势,并且当地灌溉的土壤含水率在 60cm 土层降到最低,而咸咸咸处理的土壤含水率在 40～80cm 土层则呈持续减小的趋势,并且在 60cm 处达到峰值。在 80～120cm 土层,咸咸淡、咸淡咸和咸咸咸处理的土壤含水率呈先减小后增大的趋势,而淡咸咸和当地灌溉处理的土壤含水率则不断增大,并且在 120cm 土层不同时期的土壤含水率基本趋于一致。

由图 3.34 可知,2014 年中度盐碱地不同处理下的土壤含水率在 0～40cm 土层也是不断增大,且幅度均较大,咸咸淡、咸淡咸、咸咸咸和当地灌溉的土壤含水率在 40cm 和 80cm 土层均达到峰值。在 40～80cm 土层,各处理的土壤含水率呈先减小后增大的趋势,并且当地灌溉的土壤含水率在 60cm 土层降到最低。在 80～120cm 土层,咸咸淡、淡咸咸和当地灌溉处理的土壤含水率呈先减小后增大的趋势,而咸淡咸和咸咸咸处理的土壤含水率则呈先增大后减小趋势,并且在 120cm 土层不同时期的土壤含水率也基本趋于一致。

在 4 种组合灌溉下,每次灌溉后土壤含水率的变化规律大致为:淡咸咸灌溉处理的土壤含水率最高,全部咸水灌溉处理的土壤含水率最低,其他灌溉组合介于淡咸咸灌溉和全部咸水灌溉之间。进一步分析咸淡组合灌溉的 4 种处理,可以发现,每次灌溉后土壤含水率基本上呈以下规律变化:淡咸咸＞咸淡咸＞咸咸淡＞咸咸咸。应用咸水灌溉后,咸水中的盐分离子进入土壤后改变了土壤的结构特征,增加了毛细管的比例,导致土壤大孔隙减少,导水能力下降,降低了土壤水势,入渗率减小,进而使作物呼吸困难;相反,由于咸水中盐分离子增加致使水分入渗过程受到抑制,所以水分主要分布在表层,增加了表层水分的蒸发量,导致土壤含水率下降。同时,咸水的入渗降低了土壤水分的基质势和溶质势,使作物吸收水分受到抑制,所以利用咸水进行灌溉必须要考虑盐分离子对土壤结构的影响,应尽量降低盐分对作物水分利用效率的不利影响。

3) 40～60cm 土层年度间土壤含水率随时间的变化规律

由于枸杞根系在 40～60cm 土层较发达,并且该层土壤水分的变化比较剧烈,因此,对 40～60cm 土层含水率的年度间变化进行分析研究。

由图 3.35 可以看出,2012 年轻度盐碱地咸咸淡处理二水前土壤含水率在生育期内最大,达到 28.96%,随着时间的推移,含水率逐渐减小,直至秋浇前,该层土壤含水率降到 25%,之后由于秋浇灌溉,土壤含水率又迅速升高。咸淡咸处理在二水前土壤含水率为 27.78%,三水前土壤含水率达到生育期最高,为 28.28%,之后随着时间的推移也在逐渐减小,在秋浇前降为 25.45%,之后由于秋浇灌溉含水率迅速上升。淡咸咸处理二水前的土壤含水率为 27.22%,随着时间的推移先

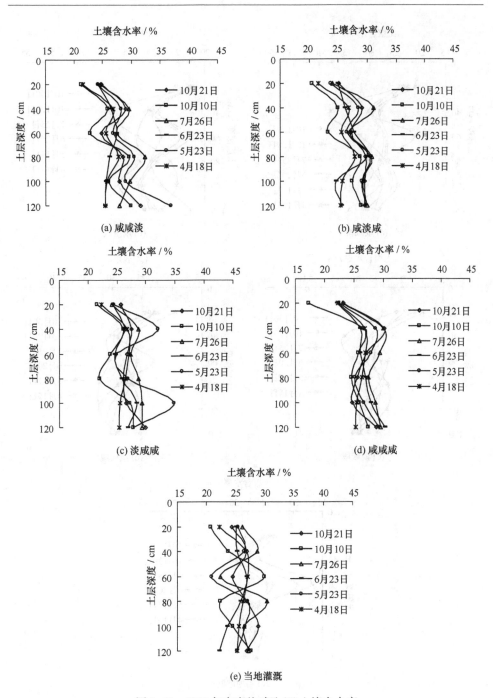

图 3.33　2013 年中度盐碱地(Z)土壤含水率

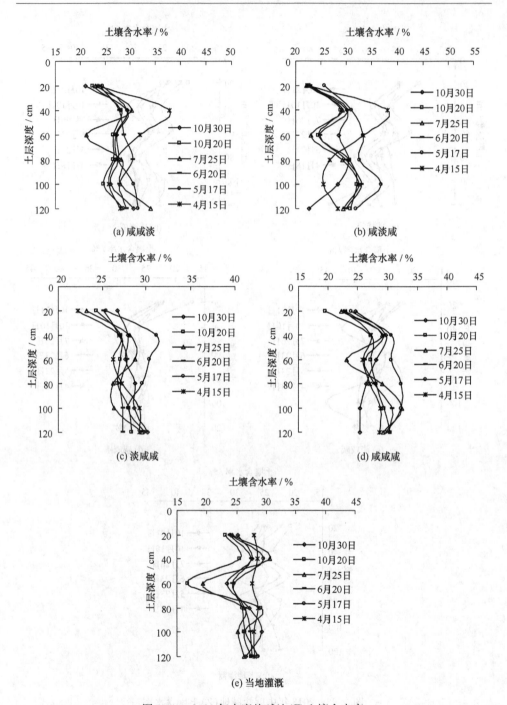

图 3.34　2014 年中度盐碱地(Z)土壤含水率

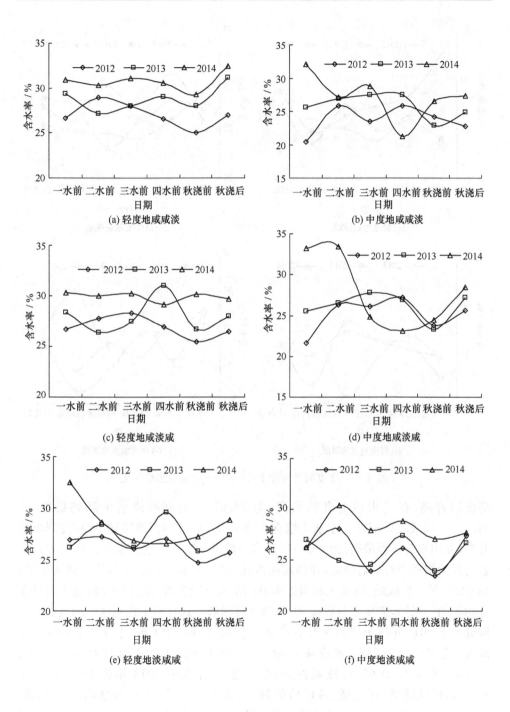

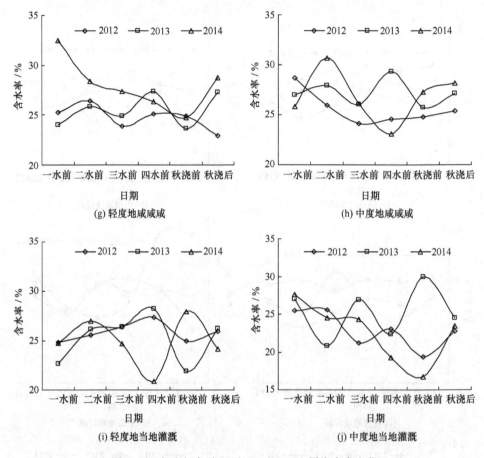

图 3.35　年度间各处理下 40～60cm 土层含水率变化

降低后升高,在三水前上升到最高,为 26.97%,直到秋浇前也降到最低,为
24.7%。咸咸咸处理在二水前土壤含水率为 26.42%,随着时间的推移先降低后
升高,在四水前达到最高,为 25.07%。当地灌溉二水前土壤含水率为 25.57%,随
着时间的推移先升高后降低,在四水前达到最高,为 27.37%,在秋浇前降为最低,
为 24.94%。淡咸咸、咸咸咸和当地灌溉四水前土层含水率达到最高,这个时期正
是枸杞的结果期,需要水分较多,因此这 3 种灌溉方式有利于枸杞产量的提高。不
同处理下 2013 年该土层的含水率普遍大于 2012 年、2014 年,生育期末轻度地咸
咸淡、咸淡咸、淡咸咸、咸咸咸处理下,2013 年比 2012 年分别高出 9.34%、
15.28%、9.57%、9.09%,咸咸淡处理下,土壤含水率 2013 年比 2014 年低了
4.83%,但咸淡咸、淡咸咸、咸咸咸处理下,2013 年比 2014 年分别高出 6.44%、
11.44%、3.89%,中度地生育期末各处理下,土壤含水率 2013 年也普遍高于 2012
年、2014 年,这主要是由于 2013 年的同期降水量普遍大于 2012 年、2014 年。

4) 0～120cm 土层年度间土壤含水率随时间的变化规律

将各年度 0～120cm 土层的含水率进行平均,对比分析了各年度 0～120cm 土层平均含水率随各次灌水前后的变化规律。

由图 3.36 可知,2013 年的同期含水率普遍高于 2012 年,2014 年普遍高于 2013 年。四水前轻度地咸咸淡处理下,土壤含水率 2013 年比 2012 年高出 7.02%,咸淡咸降低了 1.94%,淡咸咸升高了 2.66%,咸咸咸升高了 6.99%,当地灌溉升高了 3.26%,直至秋浇结束,2013 年的同样高于 2012 年。咸咸淡、咸淡咸、淡咸咸、咸咸咸和当地灌溉处理下,土壤含水率 2013 年比 2014 年分别高出 19.80%、5.25%、4.07%、7.50%、14.28%,直至秋浇结束,2013 年的同样高于 2014 年。四水前中度地咸咸淡、咸淡咸、淡咸咸、咸咸咸和当地灌溉处理下,土壤含水率 2013 年比 2012 年分别高出 2.37%、6.66%、5.22%、9.57%、2.77%,直至秋浇结束,2013 年的同样高于 2012 年。咸咸淡、咸淡咸、淡咸咸、咸咸咸和当地灌溉处理下,土壤含水率 2013 年比 2014 年分别高出 3.96%、4.00%、3.21%、1.58%、6.14%,直至秋浇结束,2013 年的同样高于 2014 年,这是因为 2013 年降水较多。从图中可以看出,各处理下 3 个年度间土壤含水率变化幅度不大,基本达到了年度间的平衡。

2. 不同咸淡水轮灌模式的土壤剖面含盐量变化规律

在轻、中度盐碱区设置咸咸淡、咸淡咸、淡咸咸、咸咸咸及全部为淡水的 5 个处理,在枸杞整个生育期及秋浇前后共取样 6 次,分别对土壤盐分的变化规律进行分析研究。由于枸杞根系在 40～60cm 土层较发达,并且该层土壤盐分的变化比较剧烈,因此,对 40～60cm 土层含盐量的年际变化进行分析研究。将各年度 0～120cm 土层的含盐量进行平均,对比分析了各年度 0～120cm 土层平均含盐量随各次灌水前后的变化规律。

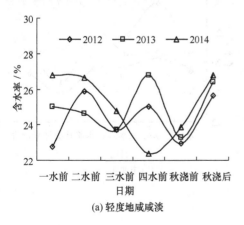

(a) 轻度地咸咸淡

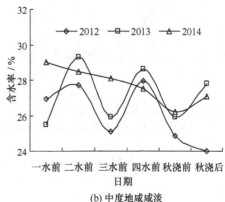

(b) 中度地咸咸淡

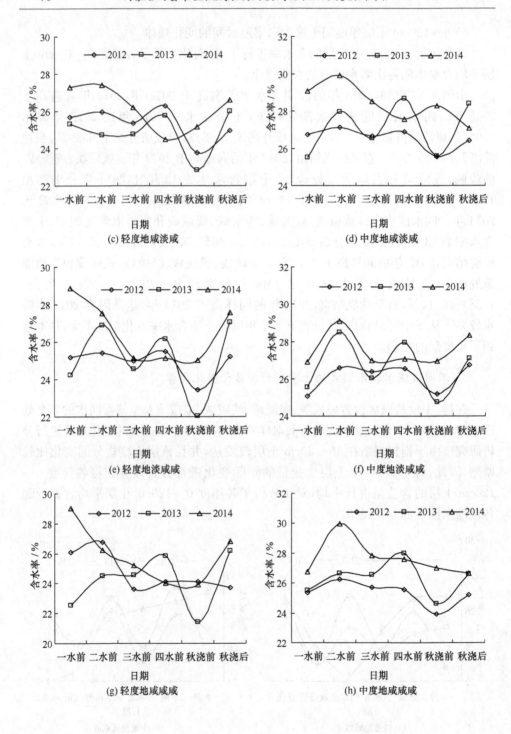

(c) 轻度地咸淡咸

(d) 中度地咸淡咸

(e) 轻度地淡咸咸

(f) 中度地淡咸咸

(g) 轻度地咸咸咸

(h) 中度地咸咸咸

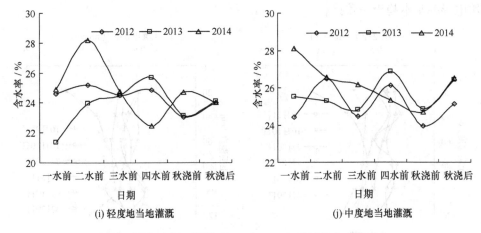

(i) 轻度地当地灌溉　　　　　　(j) 中度地当地灌溉

图 3.36　年度间不同处理 0～120cm 土层平均含水率变化

1) 不同年度轻度盐碱地土壤剖面含盐量变化规律

图 3.37 是 2012 年轻度盐碱地不同处理下土壤电导率的变化情况。不同处理下的土壤电导率在 0～40cm 土层呈降低趋势,其中,咸咸淡、淡咸咸、咸咸咸处理变化幅度最大,当地灌溉次之,咸淡咸最小;咸咸淡、淡咸咸、咸咸咸处理和当地灌溉在 40cm 土层达到峰值。在 40～80cm 土层,各处理均呈增加趋势,在 80cm 处达到峰值。在 80cm 土层土壤电导率升到最高,其中,咸咸淡、淡咸咸、咸咸咸升幅最大,咸淡咸和当地灌溉升幅较小。在 80～120cm 土层,咸咸淡处理土壤电导率不断增大,而其他处理电导率基本保持不变。

图 3.38 是 2013 年轻度盐碱地不同处理下土壤电导率的变化情况。不同处理下的土壤电导率在 0～40cm 土层呈降低趋势,其中,咸咸淡、咸淡咸、咸咸咸处理变化幅度最大,淡咸咸和当地灌溉变化较小;咸咸淡、咸淡咸、咸咸咸处理在 40cm 土层达到峰值。在 40～80cm 土层,咸咸淡、咸淡咸、咸咸咸处理呈先增加后减小的趋势,且在 60cm 处达到峰值;而淡咸咸处理与当地灌溉的电导率则没有很大幅度的变化。在 80～120cm 土层,咸咸淡、咸淡咸、咸咸咸处理与当地灌溉均呈先减小后增加的趋势,在 100cm 达到了第 2 次峰值,并且在 120cm 土层不同时期的土壤电导率基本趋于一致。

图 3.39 是 2014 年轻度盐碱地不同处理下土壤电导率的变化情况。不同处理下的土壤电导率在 0～40cm 土层呈降低趋势,其中,淡咸咸、咸咸咸处理和当地灌溉变化幅度最大,咸咸淡、咸淡咸处理变化较小;淡咸咸、咸咸咸处理和当地灌溉在 40cm 土层达到峰值。在 40～80cm 土层,各处理均呈先增加后减小的趋势,且在 60cm 处达到峰值,而咸咸淡、咸淡咸、淡咸咸、咸咸咸处理有很大幅度的变化。在 80～120cm 土层,各处理土壤电导率基本没有变化且在 120cm 土层不同时期的土

壤电导率基本趋于一致。

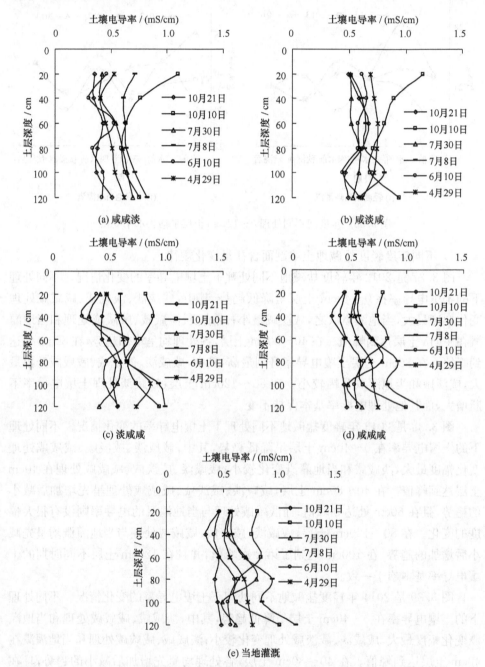

图 3.37 2012 年轻度盐碱地(Q)不同处理下土壤电导率

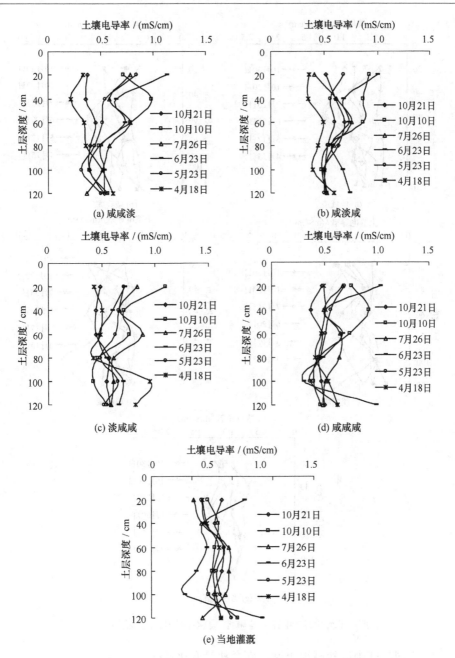

图 3.38　2013 年轻度盐碱地（Q）不同处理下土壤电导率

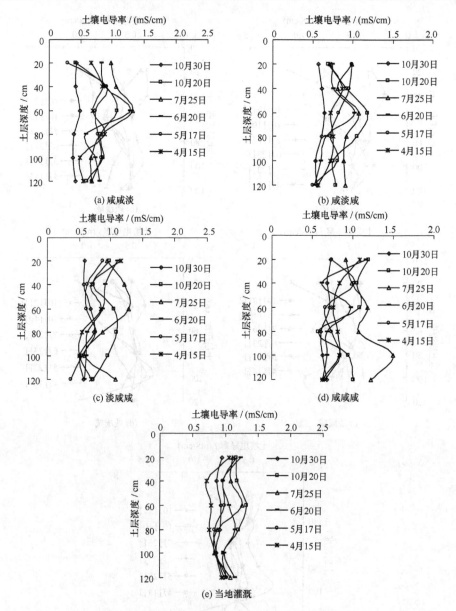

图 3.39 2014 年轻度盐碱地（Q）不同处理下土壤电导率

2）不同年度中度盐碱地土壤剖面含盐量变化规律

图 3.40 是 2012 年中度盐碱地不同处理下土壤电导率的变化情况。0～40cm 土层土壤电导率在咸咸淡、咸淡咸、淡咸咸处理下呈降低趋势，且变化幅度较大，在 40cm 达到峰值，咸咸咸和当地灌溉基本没有变化。在 40～80cm 土层，咸咸淡、淡咸咸处理呈逐渐增加的趋势，在 80cm 处达到峰值；而淡咸咸、咸咸咸处理呈先增

加后减小的趋势,且在 60cm 达到峰值,当地灌溉土壤电导率基本没有变化。在 80～120cm 土层,各处理土壤电导率基本没有变化且在 120cm 土层不同时期的土壤电导率基本趋于一致。

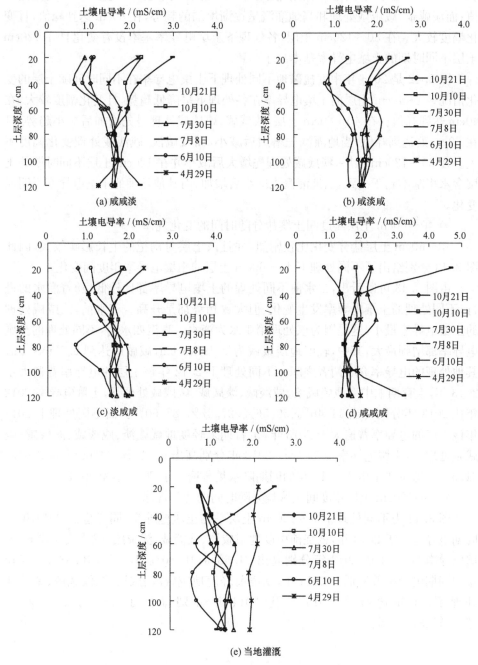

图 3.40　2012 年中度盐碱地(Z)不同处理下土壤电导率

图 3.41 是 2013 年中度盐碱地不同处理下土壤电导率的变化情况。0～40cm 土层的土壤电导率在各处理下呈降低趋势,且变化幅度较大,在 40cm 达到峰值。在 40～80cm 土层,咸咸淡、咸淡咸处理呈先增加后减小趋势,且在 60cm 处达到峰值;而淡咸咸、咸咸咸处理和当地灌溉呈逐渐增加的趋势,在 80cm 达到峰值,且变化幅度较大。在 80～120cm 土层,各处理下土壤电导率基本没有变化且在 120cm 土层不同时期的土壤电导率基本趋于一致。

图 3.42 是 2014 年中度盐碱地不同处理下土壤电导率在不同时间随土层的变化情况。0～40cm 土层的土壤电导率在各处理下呈降低趋势,且变化幅度较大,在 40cm 达到峰值。在 40～80cm 土层,淡咸咸、咸咸咸处理呈先增加后减小趋势,且在 60cm 处达到峰值;当地灌溉先增加后减小,而咸咸淡、咸淡咸处理变化幅度不大。在 80～120cm 土层,淡咸咸处理先增大后减小并在 120cm 土层不同时期的土壤含水率基本趋于一致,当地灌溉先减小后增加,而其他处理的土壤电导率无明显变化。

3) 40～60cm 土层年度间土壤盐分随时间的变化规律

40～60cm 土层盐分变化比较剧烈,并且该土层对枸杞的生长影响较大,因此图 3.43 分别给出了不同处理下 40～60cm 土层的土壤电导率年度间变化。

由图 3.43 可以看出,二水前不同处理的土壤电导率都比较低,随着灌水的进行,不同处理的土壤电导率发生变化,但大致趋势都是升高。三水前,淡咸咸处理的土壤电导率最小,这是因为该处理第 1 水为淡水。直至四水前,不同处理的土壤电导率都增到最大,其中,轻度地淡咸咸为 0.49mS/cm,咸咸咸达到 0.70mS/cm,其他处理的电导率介于两者之间。不同处理下 2012 年该土层的电导率普遍大于 2013 年,生育期末中度地咸咸淡、咸淡咸、淡咸咸、咸咸咸处理下,土壤电导率 2012 年比 2013 年分别高出 11.46%、50.56%、27.27%、87.60%。而不同处理下 2014 年该土层的电导率普遍大于 2013 年,生育期末轻度地咸咸淡、咸淡咸、淡咸咸、咸咸咸处理下,土壤电导率 2014 年比 2013 年分别高出 68.15%、44.00%、45.76%、81.54%,这主要是由于 2013 年的同期降水量普遍大于 2012 年和 2014 年。

4) 0～120cm 土层年度间土壤盐分随时间的变化规律

图 3.44 为不同处理下 0～120cm 土层平均土壤电导率,同样也是 2012 年的同期电导率高于 2013 年,秋浇前中度地咸咸淡、咸淡咸、淡咸咸、咸咸咸处理下,土壤电导率 2012 年比 2013 年分别高出 21.68%、18.80%、1.50%、10.88%。2013 年的同期电导率普遍低于 2014 年,秋浇前轻度地咸咸淡、咸淡咸、淡咸咸、咸咸咸处理下,土壤电导率 2013 年比 2014 年分别降低了 15.45%、22.50%、27.94%、37.07%。

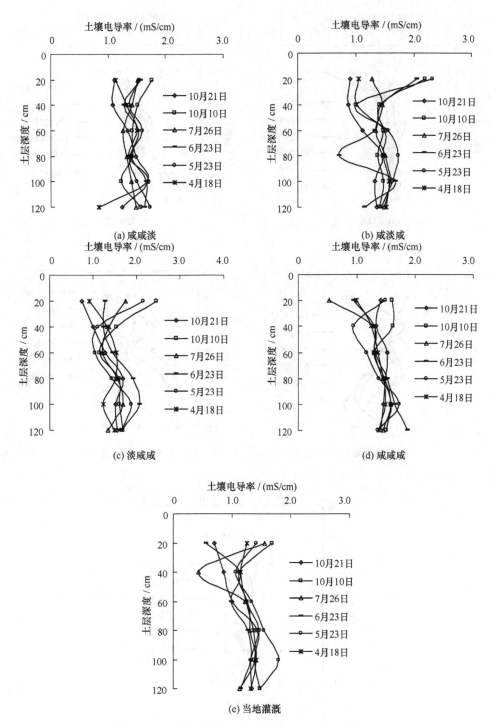

图 3.41　2013 年中度盐碱地(Z)不同处理下土壤电导率

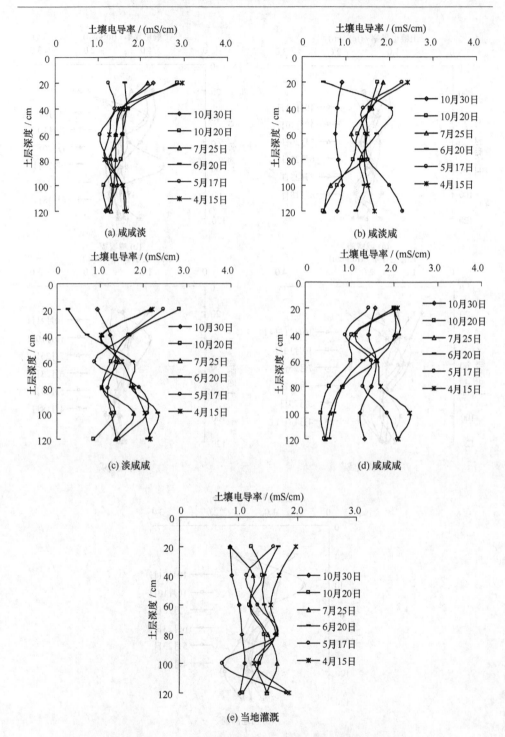

图 3.42　2014 年中度盐碱地(Z)不同处理下土壤电导率

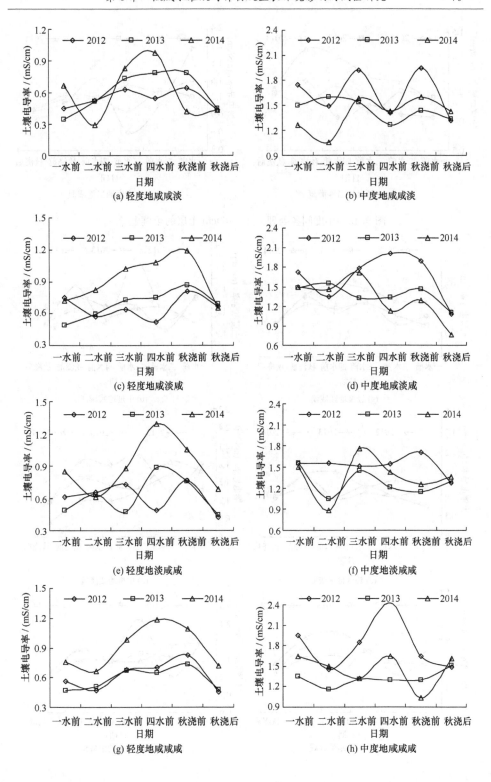

(a) 轻度地咸咸淡

(b) 中度地咸咸淡

(c) 轻度地咸淡咸

(d) 中度地咸淡咸

(e) 轻度地淡咸咸

(f) 中度地淡咸咸

(g) 轻度地咸咸咸

(h) 中度地咸咸咸

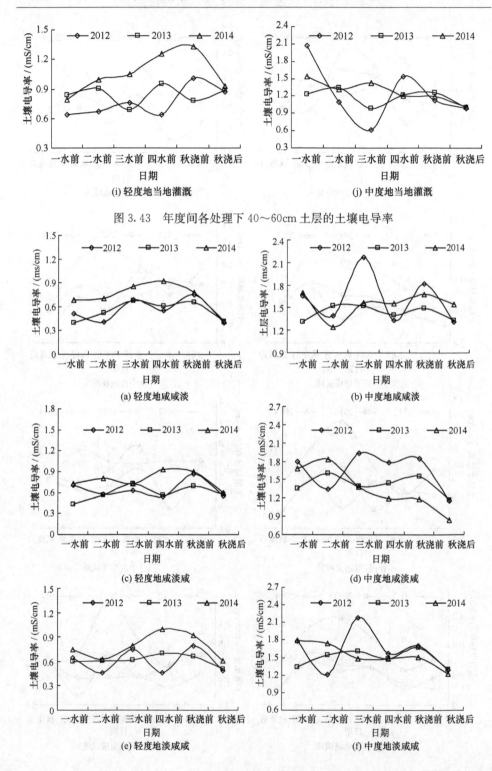

(i) 轻度地当地灌溉　　　　　　　(j) 中度地当地灌溉

图 3.43　年度间各处理下 40～60cm 土层的土壤电导率

(a) 轻度地咸咸淡　　　　　　　(b) 中度地咸咸淡

(c) 轻度地咸淡咸　　　　　　　(d) 中度地咸淡咸

(e) 轻度地淡咸咸　　　　　　　(f) 中度地淡咸咸

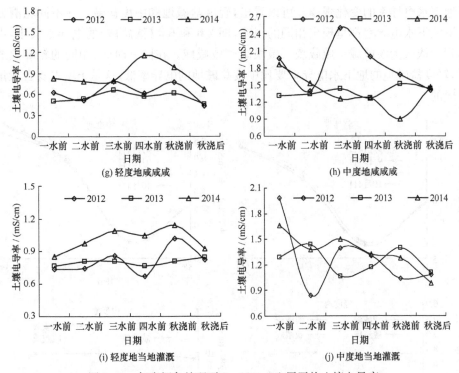

图 3.44　年度间各处理下 0～120cm 土层平均土壤电导率

从连续的 3 个年度来看,不同处理的土壤电导率都有不同程度的降低,说明土壤盐渍化现象在逐渐减弱,各处理下 3 个年度间土壤电导率变化幅度不大,基本达到了年度间的平衡;不同处理的土壤盐分也呈有规律的波动,开始各处理下盐分都比较低,随着灌水的进行,不同处理的土壤盐分发生变化:应用咸水进行灌溉后,土壤盐分会明显增加,而利用淡水灌溉后,土壤盐分则有所降低,直至每年秋浇前,不同处理下的土壤都出现了盐分累积现象,但随着秋浇灌溉的进行,不同处理下的土壤盐分都有很大程度的降低。从连续的 3 个年度试验中土壤盐分的累积情况看,不同处理下土壤盐分都没有累积,这主要是由于当地特有的秋浇灌溉对土壤盐分进行了有效的淋洗,使土壤盐分没有累积,在年际间达到了平衡。

3. 不同轮灌模式下地下水水质变化规律

在利用咸水进行灌溉时,土壤中的盐分随水分向下迁移,将盐分淋洗到地下水中,这将导致地下水的矿化度发生变化,不同矿化度的咸水、不同的灌溉模式对地下水的矿化度的影响也不同。

1) 不同年度地下水水质变化规律

图 3.45 给出了 2012 年轻度盐碱地和中度盐碱地在不同时期和不同轮灌方式

下地下水电导率的变化规律。可以看出,轻度盐碱地和中度盐碱地在不同轮灌方式下地下水电导率都呈现出相同的规律,即 2♯ 和 6♯(淡咸咸)的电导率最小,由小到大依次为淡咸咸＜咸咸淡＜咸淡咸＜咸咸咸。在同一时间、相同的轮灌模式下,轻度盐碱地的地下水电导率要比中度盐碱地的电导率低,这是土壤本身含盐量造成的。

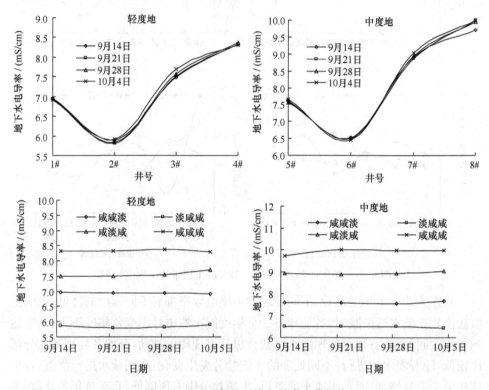

图 3.45　2012 年地下水电导率变化规律

图 3.46 给出了 2013 年不同轮灌方式下地下水电导率的变化规律。可以看出,电导率呈现出与 2012 年相同的变化规律,即在枸杞整个生育期内,淡咸咸轮灌模式矿化度处于最低水平,而全部咸水灌溉处理矿化度最高,由小到大依次为淡咸咸＜咸咸淡＜咸淡咸＜咸咸咸。随着作物生育期的推进,地下水矿化度总体呈增长趋势,其中,淡咸咸变化幅度最小,咸咸咸变化幅度最大。具体分析每一生长期灌溉后地下水矿化度可以看出,在某一生育期灌溉淡水后,矿化度有所降低,而灌溉咸水后矿化度则有所升高。从总体上看,在作物整个生育期内,相同的轮灌模式下,轻度盐碱地地下水矿化度要比中度盐碱地地下水矿化度低,但是淡咸咸轮灌模式却出现了相反的现象,即在淡咸咸轮灌模式下,轻度盐碱地地下水矿化度要比中度盐碱地地下水矿化度高。

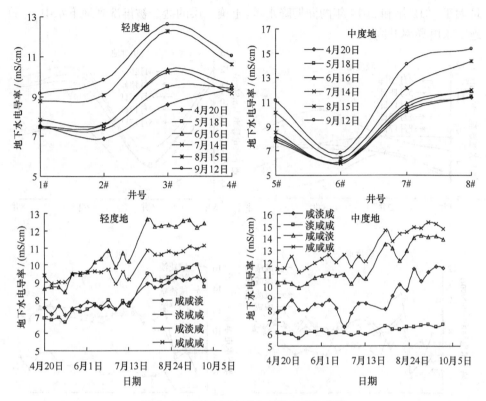

图 3.46　2013 年地下水电导率变化规律

图 3.47 给出了 2014 年不同轮灌方式下地下水电导率的变化规律。可以看出,电导率呈现出与前两年基本一致的变化规律,即在枸杞整个生育期内,淡咸咸轮灌模式矿化度处于最低水平,而全部咸水灌溉处理矿化度最高,由小到大依次为淡咸咸＜咸咸淡＜咸淡咸＜咸咸咸。轻度盐碱地咸淡咸模式下地下水电导率变化幅度最大,最大电导率为 10.31mS/cm,最小电导率减到了 6.04mS/cm,且相对其他模式电导率值最大,而中度盐碱地淡咸咸模式下,地下水电导率值最小,为4.55mS/cm。因此,在淡咸咸轮灌模式下,轻度盐碱地地下水矿化度要比中度盐碱地地下水矿化度高。

2) 年度间地下水水质变化

图 3.48 给出了不同处理下地下水电导率变化,可以看出,不同处理下 2013 年地下水电导率普遍高于 2012 年同期地下水电导率,2014 年地下水电导率介于2012 年和 2013 年之间。生育期末轻度盐碱地咸咸淡、淡咸咸、咸淡咸、咸咸咸处理下,地下水电导率 2013 年比 2012 年分别高出 16.7%、25.97%、39.24%、15.71%。轻度盐碱地咸咸淡、淡咸咸、咸淡咸、咸咸咸处理下,地下水电导率 2012年比 2014 年分别低 12.30%、16.81%、13.77%、13.95%,这是由于 2013 年降水

量大于 2012 年和 2014 年的同期降水量,土壤上层的盐分被淋洗到地下水中,导致地下水电导率升高。

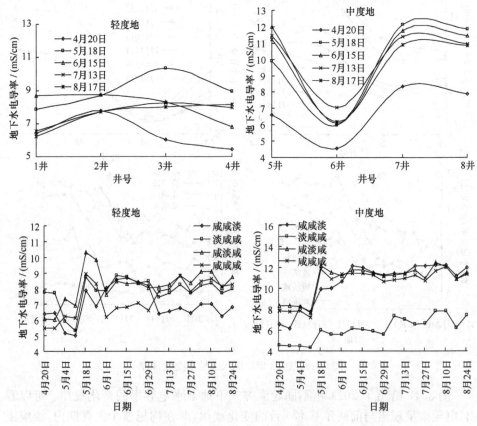

图 3.47　2014 年地下水电导率变化规律

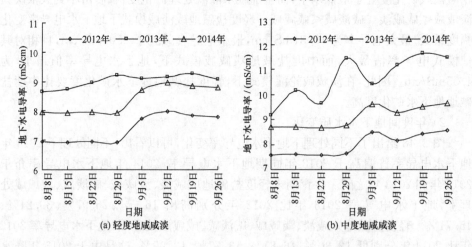

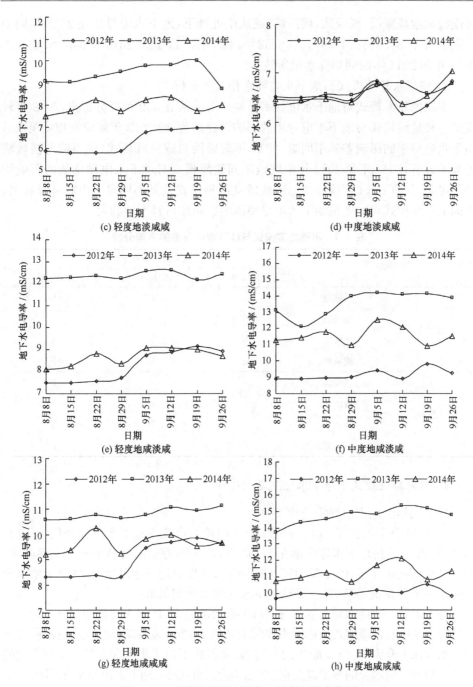

图 3.48 不同处理下地下水电导率年际变化图

从连续的 3 个年度来看,不同处理下地下水矿化度都有升高,其中,生育期末轻度盐碱地咸咸淡、淡咸咸、咸淡咸、咸咸咸处理下,地下水电导率比 2012 年同期分别上升了 30.46%、48.47%、65.82%、33.65%,这也是 2013 年的降水量大于 2012 年和 2014 年的同期降水量所致。

3) 咸淡水轮灌模式与地下水电导率相关性分析

不同的轮灌模式对地下水电导率影响显著。从表 3.9 可以分析出,2012 年轻度地 4 种轮灌模式对地下水电导率的影响差异显著,而 2013 年咸咸淡和咸淡咸对地下水电导率的影响差异不明显,2014 年咸咸淡与咸咸咸模式、咸淡咸与淡咸咸差异不显著;2012 年和 2013 年中度地不同轮灌模式对地下水电导率值的影响均差异显著,只有 2014 年淡咸咸与咸咸咸这两种模式差异不明显。由此可以看出,不同的轮灌模式对中度地下水电导率值的影响比对轻度地的大。

表 3.9 不同轮灌模式与地下水电导率的方差分析

井号		地下水电导率年均值		
		2012 年	2013 年	2014 年
轻度地	咸咸淡	c	c	b
	咸淡咸	d	c	a
	淡咸咸	b	a	a
	咸咸咸	a	b	b
中度地	咸咸淡	c	c	b
	咸淡咸	d	d	c
	淡咸咸	b	b	a
	咸咸咸	a	a	a

4. 不同轮灌模式下地下水埋深变化规律

1) 不同年度地下水埋深变化

图 3.49 分别给出了 2012~2014 年不同轮灌模式下地下水埋深变化,可以看出,2012 年 5 月初地下水埋深都在 2m 以下,这是因为秋浇后整个冬季无灌溉水,而且试验区处于干旱、半干旱地区,降雨稀少,所以对地下水补给少,加之土壤水分经受了一个冬季的持续蒸发,导致地下水埋深也降到最低。

开春的第一次灌水对土壤水分进行了有效的补充,地下水埋深明显升高,其中,淡咸咸(轻度地)轮灌模式下地下水埋深上升到 1.72m,咸咸淡(轻度地)轮灌模式下地下水埋深上升到 1.92m,而中度地不同轮灌模式下地下水埋深也都有不同程度的上升。随着土壤水分的蒸发以及枸杞对土壤水分的蒸腾,地下水埋深又有所降低,中度地咸咸咸模式降幅最大,达到 2.03m,轻度地淡咸咸模式降幅最大,达到 2.3m。随着枸杞生育期的推移,每次灌溉和降雨都将导致地下水埋深明显抬升,但由于各方面的耗水,地下水埋深又基本回到了初始水平。在整个生育期,地下水埋深明显出现了几次波峰和波谷,但生育期末,地下水埋深基本回到了开春时的水平。

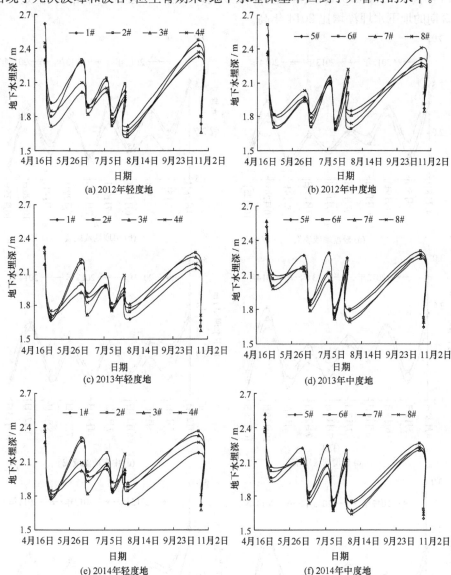

图 3.49　不同年度各处理地下水埋深变化

2) 年度间地下水埋深变化

图 3.50 为不同处理下地下水埋深年度间变化,可以看出,不同处理下 2013 年地下水埋深普遍高于 2012 年和 2014 年同期,其中生育期末 2013 年轻度地咸淡、淡咸咸、咸淡淡、咸咸咸处理下,地下水埋深 2013 年比 2012 年分别高 0.06m、0.19m、0.08m、0.09m,2013 年轻度地咸咸淡、淡咸咸处理下,地下水埋深分别比

2014 年高 0.02m、0.09m，咸淡咸和咸咸咸模式的地下水埋深基本相同，但是其他生育期的地下水埋深均比 2014 年高。

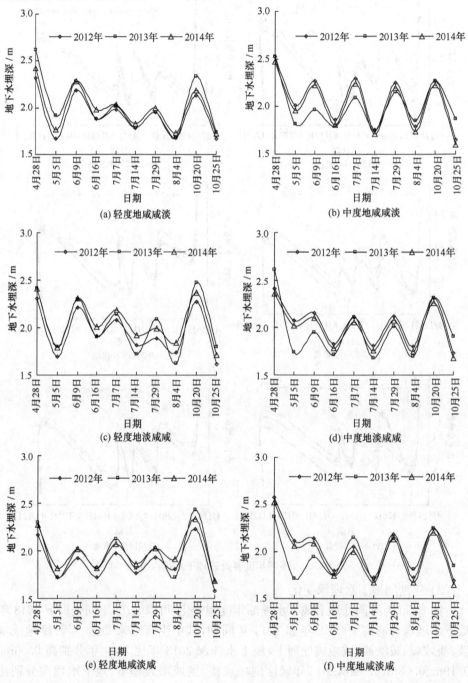

(a) 轻度地咸咸淡

(b) 中度地咸咸淡

(c) 轻度地淡咸咸

(d) 中度地淡咸咸

(e) 轻度地咸淡咸

(f) 中度地咸淡咸

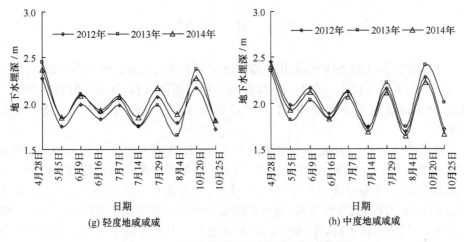

图 3.50　不同处理下地下水埋深年际变化图

这是由于 2012 年的降水量比较大,导致地下水埋深有小幅度的抬升。尽管灌溉制度相同,但降雨是影响地下水埋深的一个重要因素。从连续的 3 个年度来看,随着时间的推移,不同处理下地下水埋深又基本回到初始水平,并且年度间地下水埋深基本不变,可以达到年度间的平衡。

3) 土壤盐分与土壤含水率、地下水电导率、地下水埋深相关性分析

表 3.10 为土壤盐分与土壤含水率、地下水电导率、地下水埋深的相关性分析。可以看出,土壤盐分与土壤含水率极显著相关,与地下水埋深显著相关。土壤盐分与土壤含水率、地下水埋深呈显著正相关,即土壤含水率随着土壤盐分的增加而增加,地下水埋深增加,土壤盐分也增加。

表 3.10　土壤盐分与土壤含水率、地下水电导率、地下水埋深的相关分析

	土壤盐分	土壤含水率	地下水电导率	地下水埋深
土壤盐分	1			
土壤含水率	0.651**	1		
地下水电导率	0.162	0.035	1	
地下水埋深	0.563*	0.392	0.142	1

** 在 0.01 水平上显著相关；* 在 0.05 水平上显著相关。

综上所述,在生育期内淡咸咸灌溉处理土壤含水率最高,水分利用效率较大,不同土层的土壤盐分比较低,对地下水环境的影响也较小,虽然相对于当地灌溉有小幅度的减产,但在很大程度上节约了淡水资源。因此,提出淡咸咸灌溉模式是当地枸杞在试验条件下的优化灌溉模式。

3.5　小　　结

本章在田间试验条件下,采用正常灌溉定额和淋洗灌溉定额两种灌溉条件,对小麦、玉米、葵花 3 种作物在不同浓度处理下进行灌溉试验,并对 3 种作物的生长过程、地上部干物质累积规律、作物产量及土壤水盐动态进行研究。研究结果表明:

正常灌溉定额下,小麦在灌水浓度大于 5g/L、玉米在灌水浓度为 4g/L、葵花在灌水浓度大于 5g/L 时,其生长过程、地面干物质总量及产量开始受到影响。淋洗灌溉定额下,小麦在灌水浓度大于 5g/L、玉米在灌水浓度为 4g/L、葵花在灌水浓度大于 7g/L 时,其生长过程、地面干物质总量及产量开始受到影响。淋洗灌溉定额下,不同灌水浓度时,作物的生长、干物质累积及产量高于正常灌溉定额下作物的相应指标。

微咸水灌溉后,正常灌溉定额下,小麦试验田在 5g/L 处理时盐分在 20～70cm 土层明显聚集;玉米试验田在 4g/L 处理时剖面上盐分明显增加;葵花试验田在 5g/L 处理时盐分在 20～70cm 土层明显增加。淋洗灌溉定额下,小麦试验田在 5g/L 处理时盐分在 40～100cm 土层明显聚集;玉米试验田在 4g/L 处理时剖面上盐分明显增加;葵花试验田在 7g/L 处理时盐分在 20～70cm 土层明显增加。两种灌溉定额下,土壤盐分随灌水浓度的增加而增加。小麦试验田在生育期内,土壤盐分在 5g/L 处理时增加幅度较大,正常灌溉定额下,葵花试验田在生育期内土壤盐分 5g/L 处理时增加幅度明显,淋洗灌溉定额下,7g/L 处理时土壤盐分明显增加。

利用实测资料构建产量与灌水浓度的相关关系,作物产量与灌水浓度基本呈三次函数关系,相关系数 $R^2 = 0.96$～1.0,相关性非常显著。由相关关系预测出小麦在两种灌溉定额下的耐盐度为 4.5g/L。正常定额下玉米的耐盐度为 3g/L,葵花为 5g/L。淋洗定额下玉米的耐盐度为 3.5g/L,葵花为 7g/L。淋洗定额下作物的耐盐能力增大,这是由于较大定额的淋洗灌溉将盐分淋洗到深层,在排水作用下从土层中排出,使作物根区盐分降低。

通过对 3 种作物耐盐度试验田不同灌水浓度处理下土壤盐分变化规律的分析可以看出,灌溉水浓度达到某一临界值时,盐分在一定深度的土层内聚集明显增大。不同作物的临界值不同,该临界值与使作物生长、产量受到抑制的灌水浓度基本一致。通过构建产量与浓度的关系模型,预测出 3 种作物的耐盐度值在分析值的范围之内。由于 2004 年降雨频繁,微咸水灌溉后,降雨的不断淋洗使作物根区土壤中的盐分降低,导致微咸水灌溉对作物的影响减弱,本章的作物耐盐度值偏大,但这也代表了丰水年作物的耐盐度范围。

第4章 MODFLOW 模型与考虑区域
变异的 SWAP 模型的构建

我国水资源日趋紧缺,人口增长、社会经济的快速发展进一步加剧了引黄灌区农业、工业、生活用水的竞争。随着黄河水资源的紧缺,国家指令性规定,从 2000 年开始将内蒙古河套灌区引黄量由 50 亿 m³/年在 10 年内逐年减少到 40 亿 m³/年,未来的内蒙古河套灌区将不可避免地面临更加严峻的水资源短缺。为保证河套灌区农业生产的可持续发展,必须采取节水措施或开辟新的灌溉水源。

内蒙古河套灌区浅层咸水区面积约占总面积的 1/2,开发利用这部分咸水,不仅能减轻黄河水资源的供水压力,更重要的是通过对咸水的开采,腾空了地下库容,得以承接降水和其他地表水的补给,补给的淡水或较淡的水将土壤盐分淋洗到深层,通过排水系统排出区外,使咸水层逐渐淡化,可改善生态环境。三湖河灌域地处河套灌区的最下游,适时适量地浇水较为困难。三湖河因其特殊的地理位置,地下咸水、微咸水较丰富,且地下水埋深较浅。将咸水、微咸水作为补充水资源进行灌溉,做到抽咸补淡已成为解决内蒙古河套灌区水资源短缺的关键。

进行微咸水灌溉,要确保灌区水土环境的安全,微咸水灌溉后地下水盐运动规律和水盐均衡要素的转化关系等问题需要深入研究。本章引进 MODFLOW 模型探讨微咸水灌溉条件下地下水盐及其均衡要素的转化关系,为微咸水在地区的利用提供技术支撑。

MODFLOW 是一个描述地下水三维流场与物质迁移的专业运算软件。其中,MODFLOW 主要是模拟地下水的运动状态,MT3DMS 是用来模拟三维地下水流动系统中对流、弥散和化学反应的计算机模型,是目前世界上最通用的地下水模拟软件。但由于不同地区的水文地质条件等情况不同,具体应用时需对模型的有关参数及其可靠性进行检验。本研究以红卫试验区为模拟对象,对 MODFLOW 模型的可行性、可靠性进行检验和分析。

4.1 地下水流数值模型的初始参数

4.1.1 计算网格剖分

MODFLOW 采用有限差分法对地下水流进行数值模拟,含水层采用等距或不等距正交的长方体剖分网格。研究区实际长为 3450m,宽为 1420m。计算长度取东西长 3500m,南北宽 1500m,计算时在两个方向上等距分为 100×50 个网格,垂向方向上分为两层,上层为 0~10m 的弱透水层,下层为 40m 的含水层。研究区的总网格数为 100×50×2,共计 10000 个。网格剖分剖面图和平面图分别如图 4.1 和图 4.2 所示。研究区垂向各层高程见表 4.1。

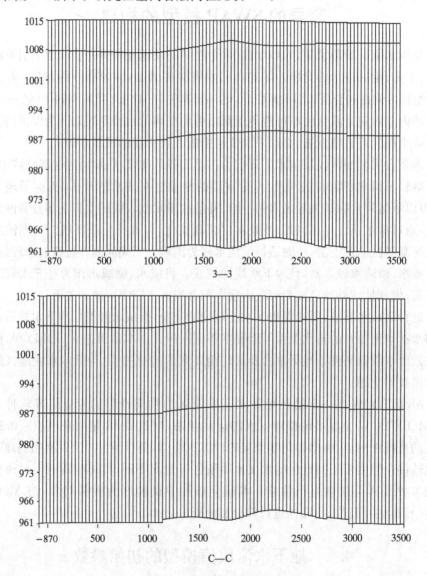

图 4.1　研究区网格剖分剖面图(单位:m)

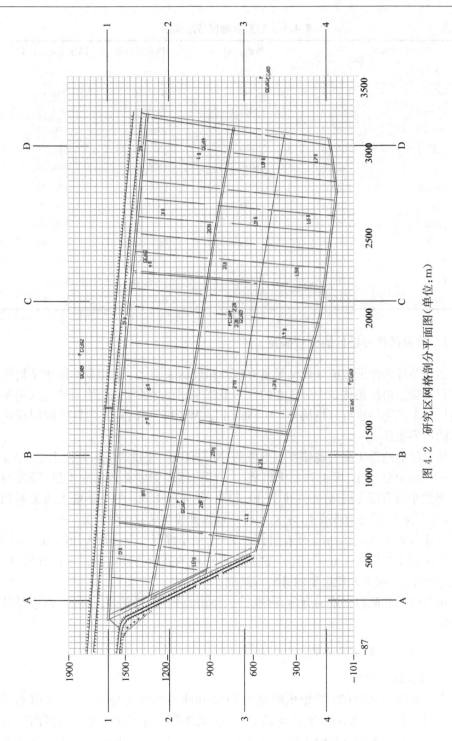

图 4.2 研究区网格剖分平面图（单位：m）

表 4.1　研究区垂向各层高程

坐标值		地面高程	第一层地板高程	隔水层地板高程
X/m	Y/m	/m	/m	/m
899.0	1017.9	1015.1	1007.20	961.10
1770.6	877.0	1015.0	1007.70	962.69
2606.4	691.6	1014.5	1009.50	959.10
3327.4	576.8	1014.4	1009.50	961.27
3497.8	529.2	1014.5	1009.60	965.00
3402.7	1020.4	1014.3	1009.60	960.33
3260.1	204.4	1014.8	1009.90	960.30
1770.6	1325.5	1015.0	1010.80	960.93
1746.8	402.5	1015.0	1009.80	959.00
2040.0	755.0	1015.0	1009.00	972.69
1782.5	1816.7	1015.0	1006.00	960.40
1604.2	−69.0	1015.9	1011.90	959.90

4.1.2　研究区边界条件的分析确定

边界条件是保证数值计算结果具有较高精度的关键之一。根据实际水文地质条件正确确定边界条件是十分重要的。本节将采用详尽的实测资料对研究区的平面边界和垂直边界进行分析确定,为 MODFLOW 模型在试验区的具体应用提供可靠的边界条件。

试验区的地层主要为晚侏罗世形成的冲积湖积层,土壤表层为黏性土层,厚度为 4~15m,由砂壤土、壤土和黏土组成。下部为厚层细砂夹薄层黏土层,厚度约 50m,砂层中含有砾石层,分布深度为 10~15m 及 30~40m。中更新统上段为湖积层,以黏土为主,部分为砂壤土,埋深为 45~50m,此段为区域性隔水层。

试验区近 10 年平均地下水位埋深 1.83m,最小埋深 0.5m,最大埋深 3m,平均地下水位的年变幅为 1.0~1.5m。试验区地下水的补给主要由灌溉入渗补给、降水入渗补给、乌拉山冲积扇侧向补给等组成。

研究区的北侧以三湖河为界,南端以二斗沟为界,东边界是连通沟,西边界是三分渠。

1. 平面边界的分析确定

1)研究区北边界

在三湖河的北侧有水文地质勘测孔 CG2 和浅层观测孔 QG8,三湖河南侧不同年度增设有 QG1、QG2、3♯、3♯、YS1 浅层观测孔。将不同年度三湖河两侧观测井的地下水位观测资料绘于图 4.3,可以看出,三湖河北侧的水位高于三湖河南侧,表明研究区的北边界为已知水头的补给边界。在三湖河北侧的观测井中,由于QG8 在研究区外,其所处位置不在耕地内,所以认为其地下水位的变化主要受降雨的影响。通过现有资料的对比,在灌溉季节 QG8 的地下水位与三湖河水位接近。在灌溉季节(5～10 月),三湖河渠道有水,将其水位高程作为边界;在非灌溉季节,三湖河无水,采用 QG8 的地下水位作为边界,按地形坡降推求水位高程,将QG8 历年的地下水位观测资料绘于图 4.4。

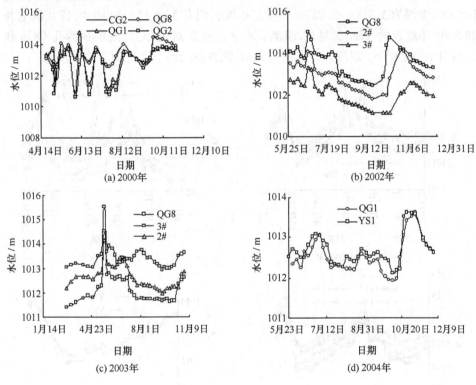

图 4.3　三湖河两侧观测井地下水位动态

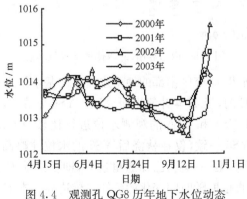

图 4.4　观测孔 QG8 历年地下水位动态

从图 4.4 可以看出,QG8 历年地下水位的变化趋势是相近的,在雨季,QG8 的水位基本随着雨量的大小和时间而变化;在秋浇时段,由于周围耕地的大定额灌溉,QG8 的水位也随之升高。整体上看,研究区北边界历年的地下水位变化不是很大。

2) 研究区南边界

研究区的南边界二斗沟长 2880m,沟底宽 0.4~0.6m,边坡系数为 2,坡降为 1/6000,沟深为 1.700~2.257m。在二斗沟北侧有 11♯、13♯、15♯、17♯ 机电井和 2002 年增设的 YS6 观测井,南侧有水文地质观测孔 CG3、浅层观测孔 QG6 和 2004 年设置的 YS5 观测井。将南边界南、北两侧的地下水位动态绘于图 4.5。

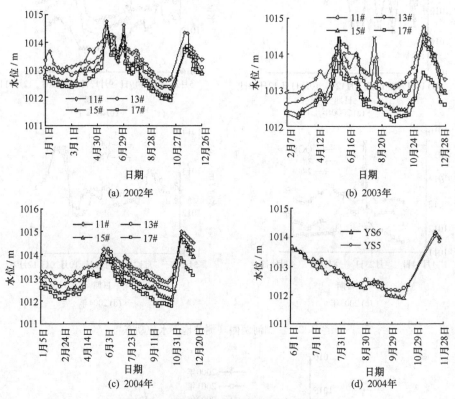

图 4.5　南边界南、北两侧地下水位动态

从图 4.5 可以看出,研究区南部的地下水流方向基本沿着 11♯~17♯ 机电井排列方向,即 NW-SE 向,经 17♯ 井流出研究区。YS6 紧靠二斗沟的北侧,YS5 紧靠二斗沟的南侧,将 YS5 和 YS6 的观测水位进行比较[图 4.5(d)],可以发现,YS5 的水位基本与 YS6 一致,仅在秋浇后 YS6 的水位才略高于 YS5。针对这种边界有两种边界处理方案:一类为已知通量边界,即秋浇前为零通量边界,秋浇后为排水边界;另一类直接取随时间变化的已知水位边界。本书采用已知水位边界。

QG6 位于荒地中,其水位变化主要受降雨影响。从图 4.6 可以看出,各年水位总的趋势相近,由于各年降雨时间不同,因此水位变化的峰谷不完全一致。在排水期,以排水沟的排水水位作为边界水位;在非排水期,将二斗沟南侧观测井 QG6 的地下水位按地形坡降推求的水位高程作为边界。

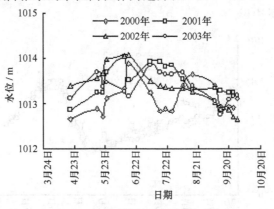

图 4.6　南边界历年地下水位动态

3) 研究区东边界

东边界连通沟将一斗沟和田间排水送入出水口后排出研究区。在连通沟东侧有水文地质勘探孔 CG5 和浅层观测孔 QG3。研究区具有完整的 2001 年从西北到东南的水位动态资料,见图 4.7(a),可以看出,研究区地下水流向基本为 NW-SE 向。从图 4.7(b)可以看出,东边界西侧(YS7)的水位高于东侧(QG3)的水位,东边界应属于排水边界。这种边界可处理为随时间变化的流量边界(二类边界)或随时间变化的水位边界(一类边界)。由于研究区有系列的水位观测资料,因此,本书拟选用随时间变化的水位边界。QG3 位于连通沟东侧的荒地内,其地下水位的变化主要受降雨的影响,在模型识别与预测时用 QG3 按地形坡降推求的地下水位作为东边界的地下水位动态。

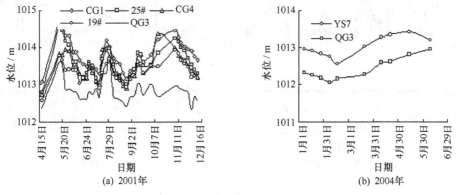

图 4.7　东边界地下水位动态

4）西边界

在西边界三分渠两侧设有 YS2、YS3、YS4 观测井。观测井的水位动态见图4.8,可以看出,三分渠两侧的地下水位基本趋于一致。从行政区划看,三分渠两侧的土地属于同一乡镇,基本在同一时间灌溉。边界处地下水通量较小,因此,将西边界处理为零通量边界。

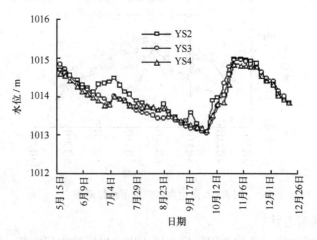

图4.8　西边界地下水位动态

将以上边界分析处理结果整理为模型需要的输入形式,见表4.2和图4.9。

表4.2　西边界输入列项

不透水边界宽度/m	传导度/($\times 10^{-12}$m/s)
20	1.157

(a) 北边界输入　　　　　　　　(b) 东边界输入

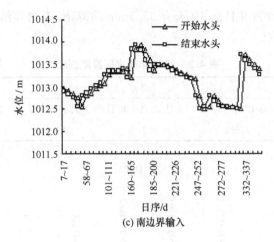

(c) 南边界输入

图 4.9　平面边界输入

2. 垂直边界的分析确定

研究区的上边界条件主要有垂向补给和垂向排泄。通过对研究区现有资料和现状的分析,垂向补给主要为降雨入渗补给、渠系输水入渗补给、田间灌溉入渗补给。垂向排泄主要为潜水蒸发和机电井抽水。

1) 降雨入渗补给

(1) 降雨入渗补给系数的确定。

研究区有系统的地下水位和降雨观测资料,降雨入渗系数采用一次降水量和地下水位动态资料来确定。在灌溉间歇期内无地表水渗漏补给、无人工灌溉补给情况下,一次降雨后所形成的地下水位上升是由降雨补给所致,据潜水位的上升值推算降雨对地下水的补给量,计算公式为

$$\alpha = \frac{\mu \Delta h}{P} \tag{4.1}$$

式中,α 为次降雨入渗补给系数;μ 为给水度;Δh 为次降雨入渗补给引起的地下水位上升幅度,mm;P 为次降水量,mm。

据文献[41]研究区非饱和带的给水度为 0.037。2004 年研究区灌溉制度见表 4.3,2004 年研究区降雨过程见图 4.10,降雨期间观测井地下水动态见图 4.11。从灌溉和降雨过程可以看出,生育期最后一次灌溉是 7 月 17 日,之后到 10 月 16 日之前没有灌溉。7 月 25 日~10 月 16 日一直有连续的降雨,考虑到 7 月有灌溉,地下水位的上升可能受灌溉的影响;8 月 9 日~29 日的降雨连续且较大,由图 4.11 可以看出,地下水水位已上升。所以,拟采用 8 月 9 日~29 日的降雨和相对应的地下水动态资料分析降雨入渗补给系数。这段时间所形成的地下水位上升可

认为是降雨所致,8 月 9 日前 10 天有 35.1mm 的降雨,降雨补给系数的计算要考虑前期降雨的影响。

表 4.3　2004 年研究区灌溉制度

灌水次数	1	2	3	4
灌水时间	5 月 12 日～15 日	5 月 28 日～30 日	7 月 6 日～17 日	10 月 16 日～11 月 6 日
灌溉水量/($\times 10^4 \mathrm{m}^3$)	7.584	8.100	12.066	22.710

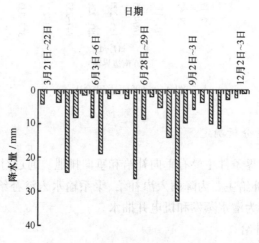

图 4.10　2004 年研究区降雨过程

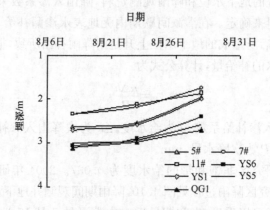

图 4.11　观测井地下水埋深

受前期降雨影响的 t 日的雨量为

$$P_t = KP_{t-1} + K^2 P_{t-2} + \cdots + K^n P_{t-n} \tag{4.2}$$

式中，P_{t-1}、P_{t-2}、$\cdots$、P_{t-n} 为本次降雨前 1d、2d、$\cdots$、n d 的降水量，mm；K 为折减系数，一般为 0.8～0.9，取 0.85；P_t 为折减到 t 日的雨量。

由式(4.2)得折减到 8 月 9 日的雨量为 3.01mm，考虑前期影响时，8 月 9 日～29 日的雨量为 69.01mm。两连续时段降雨入渗补给系数计算见表 4.4，降雨入渗系数在 0.08～0.21，取各井的平均值得研究区的降雨入渗系数为 0.12。

表 4.4 降雨入渗补给系数计算

观测井编号	5#	7#	11#	YS1	YS5	YS6	QG1
地下水位升幅 Δh/m	0.27	0.21	0.14	0.31	0.19	0.21	0.4
降雨入渗系数	0.14	0.11	0.08	0.17	0.19	0.21	0.21

（2）降雨入渗补给量的确定。

研究区现状年(2004 年)的有效降雨入渗补给量见表 4.5。

表 4.5 有效降雨入渗补给量(2004 年)

日期	降雨入渗补给量/mm	日期	降雨入渗补给量/mm	日期	降雨入渗补给量/mm
3 月 21 日～22 日	0.504	7 月 10 日～11 日	0.120	9 月 2 日～3 日	0.720
4 月 2 日～3 日	0.012	7 月 18 日～19 日	0.324	9 月 4 日～6 日	0.408
4 月 25 日～26 日	0.432	7 月 25 日～26 日	3.156	9 月 9 日～10 日	1.200
4 月 30 日～5 月 1 日	2.940	7 月 28 日～29 日	1.056	9 月 12 日～14 日	1.368
5 月 14 日～15 日	0.972	8 月 9 日～10 日	0.264	9 月 29 日～30 日	0.360
5 月 26 日～27 日	0.180	8 月 11 日～12 日	0.636	10 月 16 日～17 日	0.288
6 月 3 日～6 日	0.990	8 月 15 日～16 日	1.680	12 月 2 日～3 日	0.096
6 月 13 日～17 日	2.244	8 月 19 日～20 日	3.948		
6 月 28 日～29 日	0.300	8 月 28 日～29 日	1.176		

2）渠系输水入渗补给

研究区引黄灌溉控制面积由一斗渠、二斗渠引水，经农渠输水进入田间，井灌区由输水陇道直接进入田间。所以，研究区的渠道渗漏损失由一斗渠输水损失、二斗渠输水损失、农渠输水损失及井灌区输水陇道输水损失组成。研究区渠系水有效利用系数为

$$\eta_{渠系} = \eta_{斗} \, \eta_{农} \tag{4.3}$$

2001 年，作者对研究区的二斗渠进行了衬砌前、后渠道水有效利用系数的测定。在渠进口处设有一长为 5m 的规则梯形断面，断面尺寸为二斗渠的设计断面。进渠流量按明渠均匀流公式计算，出渠流量为各农渠进水口的进口流量之和，其值由闸口出流公式计算，计算结果见表 4.6。根据计算结果并参考河套灌区渠道水

利用系数的测定结果,研究区斗渠衬砌前的渠道有效利用系数取 0.81,衬砌后取 0.95。研究区的农渠均为土渠,农渠的渠道水有效利用系数据文献[42]取 0.85。由式(4.3)得斗渠衬砌前的渠系水利用系数为 0.688,衬砌后为 0.807。渠系损失的水量中补给地下水的部分按 50% 计算,则渠系损失对地下水的补给系数为 0.097。2004 年研究区引水情况及渠系渗漏补给量见表 4.7。

表 4.6　渠道水有效利用系数的测定(2001 年)

试验时间	试验地点	渠段长度 /km	进口流量 /(m³/s)	出口流量 /(m³/s)	渠段有效利用系数
5 月 9 日	二节制闸处	2	0.297	0.235	0.790
5 月 11 日	三节制闸处	3	0.447	0.334	0.747
5 月 11 日	一节制闸处	1	0.163	0.132	0.810
6 月 29 日	一节制闸处	1	0.447	0.427	0.962

注:6 月 29 日的试验为渠道衬砌后。

表 4.7　渠系渗漏补给量(2004 年)

灌水时间/d	灌溉面积/亩	引水量/($\times 10^5$ m³)	渠系渗漏补给量/($\times 10^4$ m³)
5 月 12 日~15 日	1264	0.940	0.9069
5 月 28 日~30 日	1350	1.004	0.9686
7 月 6 日~17 日	2011	1.495	1.4428
10 月 16 日~11 月 6 日	2271	2.814	2.7156

3) 田间灌溉入渗补给

(1) 生育期田间灌溉入渗补给。

2004 年研究区属丰水年,生育期灌溉期内有连续的降雨,地下水位的动态同时受降雨和灌溉的影响,此期间灌溉资料不能直接用来推求灌溉入渗补给系数。2001 年的前 3 次灌溉基本没受降雨的影响,拟采用这 3 次的灌溉和相应的地下水位观测资料计算生育期田间灌溉入渗补给系数。2001 年研究区灌溉情况见表 4.8。

表 4.8　2001 年生育期研究区灌溉情况

灌溉时间	毛灌水量/($\times 10^5$ m³)	灌溉面积/亩
5 月 5 日~16 日	3.22480	1800
5 月 28 日~29 日	0.66594	1000
6 月 23 日~24 日	0.90057	1300

灌溉期间地下水位动态见图 4.12。田间灌溉入渗补给系数采用式(4.4)计算：

$$\beta = \frac{\mu \Delta h F}{Q \Delta t} \tag{4.4}$$

式中,β 为田间灌溉入渗系数；μ 为给水度；Δh 为地下水位升幅,m；F 为灌溉面积,m²；Q 为灌水流量,m³/s；Δt 为灌水延续时间,s。

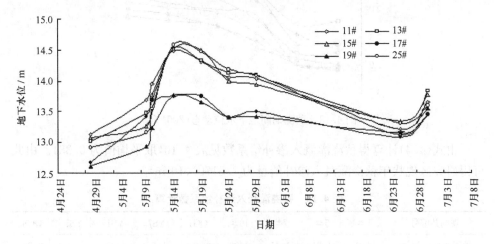

图 4.12　生育期灌溉期间地下水位动态(2001 年)

2001 年 5 月的两次灌溉引起的平均地下水位升幅为 0.97m,6 月的灌溉引起的平均地下水位升幅为 0.47m。经计算两次田间灌溉入渗补给系数分别为 0.173、0.168,取平均值为 0.17。研究区现状年(2004 年)生育期田间灌溉入渗补给量计算结果见表 4.9。

表 4.9　生育期田间灌溉入渗补给量(2004 年)

灌水次数	灌水时间	灌溉面积/亩	灌溉水量/(×10⁴m³)	田间灌溉入渗量/(×10⁴m³)
第一水	5 月 12 日～15 日	1264	7.5840	1.2893
第二水	5 月 28 日～30 日	1350	8.1000	1.3770
第三水	7 月 6 日～17 日	2011	12.0660	2.0512

(2) 秋浇灌溉入渗补给。

研究区 10 月 16 日开始秋浇,11 月 6 日结束。灌溉面积 2271 亩,灌溉水量为 22.7100×10⁴m³。秋浇期间地下水位动态见图 4.13。

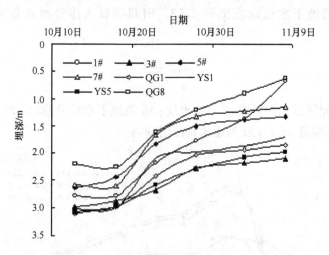

图 4.13　秋浇期间地下水位动态（2004 年）

由式（4.4）计算得秋浇灌溉入渗补给系数见表 4.10，取平均值为 0.331。由此可得研究区现状年秋浇灌溉入渗补给量为 $7.5170 \times 10^4 \mathrm{m}^3$。

表 4.10　秋浇灌溉入渗补给系数计算

观测井编号	3#	5#	7#	19#	QG1	YS7	YS1	YS5	QG8
地下水位升幅/m	1.3	1.31	1.45	1.89	0.95	1.65	1.45	1.1	0.98
秋浇灌溉入渗补给系数	0.321	0.323	0.358	0.466	0.234	0.407	0.358	0.271	0.242

综上所述，研究区垂向补给主要有降雨入渗补给、田间灌溉入渗补给和渠系渗漏补给。将垂直方向的补给量同期叠加，整理为 MODFLOW 模型的输入形式输入模型，输入结果见图 4.14。

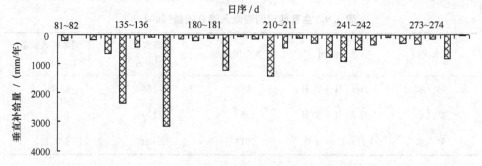

图 4.14　垂直补给输入结果

4）潜水蒸发

研究区的垂向排泄主要是潜水蒸发，MODFLOW 模拟此项基于以下假定：

（1）地下水位位于或高出某指定 ET 界面的高程时，蒸发损失在该地下水面位置达到最大值。

（2）地下水面在 ET 界面之下的埋深达到指定的截止深度时，停止蒸发。

（3）地下水面介于这两个界面之间时，蒸发随地下水面高程呈线性变化。

公式表达为

$$
\begin{cases}
R_{\mathrm{ET}i,j} = R_{\mathrm{ETM}i,j}, & h_{i,j,k} > h_{si,j} \\
R_{\mathrm{ET}i,j} = 0, & h_{i,j,k} < h_{si,j} - d_{i,j} \\
R_{\mathrm{ET}i,j} = R_{\mathrm{ETM}i,j} \left\{ \dfrac{h_{i,j,k} - (h_{si,j} - d_{i,j})}{d_{i,j}} \right\}
\end{cases}
\tag{4.5}
$$

式中，$R_{\mathrm{ET}i,j}$ 为计算单元面积内每单位面积地下水水面蒸发损失；$R_{\mathrm{ETM}i,j}$ 为 $R_{\mathrm{ET}i,j}$ 的最大可能值；$h_{i,j,k}$ 为出现蒸发损失的计算单元水头或地下水面高程；$h_{si,j}$ 为 ET 界面高程；$d_{i,j}$ 为截止深度。采用乌拉特前旗气象站的逐日蒸发资料经过修正转换得到潜水蒸发强度。

5）抽水井

研究区 1#～7#井位于一斗渠北，地下水矿化度较低，可用于灌溉，2004 年 24#、26#井用来进行微咸水灌溉试验。各井抽水情况见表 4.11 和表 4.12。

表 4.11　微咸水灌溉试验机井抽水过程

抽水井编号	作物种类	开泵延续时间/h	出水量/(m³/h)	水量/m³
24#	试验大田小麦	12	40	480
	小麦耐盐度试验田	10	40	400
	小麦耐盐度试验田	1	40	40
	小麦、玉米、葵花试验田	48	40	1920
	葵花、玉米耐盐度试验田	24	40	960
	玉米耐盐度试验田及王二科玉米田	16	40	640
26#	试验大田小麦	12	40	480
	小麦耐盐度试验田	1	40	40
	小麦、玉米、葵花试验田	48	40	1920
	玉米耐盐度试验田及王二科玉米田	16	40	640

表 4.12　机电井灌溉抽水过程

抽水井编号	作物种类	种植面积/亩	灌水量/m³	抽水井编号	作物种类	种植面积/亩	灌水量/m³
1#	油葵	60	9000	4#	玉米	130	27300
	小麦	70	14700		枸杞	112	23520
	玉米	64	13440		葵花	60	9000
	葵花	80	9000	5#	玉米	80	16800
2#	玉米	110	23100		枸杞	52	10920
	枸杞	48	10080		葵花	65	9750
	葵花	70	10500	6#	玉米	80	16800
3#	玉米	120	25200		枸杞	52	10920
	枸杞	53	11130		葵花	80	12000
	油葵+花葵	80	12000	7#	玉米	75	15750
					枸杞	48	10080

6）下边界

试验区的地层主要分为两层,土壤表层为黏性土层,厚度为 4~15m,由砂壤土、壤土和黏土组成。下部为厚层细砂夹薄层黏土层,厚度约 50m,砂层中含有砾石层,分布深度为 10~15m 和 30~40m。中更新统上段为湖积层,以黏土为主,部分为砂壤土,埋深为 45~50m,此段为区域性隔水层,是本研究的下边界,所以下边界为隔水边界,研究区的截止深度为 3~3.5m。将气象站的蒸发资料整理为MODFLOW 模型的输入形式,结果见图 4.15。

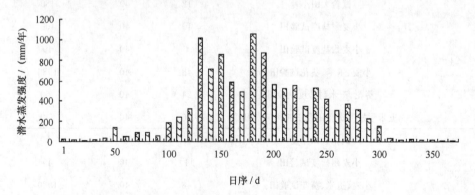

图 4.15　潜水蒸发强度输入结果

据水文地质条件及实测资料,研究区可概化为南、北及东边界为已知水头边界,西边界为零通量边界,在垂直方向上接受降雨入渗补给、渠道入渗补给、灌溉回归补给,地下水主要消耗于潜水蒸发,下边界为不透水层的隔水边界,含水层垂向

呈二元结构的水文地质计算模型[43]。研究区的地下水流数学模型为

$$
\begin{cases}
\dfrac{\partial}{\partial x}\left(K_{xx}\dfrac{\partial h}{\partial x}\right)+\dfrac{\partial}{\partial y}\left(K_{yy}\dfrac{\partial h}{\partial y}\right)+\dfrac{\partial}{\partial z}\left(K_{zz}\dfrac{\partial h}{\partial z}\right)-W=S_{s}\dfrac{\partial h}{\partial t}, \quad x,y,z\in\Omega \\
h\,|_{t=0}=h_{0}(x,y,z) \\
h\,|_{B_{1}}=h_{b}(x,y,z,t) \\
T\dfrac{\partial h}{\partial n}\,|_{B_{2}}=0
\end{cases}
\tag{4.6}
$$

式中，K_{xx}、K_{yy}、K_{zz} 分别为含水层沿 x、y、z 坐标方向的渗透系数，m/d；h 为含水层水头，m；W 为源汇项，1/d；S_s 为含水层单位释水系数，1/m；$\dfrac{\partial h}{\partial t}$ 为水头随时间变化率，m/d；B_1 为第一类边界；B_2 为第二类边界；n 为边界线上的法线方向；h_0 为初始水头，m；h_b 为随时间变化的已知水头，m；Ω 为研究区范围。

3. 水文地质概念模型

对研究区平面边界和垂直边界的分析结果为：区域边界基本上都属于通量边界，但由于试验区观测孔较多且具有较系统的观测资料，为简化计算，采用已知水头边界。北边界为已知水头的补给边界；东、南边界为已知水头的排泄边界；西边界为已知通量的二类边界。在垂直方向上接受降雨入渗补给、渠道输水入渗补给、田间灌溉入渗补给，地下水主要消耗于潜水蒸发。下边界为不透水层的隔水边界。含水层垂向呈二元结构，上层岩性颗粒细，下层含水层颗粒粗。

综上所述，研究区可概化为一个一边为已知水头的补给边界、一边为已知水头的排泄边界、一侧为随时间变化的已知水头边界、一侧为通量边界，在垂直方向上有补给和排泄的二元结构水文地质计算模型。

4.1.3　初始条件及源汇项的确定

1. 初始水位

研究区有连续的动态观测资料，但完整的灌溉试验是在 2002 年和 2004 年进行的。在前几年试验的基础上，作者总结不足，改善方案，使 2004 年的试验相对规范完整。为使模型获得较可靠的参数，模型的率定拟采用 2004 年完整的观测与试验资料，模型检验拟采用 2002 年完整的观测与试验资料。模型率定时的初始水位采用 2004 年 1 月 1 日的观测水位（表 4.13）。

表 4.13　模型率定时的初始水位

观测井编号	1#	3#	5#	7#	9#	11#
水位/m	1012.71	1012.97	1013.27	1013.59	1013.65	1013.34
观测井编号	13#	15#	17#	19#	25#	CG1
水位/m	1013.08	1012.84	1012.69	1013.03	1013.38	1013.79
观测井编号	CG4	QG5	QG6	QG7	QG8	
水位/m	1013.23	1013.31	1013.98	1013.39	1013.27	

2. 初始水位边界条件

在研究区的东、南、西、北边界外的荒地内分别设有观测孔,其地下水位主要受降雨的影响,对连续 4 年观测资料的对比分析,发现观测孔历年地下水位的变化趋势是相近的。所以,采用各观测孔 4 年观测水位的平均值分别作为东、南、西、北边界的已知水头边界,如图 4.16 所示。

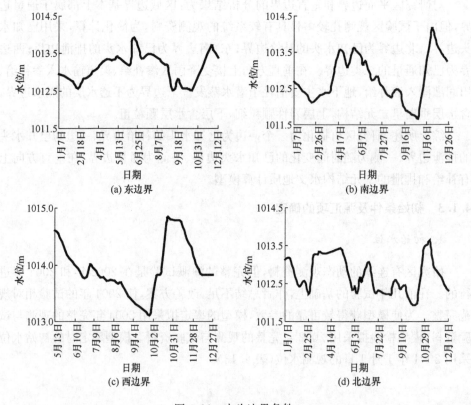

图 4.16　水头边界条件

3. 垂直补给

研究区垂向补给主要有降雨入渗补给、田间灌溉入渗补给和渠道输水入渗补给。降雨入渗补给系数、灌溉入渗补给系数及渠道输水入渗补给系数在前期研究中已确定[43],将垂直方向的补给量同期叠加,研究区垂直补给量见图 4.17。

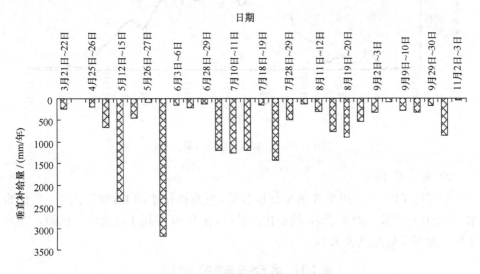

图 4.17　研究区垂直补给量

4. 垂直排泄

1) 潜水蒸发

MODFLOW 模拟此项基于以下假定:

(1) 地下水位位于或高出某指定 ET 界面的高程时,蒸发损失在该地下水面位置达到最大值。

(2) 地下水面在 ET 界面之下的埋深达到指定的截止深度时,停止蒸发。

(3) 地下水面介于这两个界面之间时,蒸发随地下水面高程呈线性变化。

潜水蒸发强度计算公式为

$$\varepsilon = \varepsilon_w c \tag{4.7}$$

式中,ε 为潜水蒸发强度,mm/年;ε_w 为水面蒸发量,mm,$\varepsilon_w = \varepsilon_0 \times 0.56$,$\varepsilon_0$ 为实测蒸发量,mm;c 为季节修正系数,当年 11 月~次年 4 月取 0.08,5~10 月取 0.3。

研究区地下水的极限埋深为 3.5m,潜水蒸发强度计算结果见图 4.18。

图4.18 潜水蒸发强度计算结果

2）地下水开采

研究区1♯～7♯机电井的矿化度较低,可直接用于灌溉,每年的5～9月抽水,其他月份停抽。24♯、26♯的矿化度较高,在2004年用于咸水灌溉试验。2004年地下水开采情况见表4.14。

表4.14 地下水开采情况（2004年）

抽水井编号	抽水速率/(m³/d)	抽水井编号	抽水速率/(m³/d)	抽水井编号	抽水速率/(m³/d)	抽水井编号	抽水速率/(m³/d)
1♯	−516	4♯	−997	6♯	−595	24♯	−740
2♯	−619	5♯	−583	7♯	−600	26♯	−770

5. 观测井

根据研究区观测井的位置,本次研究将其中11眼观测井作为模型的观测井输入。这些观测井的位置基本能涵盖整个研究区,这些观测井分别是9♯、11♯、15♯、25♯、CG4、QG5、QG1、YS6、YS7、YS1、YS5。将观测井资料整理为模型的输入形式输入模型中,见图4.19。

4.1.4 初始水文地质参数

1. 研究区水文地质勘探结果分析

1999年12月～2000年1月,作者研究区进行了水文地质勘探工作,打钻探孔12个,总进尺712.67m。其中,长观孔5眼分别为CG1、CG2、CG3、CG4、CG5。钻

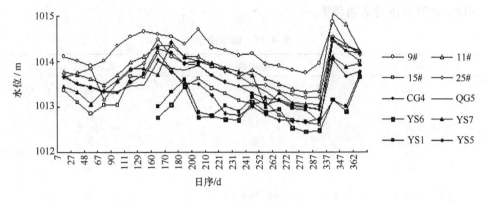

图 4.19　观测井输入

探深度最深达 70m,该深度内自上而下可见到上更新统-全新统(Q_{3-4})冲洪积、湖积层和中更新统上段(Q_2^2)湖相沉积层。Q_{3-4} 地层的深度达 45～50m,Q_2^2 地层的埋深在 50m 以下。研究区地表以下地层根据岩性划分,Q_{3-4} 地层表层黏性土层为弱透水层,平均厚度为 7m;下部细砂层为厚层含水层组,厚度平均为 45m。Q_2^2 地层的湖向沉积黏性土为隔水层。

2. 研究区上层渗透系数试验及结果分析

1) 水平渗透系数

2004 年 10 月 30 日,作者在研究区进行了水平渗透系数试验,试验地点选在一斗沟南侧的耕地内,采用钻孔水位回升法测定渗透系数。钻孔深度为 180cm,抽水前地下水埋深 130cm,钻孔半径 r 为 4.5cm,抽水前孔中水深 H 为 30cm,探头放入地下深度 140cm。观测时间间隔为 20s,稳定时的读数结果见表 4.15。水平渗透系数计算公式为

$$K = \frac{C\Delta h}{\Delta t} \tag{4.8}$$

式中,K 为水平渗透系数,m/d;C 为与钻孔尺寸、孔底至不透水层深度和孔内水位有关的无因次系数;Δh 为水位恢复值,可取 3.5cm;Δt 为历时,可取 100s。

C 采用如下近似公式计算:

$$C = \frac{4000r}{(H/r + 20)(2 - h/H)h} \tag{4.9}$$

式中,h 为稳定时的水位恢复值。将数据代入式(4.8)得 $K = 0.8$m/d。

由于天气缘故,观测时间较短,数据系列不太理想,导致计算值偏大。本节采用 $K = 0.8$m/d 作为模型的初始值输入,在模型识别时参考在五原县永连试区相

同试验的数值进行适当调整。

表 4.15　读数结果

读数/cm	读数差值/cm	时间差值/s
35.6	1.1	20
36.4	0.8	20
37.3	0.9	20
38.0	0.7	20
38.6	0.6	20
39.1	0.5	20
39.5	0.4	20

2) 垂直渗透系数

垂直渗透系数测定采用同心环注水试验,环刀直径 35.6cm,高度 20cm。在规格为 0.85m×2m×1.5m 的测坑内,将其底部铲平,把环刀垂直入土 15cm,然后注水到与环刀顶部齐平,每隔 10min 注水一次,记录下降高度,本次试验注水 12 次,19 组试验。渗透系数可采用式(4.10)和式(4.11)可得。

$$V = \frac{10Q_n}{t_n S} \tag{4.10}$$

式中,V 为渗透速度,mm/min;Q_n 为每次注水量,mL;t_n 为注水时间间隔,min;S 为铁环底面积,mm^2。

$$K = V\frac{l}{l+h} \tag{4.11}$$

式中,l 为铁环入土深度,cm;h 为环内水层深度,cm;K 为渗透系数,mm/min。

利用上述公式求得研究区土壤表层垂直渗透系数为 0.204m/d。试验数值为平均数,而研究区实际地层含有黏土夹层,存在空间变异性,总的垂直渗透能力应该低于此值,所以,将偏大的试验值作为初始值输入模型时,在模型的率定过程中应进行调整。

3. 抽水试验及结果分析

1) 单孔抽水试验及结果

利用现有机电井,选择其中 9 眼进行单孔抽水试验,试验前测得每眼井的静水位,每眼井抽水时间为 6～7h,观测时间间隔为:1min3 个,2min、3min、5min、

10min、20min、30min 各 2 个，60min3 个。恢复水位观测到总降深的 1/4 为止。机电井的成井深度大部分达到或接近含水层的底部，渗透系数按裘布依潜水完整井公式计算：

$$K = \frac{0.733Q(\lg R - \lg r_0)}{(2H - s_0)s_0} \qquad (4.12)$$

式中，K 为渗透系数，m/d；Q 为抽水流量，m^3/h；R 为影响半径，m；r_0 为井半径，m；H 为含水层厚度，m；s_0 为降深，m。

各抽水井的信息及渗透系数计算结果见表 4.16。

表 4.16　单孔抽水试验结果

井编号	抽水流量/(m^3/h)	含水层厚度/m	影响半径/m	井半径/m	降深/m	渗透系数/(m/d)
10#	95.60	47.0	500	0.15	7.41	9.23
12#	84.00	47.0	500	0.15	7.45	8.07
14#	84.00	47.0	500	0.15	5.49	10.71
26#	73.70	47.0	500	0.15	9.18	5.87
19#	84.60	47.0	500	0.15	9.85	6.33
16#	64.60	47.0	500	0.15	6.34	7.20
23#	89.50	47.0	500	0.15	4.61	12.6
6#	98.54	47.0	500	0.15	4.14	16.42
4#	108.27	47.0	500	0.15	8.34	9.39

2）多孔抽水试验及结果

多孔抽水试验选择 23# 井为抽水井，以 CG4、21#、14#、24# 和 22# 井为观测井，抽水历时 75h。采用定流量抽水，采用同步时间测定水位的方法来测定观测孔水位。渗透系数采用裘布依具有两个观测孔的潜水完整井稳定流公式：

$$K = \frac{0.733Q(\lg r_2 - \lg r_1)}{(2H - s_1 - s_2)(s_1 - s_2)} \qquad (4.13)$$

式中，Q 为抽水流量，m^3/h；H 为含水层厚度，m；r_2 为主井距 22# 井距离，m；r_1 为主井距 CG4 孔距离，m；s_1 为 CG4 孔降深，m；s_2 为 22# 降深，m。

各抽水井的信息及渗透系数计算结果见表 4.17。

表 4.17　多孔抽水试验结果

23#	观测孔 CG4		观测孔 22#		含水层厚度	渗透系数
抽水流量/(m³/h)	s_1/m	r_1/m	s_2/m	r_2/m	/m	/(m/d)
	0.24	20	0.05	175		78.59
	0.47	20	0.19	175		53.52
	0.63	20	0.27	175		41.73
2148	1.59	20	0.57	175	49.81	14.92
	1.67	20	0.69	175		15.56
	1.76	20	0.75	175		15.05

3）试验结果分析

从单孔抽水试验计算结果看，各井的渗透系数有所差异，除反映地层的非均质性外，也与成井工艺有关，包括滤水管长度、孔隙率，以及滤料规格、洗井等，这些因素影响到涌水量及降深，造成渗透系数的差异。

将多孔抽水试验计算的渗透系数与时间点绘在对数纸上，得到最终稳定的渗透系数值为 15.20m/d。多孔抽水试验的结果代表区域性的情况，本节取多孔抽水试验的结果作为模型的初始值。

根据试验结果及文献[44]，取上层水平方向渗透系数 $K_x = K_y = 9.2592 \times 10^{-6}$ m/s，垂直方向渗透系数 $K_z = 2.36 \times 10^{-6}$ m/s；下层水平方向渗透系数 $K_x = K_y = 1.759 \times 10^{-4}$ m/s，垂直方向渗透系数 $K_z = 2.31 \times 10^{-5}$ m/s。研究区含水层的弹性给水度 $S_s = 0.003$，重力给水度 $S_y = 0.045$，有效孔隙率 $p_{eff} = 0.3$，总孔隙率 $p_{tol} = 0.4$。

4.2　地下水流数值模型参数的率定

将以上确定的初始条件、边界条件、垂直补给与排泄及初始水文地质参数按 MODFLOW 的格式输入模型中，计算观测孔所在单元的水位，并与观测孔实测水位比较，如果二者吻合较差，则调整参数重新计算，如此循环往复，直到计算水位与观测水位的误差在允许范围，这时的参数为模型的最终参数。计算时间为 2004 年 1 月 1 日～12 月 31 日，时间步长取 1 天，共 366 个步长。

图 4.20 为观测井计算水位与实测水位对比图，图中显示两者的地下水位变化趋势基本一致，且拟合较好。

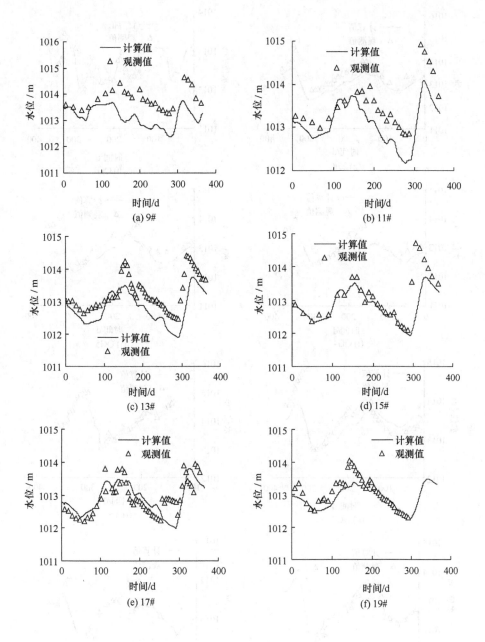

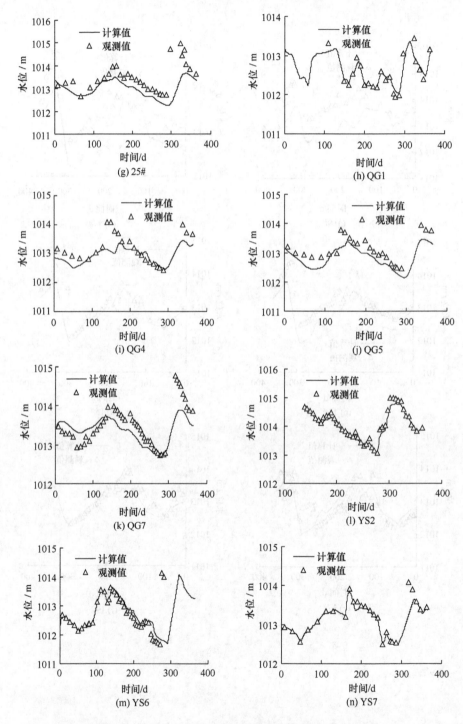

图 4.20　观测点实测水位与计算水位拟合图(2004 年)

图 4.21 为所有观测井全部时段的观测水位与计算水位,反映了模型对实测野外条件的模拟拟合程度。在理想状况下,所有井的水位都应位于 45°的直线上,从图 4.21 中可以看出,观测井的水位基本在 45°线附近。

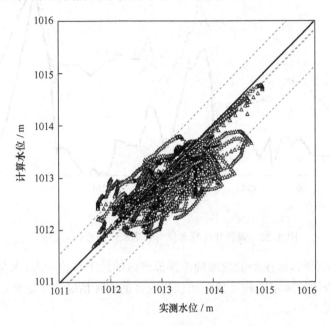

图 4.21　观测井计算水位与观测水位(2004 年)

模型的误差用绝对平均残差和误差均方根表示,见图 4.22。绝对平均残差的计算公式为

$$|\bar{R}| = \frac{1}{n} \sum_{i=1}^{n} |R_i| \tag{4.14}$$

式中,$R_i = X_{cal} - X_{obs}$,X_{cal} 为计算值,X_{obs} 为观测值。

误差均方根由式(4.15)得出

$$\mathrm{RMS} = \sqrt{\frac{1}{n} \sum_{i=1}^{n} R_i^2} \tag{4.15}$$

图 4.22 表明,大部分时段误差在 0～0.5m 或 0.5m 附近波动,突变值出现在290～321d(10 月下旬～11 月下旬),这段时间是秋浇时段,农田有大量的积水,事实上,这时地下、地面水已连成一体,大部分观测井没有获得这段时间的实测数据。这样必然会导致水位误差偏大,但从图 4.21 的水位拟合图及水位的实际动态情况来看,模型的计算水位基本符合研究区的实际地下水位动态。

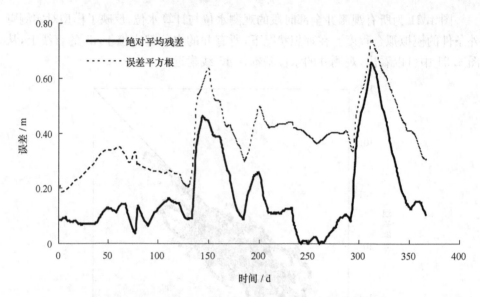

图 4.22　观测井计算水位与观测水位误差(2004 年)

上述结果表明,该模型能较准确地模拟该区的地下水位动态,水文地质条件的概化和边界条件的确定能较好地反映该研究区的实际情况。率定后的含水层水文地质参数见表 4.18。

表 4.18　率定后的含水层水文地质参数

范围		渗透系数/(m/s)			给水度	
		K_x	K_y	K_z	S_s	S_y
第一层	一斗渠控制范围	7.8×10^{-5}	9.37×10^{-5}	2.36×10^{-6}	0.003	0.030
	二斗渠控制范围	7.5×10^{-5}	5×10^{-5}	1.23×10^{-6}	0.003	0.035
第二层	一斗渠控制范围	0.00018	0.0002	2.31×10^{-5}	0.004	0.020
	二斗渠控制范围	0.00055	0.00043	4.76×10^{-5}	0.005	0.025

4.3　地下水流数值模型的检验

率定了模型的参数后,还需进一步验证模型的可靠性。采用 2002 年完整的试验资料进行模型的验证,采用 2002 年 1 月 1 日的观测水位作为初始水位,汇源项的计算与模型率定时相同,观测井选取 9♯、11♯、13♯、15♯、17♯、19♯、25♯、CG4、QG5、QG7、YS6、YS7,观测井的位置基本覆盖了整个研究区,可以代表整个研究区的水位情况。验证结果见图 4.23~图 4.25。

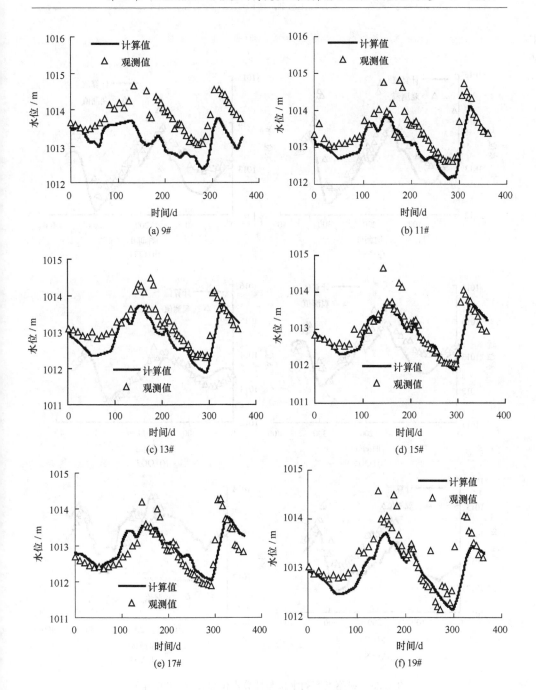

(a) 9#

(b) 11#

(c) 13#

(d) 15#

(e) 17#

(f) 19#

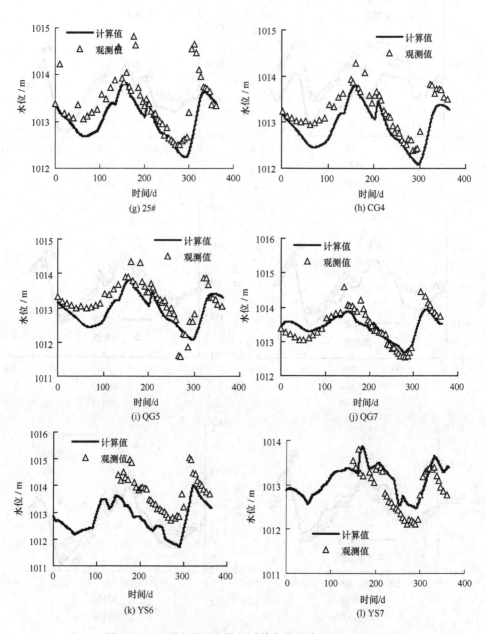

图 4.23　观测点实测水位与计算水位拟合图（2002 年）

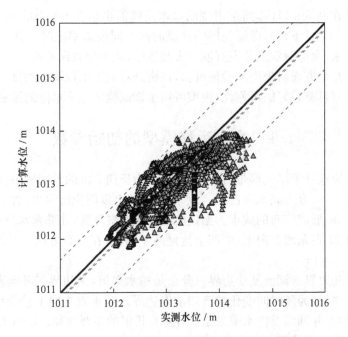

图 4.24　观测井计算水位与观测水位(2002 年)

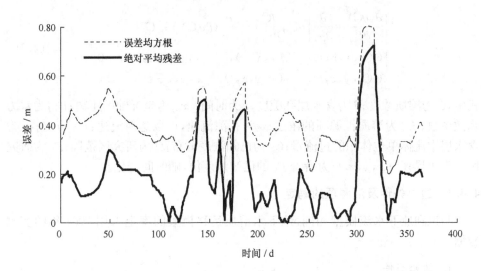

图 4.25　观测井计算水位与观测水位误差(2002 年)

　　图 4.23 反映了观测井计算值水位与观测值水位的拟合情况,可以看出,两者的动态变化趋势基本相符,且拟合效果比较理想。图 4.24 为全部时间段所有观测井的水位计算值与观测值,图中除个别时段外,其余不同时段散点基本落在 45°线左右,说明计算值和观测值拟合较好。图 4.25 的水位模拟误差显示,大部分时段

的拟合误差在 0.5m 以内,图中出现的误差高峰值也是在 $t=300d$ 左右的时段内(10 月下旬~11 月下旬),即研究区的秋浇时段。同模型率定时一样,秋浇时段农田有大量积水,大部分观测井没有取得实测数据,从而导致误差偏大。

从以上几个方面对模型的验证可知,该模型对地下水位动态的计算较为准确,表明了该模型具有较好的可靠性,模型可用于该试验区地下水位的预测。

4.4　溶质运移模型的初始参数

河套平原地处干旱气候带,在地质构造上为长期下沉的封闭短陷盆地,在漫长的地质时期中,一直为湖水所占据,含水层在成因上以湖积层为主,含水层颗粒细,地层含盐量高,形成广布的咸水。据试验区地质勘察资料,北部含水层中下部的全盐量低于南部,在东西方向上,中部全盐量高于两侧,在垂直方向上全盐量无明显的规律性。

研究区北边界三湖河及西边界三分渠是输水渠道,南边界二斗沟及东边界联通沟为输水沟,都为随时间变化的已知浓度边界。在垂直方向上接受灌溉咸水的入渗补给,抽水井抽水及潜水蒸发是盐分垂直排泄的主要途径。据以上分析,研究区地下水溶质运移模型为

$$
\begin{cases}
\dfrac{\partial(\theta C)}{\partial t}=\dfrac{\partial}{\partial x_i}\left|\theta D_{ij}\dfrac{\partial C}{\partial x_j}\right|-\dfrac{\partial}{\partial x_i}(\theta v_i C)+q_s C_s \\
C(x,y,z,t)=C_0(x,y,z), \quad x,y,z\in\Omega, \quad t=0 \\
C(x,y,z,t)=C_1(x,y,z,t), \quad x,y,z\in\Gamma_1, \quad t\geqslant0
\end{cases}
\tag{4.16}
$$

式中,C 为溶质浓度;θ 为含水层孔隙度;t 为时间;$x_{i,j}$ 为坐标轴的距离;$D_{i,j}$ 为水力弥散系数;C_s 为溶质汇源项的浓度;v_i 为孔隙流速,可取达西流速;$v_i=q_i/\theta$;q_s 为含水层中流体单位体积的过流量;C_0 为已知浓度分布;Ω 为研究区范围;Γ_1 为研究区一类边界;$C_1(x,y,z,t)$ 为沿着 Γ_1 的已知浓度值,随时间变化。

4.4.1　边界条件及汇源项的确定

与识别地下水流模型相同,地下水溶质运移模型的率定采用 2004 年的实测数据。

1. 初始条件

将研究区 2004 年 5 月 5 日的地下水观测水质作为模型的初始条件,见表 4.19。

表 4.19　初始水质(2004 年 5 月 5 日)

观测井编号	1#	5#	7#	9#	11#	13#	15#	17#
矿化度/(g/L)	1.07	2.45	1.35	2.71	4.28	9.44	7.09	5.84

观测井编号	19#	25#	CG4	QG5	QG7	3#	6#	
矿化度/(g/L)	1.37	6.81	7.38	6.11	1.97	1.22	2.46	

2. 边界条件

如前所述,北边界及西边界为输水渠道,在行水期为黄河水的矿化度,即 0.608g/L,非行水期分别采用 5# 及 YS2 水质观测井的矿化度;南边界及东边界为排水沟,在排水期为沟中的排水水质,非排水期采用 YS6 及 YS7 水质观测井的地下水矿化度。各边界矿化度见图 4.26。

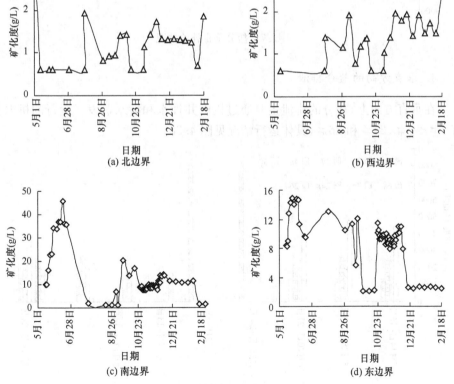

图 4.26　各边界矿化度

3. 垂直方向的盐分补给

研究区有降雨补给和灌溉补给,降雨的矿化度可视为 0,灌溉中有黄河水灌溉和微咸水灌溉。盐分垂直补给情况见图 4.27。

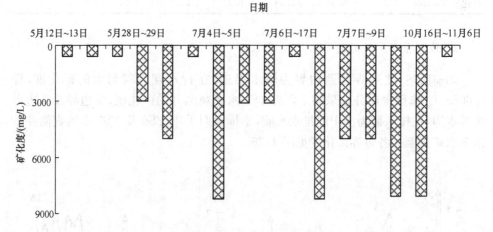

图 4.27　盐分垂直补给情况

4. 垂直方向的盐分排泄

在垂直方向上,盐分的排泄主要通过机电井抽水和潜水蒸发。运行的机电井有 1♯~7♯、24♯ 和 26♯,具体运行情况见图 4.28。

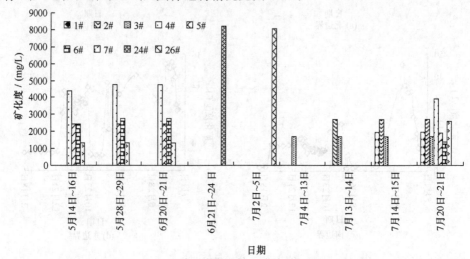

图 4.28　机电井抽水运行情况

研究区潜水蒸发强烈的时段在 4～10 月,据地下水矿化度分析,将研究区地下水矿化度分为 25 个带,潜水蒸发排盐按 25 个带分别计算,见图 4.29。

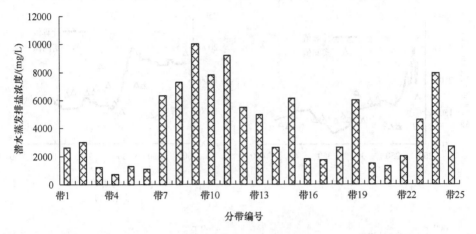

图 4.29　潜水蒸发排盐

4.4.2　观测井

据研究区观测井的位置,将其中 10 眼井作为地下水水质观测井。这些观测井的位置基本能涵盖整个研究区,观测井分别是 1♯、5♯、7♯、11♯、15♯、17♯、QG1、QG5、YS2、YS7。

4.4.3　初始参数

将有效孔隙率 $p_{eff}=0.3$,总孔隙率 $p_{tol}=0.4$,纵向弥散度 $\alpha=0.84$ 作为初始参数,进行模型的率定。

4.5　溶质运移模型参数的率定

将以上确定的初始条件、边界条件、垂直补给与排泄及初始溶质运移参数按 MT3DMS 的格式输入模型式(4.16)中,计算观测孔所在单元的地下水矿化度,与观测孔实测矿化度比较,如果二者吻合较差,则调整参数重新计算,如此循环,直到计算矿化度与观测矿化度的误差在允许范围,这时的参数为模型的最终参数。由于水质观测间隔时间较长,数据较少,计算时间为 2004 年 1 月 1 日～2005 年 2 月 18 日,时间步长取 1 天,共 424 个步长。

图 4.30 为观测井计算水质与实测水质对比图,可以看出,大部分时段的观测值与计算值比较接近,部分点的拟合情况较差,作者认为观测仪器的率定、观测人

员的操作及人为因素都可能造成误差,但总体来看,计算值能反映地下水水质的变化规律及基本趋势。

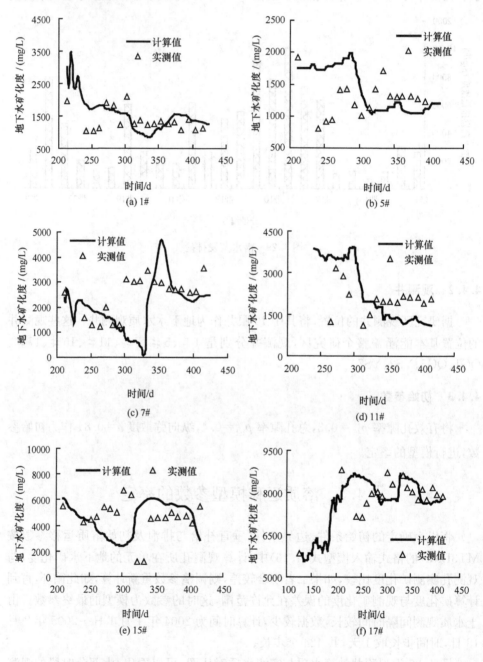

(a) 1#

(b) 5#

(c) 7#

(d) 11#

(e) 15#

(f) 17#

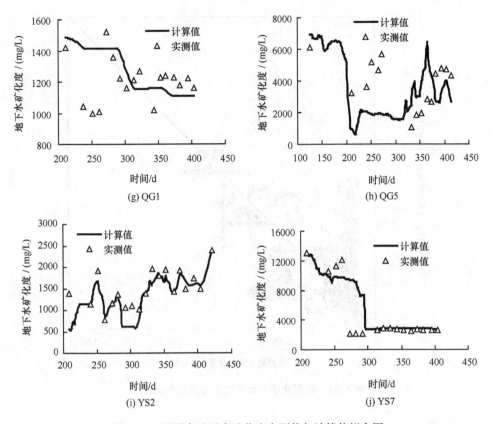

图 4.30　观测点地下水矿化度实测值与计算值拟合图

在理想状况下,所有井的水质都应位于 45°的直线上。图 4.31 为所有观测井全部时段的观测值与计算值,反映了模型对实测野外条件的模拟拟合程度。可以看出,观测井的水质大部分在 45°线附近。

图 4.32 表明,误差大部分时段在 1g/L 之内,高峰值出现在灌溉期内。由于灌溉期田间积水,观测数据间隔时间长,以及一些观测井台遭到破坏,在灌溉期水量较大时(如秋浇),灌溉水灌入观测井的情况时有发生,同时加上仪器操作及人为观测误差的存在,使得这段时间的误差较大。

综上所述,模型基本能反映该区的地下水质变化趋势,率定后的水质参数见表 4.20 和表 4.21。

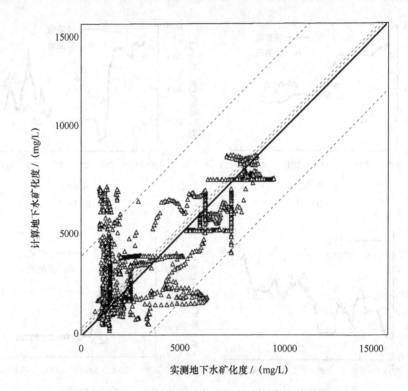

图 4.31　观测井地下水矿化度计算值与观测值

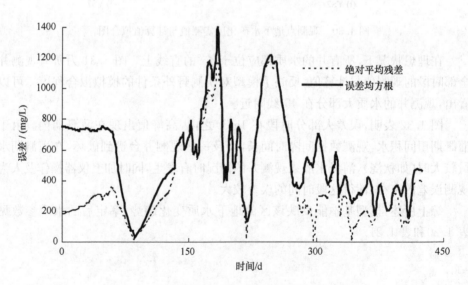

图 4.32　观测井地下水矿化度计算值与观测值误差

表 4.20　各分区孔隙度及纵向弥散度

位置			有效孔隙度	总孔隙度	纵向弥散度/m
一斗渠控制范围	第一层	A1	0.001	0.016	0.94
		A2	0.08	0.1	0.18
		A3	0.004	0.01	0.18
	第二层	A1	0.0013	0.018	1.05
		A2	0.1	0.2	0.28
		A3	0.006	0.02	0.28
二斗渠控制范围	一斗沟与二斗渠之间				
	第一层	A1	0.06	0.1	0.38
		A2	0.004	0.01	0.38
		A3	0.002	0.01	0.1
	第二层	A1	0.08	0.2	0.53
		A2	0.005	0.02	0.53
		A3	0.003	0.03	0.15
	二斗沟与二斗渠之间				
	第一层	A1	0.1	0.18	0.15
		A2	0.13	0.3	0.84
		A3	0.01	0.1	0.15
	第二层	A1	0.15	0.2	0.27
		A2	0.26	0.4	1.07
		A3	0.012	0.18	0.27

注：A1 代表纵二路西；A2 代表纵二路东、纵三路西；A3 代表纵三路东、纵四路西。

表 4.21　弥散度比及水力弥散系数

位置	α_H/α_L	α_v/α_L	水力弥散系数/(m²/d)
第一层	0.1	0.1	0.0036
第二层	0.1	0.1	0.0086

4.6　溶质运移模型参数的检验

采用 2002 年试验资料进行模型的验证，验证结果见图 4.33 和图 4.34。

图 4.33 反映了观测井地下水矿化度计算值与观测值的拟合情况，可以看出，两者的动态变化趋势基本相符。图 4.34 的地下水矿化度模拟误差显示，大部分时段的拟合误差在 1g/L 以内。

上述几个方面对模型的验证表明，该模型可用于试验区地下水质的模拟预测。

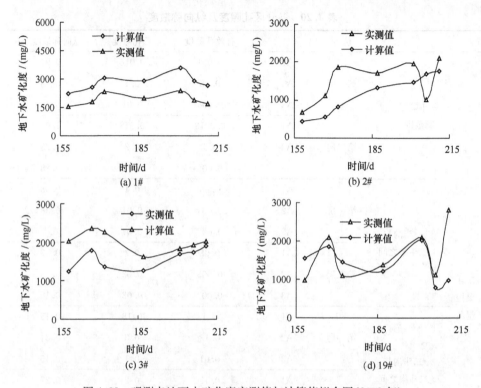

图 4.33　观测点地下水矿化度实测值与计算值拟合图（2002 年）

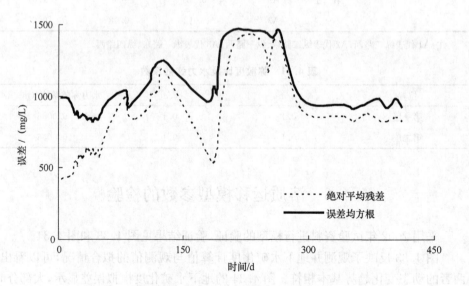

图 4.34　观测井地下水矿化度计算值与观测值误差（2002 年）

4.7　区域水盐信息的统计分析

2004 年 10 月上旬,作者在秋收后与秋浇前对研究区(红卫田间节水灌溉试验示范园区)土壤水盐信息进行了大面积的系统采样研究,分层测试土壤水盐信息。目的是揭示研究区土壤水盐信息的空间结构性,研究土壤水盐平面与垂直分布状况,为区域分区研究提供依据。井水水样的全盐量统计分析结果表明,井水的全盐量样本的全距(最大值与最小值的差值)较大,数值的离散程度也较大,样本的变异系数为 0.92,其变异性属于中等偏强变异程度。

4.7.1　区域水盐信息采样设计

土壤采样在平面和垂直两个方向分别进行,采样时土地已经翻耕,对表层土壤水盐信息的结构性可能会有一定影响。在研究区中心位置 EW 方向和 SN 方向各设 1 条中尺度采样基线,水平采样间距为 50m。由于试验田是研究的重点地区,所以在试验田对土壤水盐信息进行加密采样。试验田内在 EW 方向和 SN 方向上各设 2 条小尺度采样基线,采样间距为 10m。采样深度为 40cm,分 0~20cm、20~40cm 两层进行取样,设 2 个重复。对每个土样分别测定其重量含水率 θ 与浸取液电导率 EC(水土比为 5∶1)。具体采样设计如图 4.35 所示。

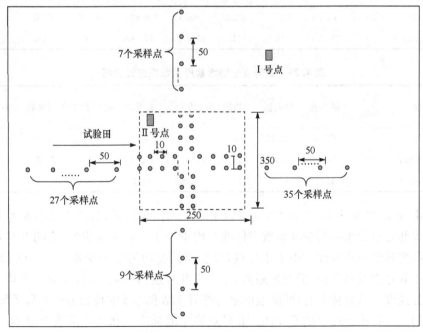

图 4.35　红卫田间节水灌溉试验示范园区土壤水盐采样设计示意图(单位:m)

在研究区中取两个 2m 深的测坑,称作Ⅰ号点、Ⅱ号点。Ⅰ号点位于试验田外的井灌区,Ⅱ号点位于试验田内(图 4.36)。在 0~200cm,每 10cm 间距划分一个土层,总共分为 20 个采样土层。在每采样土层的中间位置处平行取两个土样,分别测定土样含水率和 EC 值,同时测定Ⅱ号点每分层的土壤容重。每层所有的试验指标均取两个土样的平均值,用试验指标的平均值进行分析处理。鉴于本节的研究重点,在此对两个测坑的含水率、EC 值与Ⅱ号点土壤容重 γ 进行统计分析和空间变异性研究。

4.7.2 垂直观测点采样数据统计分析

土壤水盐信息垂直运移过程受多种因素的影响,包括灌溉、降雨、土壤蒸发、土壤水分运动参数、状态参数以及土壤与水相互作用的参数等。在土壤水分与盐分垂直运移过程中,土壤剖面某一深度处的土壤吸水与脱水过程往往交替或同时存在。在干旱、半干旱地区灌溉条件下,土壤水盐运移过程非常复杂。研究拟采用地质数学方法分析研究土壤水盐信息的空间结构特征。两测点的土壤水盐信息统计分析见表 4.22 和表 4.23。

表 4.22　Ⅰ号点土壤水盐原始数据统计分析

测项	样本容量	最小值	最大值	均值	方差	标准差	峰度系数	偏度系数	变异系数
$\theta/\%$	20	14.86	45.77	32.38	88.41	9.40	−0.65	−0.67	0.29
EC/(μS/cm)	20	207.0	724.0	424.40	20463.83	143.05	−0.41	0.49	0.34

表 4.23　Ⅱ号点土壤水盐原始数据统计分析

测项	样本容量	最小值	最大值	均值	方差	标准差	峰度系数	偏度系数	变异系数
$\theta/\%$	20	18.98	42.13	33.18	37.80	6.15	0.79	−1.19	0.19
EC/(μS/cm)	20	219.0	738.0	349.20	26452.91	162.64	1.05	1.43	0.47
$\gamma/(\text{g/cm}^3)$	20	1.41	1.59	1.48	0.002	0.05	0.57	0.99	0.03

由表 4.22 和表 4.23 可知,两点含水率平均值很接近,且含水率全距也很相近。但Ⅱ号点含水率的变异系数和标准差均小于Ⅰ号点的对应值,表明Ⅱ号点含水率的变异性与离散性均小于Ⅰ号点,且变异强度均为中等变异。Ⅰ号点 EC 均值大于Ⅱ号点的对应值,但变异系数 C_v 小于Ⅱ号点的对应值,且变异强度均为中等变异强度。从总体上看,两测点的水分变异系数都小于对应盐分的变异系数,即水分的变异性小于盐分的变异性。Ⅱ号点容重的标准差和变异系数都很小,表明容重在垂直方向上的离散性和空间变异性都很小,容重在距地表 2.0m 深垂直剖

面内的均值为 $1.48\text{g}/\text{cm}^3$。

4.7.3　研究区土壤水盐采样数据统计分析

根据区域水盐信息采样设计网格土壤水盐信息采样结果,分别求得 $0\sim20\text{cm}$ 和 $20\sim40\text{cm}$ 土层水盐信息统计特征参数。EW 方向水盐信息统计特征参数列于表 4.24 和表 4.25 中。对比并分析表 4.24 和表 4.25 可知,EW 方向表层($0\sim20\text{cm}$)土壤含水率均值略小于底层($20\sim40\text{cm}$)的值,但两者相差很小,约为 4.25%。表层土壤的 EC 均值小于底层土壤的 EC 均值,两者差异约为 10.7%。

表 4.24　研究区 EW 方向 $0\sim20\text{cm}$ 土壤水盐原始数据统计分析

测项	样本容量	最小值	最大值	均值	方差	标准差	峰度系数	偏度系数	变异系数
$\theta/\%$	67	14.36	28.62	22.82	16.60	4.074	5.144	−1.614	0.179
EC/(μS/cm)	67	276.0	2413.0	734.70	257802.6	507.74	0.955	1.156	0.691

表 4.25　研究区 EW 方向 $20\sim40\text{cm}$ 土壤水盐原始数据统计分析

测项	样本容量	最小值	最大值	均值	方差	标准差	峰度系数	偏度系数	变异系数
$\theta/\%$	67	7.40	38.37	23.79	48.503	6.964	−0.279	−0.324	0.293
EC/(μS/cm)	67	268.0	4311.0	813.27	441946.8	664.79	12.09	3.005	0.817

若按一般对 C_v 值的评估,当 $C_v\leqslant0.1$ 时,称弱变异性,$0.1<C_v\leqslant1.0$ 为中等变异性,$C_v>1$ 则属于强变异。对比表 4.24 和表 4.25 两层土壤的含水率、EC 值的变异系数可知,EW 方向区域土壤含水率与 EC 值均属于中等变异强度,但土壤含水率信息为中等偏弱变异($C_v=0.179$ 和 0.293),而 EC 信息则属于中等变异($C_v=0.691$ 和 0.817);表层土壤的含水率与 EC 值的变异性均小于底层土壤的对应值。同时,综合比较土壤水分与盐分的变异系数,可以看出,土壤盐分的变异情况远大于土壤水分的变异情况。

SN 方向 $0\sim20\text{cm}$ 和 $20\sim40\text{cm}$ 土层水盐信息统计特征参数分别列于表 4.26 和表 4.27 中。对比并分析表 4.26 和表 4.27 可知,研究区表层的土壤含水率均值略小于底层的相应值,但差异很小,也仅为 4.40%。而表层土壤 EC 均值略大于底层土壤的相应值,差异为 5.98%。在 $0\sim20\text{cm}$ 和 $20\sim40\text{cm}$ 土层中,土壤含水率也呈现为中等偏弱变异($C_v=0.160$ 和 0.235),而 EC 值则属于中等变异($C_v=0.593$ 和 0.537);表层土壤的含水率变异性小于底层土壤的对应值,但 EC 值的变异性非常接近,C_v 值分别为 0.593 和 0.537。

表 4.26　研究区 SN 方向 0～20cm 土壤水盐原始数据统计分析

测项	样本容量	最小值	最大值	均值	方差	标准差	峰度系数	偏度系数	变异系数
$\theta/\%$	24	13.34	30.21	23.88	14.606	3.822	1.447	−0.682	0.160
EC/(μS/cm)	24	257.0	3360.0	1132.9	452471.3	672.66	4.080	1.540	0.593

表 4.27　研究区 SN 方向 20～40cm 土壤水盐原始数据统计分析

测项	样本容量	最小值	最大值	均值	方差	标准差	峰度系数	偏度系数	变异系数
$\theta/\%$	24	14.51	32.60	24.93	34.447	5.869	−1.343	−0.375	0.235
EC/(μS/cm)	24	165.0	2451.0	1069.0	329456.6	573.98	0.800	0.744	0.537

EW、SN 方向的采样数据统计分析结果也表明,在 0～20cm 和 20～40cm 土层中,各指标均值的差异不大。EW 方向 0～40cm 土层平均含水率(23.31%)略小于 SN 方向的平均含水率(24.40%),但 0～40cm 土层平均 EC 值在 EW 方向(773.99μS/cm)比 SN 方向(1100.95μS/cm)小 42.24%。在 EW 方向 0～40cm 土层中,含水率平均 C_v 值为 0.245,略大于 SN 方向的平均 C_v 值(0.202),表明在 SN 方向的土壤水分信息的结构性略强,而在 EW 方向 0～40cm 土层 EC 值平均 C_v 值为 0.748,大于 SN 方向的平均 C_v 值(0.563),说明 SN 方向的土壤盐分信息的结构性更强。

4.7.4　试验田土壤水盐采样数据统计分析

为了更准确地反映试验田内土壤水盐信息的分布状况,采样时对试验田的采样密度加大,采用小尺度采样间距 10m。同时在 EW 方向和 SN 方向设计两条基线,分别在 0～20cm 和 20～40cm 土层采样。对土壤含水率与 EC(水土比为 5∶1)进行测定。基本统计分析如表 4.28～表 4.31 所示。

表 4.28　试验田 EW 方向 0～20cm 土壤水盐原始数据统计分析

测项	样本容量	最小值	最大值	均值	方差	标准差	峰度系数	偏度系数	变异系数
$\theta/\%$	45	11.69	35.22	24.02	11.892	3.448	4.901	−0.436	0.144
EC/(μS/cm)	45	246.00	1122.0	450.80	29921.48	172.978	3.939	1.695	0.384

表 4.29　试验田 EW 方向 20～40cm 土壤水盐原始数据统计分析

测项	样本容量	最小值	最大值	均值	方差	标准差	峰度系数	偏度系数	变异系数
$\theta/\%$	45	11.34	37.45	23.71	30.729	5.543	0.306	0.043	0.234
EC/(μS/cm)	45	243.00	1329.0	506.87	55999.03	236.64	2.278	1.477	0.467

表 4.30　试验田 SN 方向 0~20cm 土壤水盐原始数据统计分析

测项	样本容量	最小值	最大值	均值	方差	标准差	峰度系数	偏度系数	变异系数
$\theta/\%$	68	10.05	34.84	23.05	21.928	4.683	0.643	-0.502	0.203
EC/(μS/cm)	68	257.00	1854.0	674.82	138163.2	371.703	2.240	1.618	0.551

表 4.31　试验田 SN 方向 20~40cm 土壤水盐原始数据统计分析

测项	样本容量	最小值	最大值	均值	方差	标准差	峰度系数	偏度系数	变异系数
$\theta/\%$	68	6.97	35.67	21.13	40.922	6.397	-0.601	-0.096	0.303
EC/(μS/cm)	68	165.00	1547.0	610.62	84227.94	290.22	0.735	0.994	0.475

　　从表 4.28~表 4.31 可以看出,0~20cm 土层和 20~40cm 土层中各相应指标的差异不大,在 EW 方向土壤含水率均值分别为 24.02% 和 23.71%,EC 均值分别为 450.80μS/cm 和 506.87μS/cm。

　　在 SN 方向土壤含水率均值分别为 23.05% 和 21.13%,EC 均值分别为 674.82μS/cm 和 610.62μS/cm,表层值略大于底层值。0~20cm 和 20~40cm 土层中土壤含水率也呈中等偏弱变异。在 EW 方向 C_v 分别为 0.144 和 0.234,在 SN 方向 C_v 分别为 0.203 和 0.303,两方向的土壤水分信息结构性相近,0~40cm 土层中平均 C_v 值分别为 0.189 和 0.267。

　　EC 值则属于中等变异,在 0~20cm 和 20~40cm 土层中,EW 方向 C_v 值分别为 0.384 和 0.467,在 SN 方向 C_v 值分别为 0.551 和 0.475。在 EW 方向 0~40cm 土层平均 C_v 值为 0.434,略小于 SN 方向的平均 C_v 值(0.519),土壤盐分信息结构性相近,在 EW 方向的土壤盐分结构性略强。土壤盐分信息的空间结构性较弱,属于中等空间变异性。在小尺度采样条件下,0~40cm 土层中 EW 方向和 SN 方向平均 C_v 值分别为 0.434 和 0.519。而在中尺度采样条件下,两方向的平均 C_v 值分别为 0.748 和 0.563。小尺度条件下土壤盐分信息空间结构性略强于中尺度。

4.8　研究区水盐信息的空间结构性

　　研究区以中心干道为界,干道南、北两个分区间的实际水文地质条件有着显著的差异性,而在南、北两个小区内水文地质条件非常相近,在实际中可以近似看成是两个均质小区。研究运用地质统计学理论,在研究区土壤水盐采样数据的基础上,以土壤含水率和 EC 值为主要研究对象,揭示土壤水盐信息的空间结构性。

地质统计学是数学地质领域内一个发展迅速且有广阔应用前景的独立分支,具有强大的生命力。它以区域化变量理论为基础,以变差函数为主要工具,研究在空间分布上既有随机性又有结构性的自然现象的科学。因此,凡是研究空间分布数据的结构性和随机性,并对这批数据进行最优无偏内插估计,或要模拟这批数据的离散性、波动性时,均可应用地质统计学理论及相应方法[45]。

4.8.1　土壤水盐信息空间结构性

在满足二阶平稳假设或(准)本征假设时,一维实验变差函数为[46]

$$\gamma^*(h) = \frac{1}{2N(h)} \sum_{i=1}^{N(h)} \left[Z(x_i) - Z(x_i + h) \right]^2 \qquad (4.17)$$

式(4.17)即为 Matheron 推荐的传统计算公式,其中,$Z(x_i)$ 与 $Z(x_i+h)$ 为土壤水盐信息在 x 与 $x+h$ 处的信息值;$\gamma^*(h)$ 为实验变差函数;$N(h)$ 为两组信息的对数。

理论变差函数模型常用球状模型,一般公式为

$$\gamma(h) = \begin{cases} 0, & h=0 \\ C_0 + C\left(\frac{3}{2} \times \frac{h}{a} - \frac{1}{2} \times \frac{h^3}{a^3} \right), & 0 < h \leqslant a \\ C_0 + C, & h > a \end{cases} \qquad (4.18)$$

式中,C_0 为块金常数;C_0+C 为基台值;C 为拱高。变差函数基台值的大小可反映变量在该方向上变化幅度或总的变异程度的大小。块金常数大小可反映区域化变量随机性大小。

依据图 2.3 研究区土壤水盐采样示意图所示的东西及南北两列土壤水盐采样数据(采样间距为 50m),分别计算 0～20m、20～40cm 两土层的 EC 及含水率信息的变差函数,并对整个研究区每个指标建立理论球状模型。各指标的理论模型参数值见表 4.32 和表 4.33,实验变差函数及理论变差函数图见图 4.36。

表 4.32　研究区 0～20cm、20～40cm 土层含水率变差函数理论模型参数

土层深度/cm	$C_0/(\%)^2$	$C/(\%)^2$	a/m
0～20	15.335	11.028	757.400
20～40	47.720	27.443	1243.100

表 4.33　研究区 0～20cm、20～40cm 土层 EC 变差函数理论模型参数

土层深度/cm	$C_0/(\text{mS/cm})^2$	$C/(\text{mS/cm})^2$	a/m
0～20	0.601	0.279	1131.500
20～40	0.409	0.220	1280.600

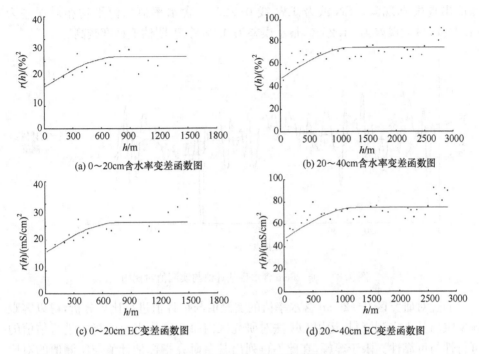

(a) 0~20cm含水率变差函数图　　　　　(b) 20~40cm含水率变差函数图

(c) 0~20cm EC变差函数图　　　　　(d) 20~40cm EC变差函数图

图 4.36　土壤水盐信息变差函数图

地质统计学所包括的各种估值技术中,普通 Kriging 法(OK 法)是应用最为广泛和最为成熟的一种估值技术,结合采样情况与估值需求,在对研究区进行结构性研究时采用 OK 法对未知点进行预测。以研究区的左下角为坐标原点,50m 为间距将研究区进行网格划分。估值区域为 EW 向 3500m,SN 向 1500m 的矩形区域。EW 向网格点数为 71 个,SN 向网格点数为 31 个,则总共预测点数为 2201 个。依据 SN 方向(24 个实测点)及 EW 方向(67 个实测点)上的实测点值,利用 OK 法对矩形网格点信息进行估值。为了检验估值精度,将已知信息与对应位置上的估值进行对比分析,并计算相对误差百分数 W_c。

分别对研究区 0~20cm 及 20~40cm 土层中的土壤含水率和 EC 值 4 个指标进行普通 Kriging 估值,计算出估值点上对应的普通 Kriging 估值方差,并将 SN 线与 EW 方向上共 91 个实测值与估计值进行对比分析。限于篇幅,仅以 0~20cm 深度处的含水率值为例,对比分析实测值和估计值的差距,并运用实测值与估计值绘制了 4 个试验指标的三维分布图,通过图形可以更加直观地反映出研究区的实际情况。由图 4.37 可以看出,估计值和实测值的数值变化趋势基本上是一致的,但估计值的变化比较平缓,比实测值的波动性弱,这是由于 OK 法估值本身具有平滑效应。极个别实测点和估值点出入很大(图中第 3 个数据点和第 6 个数据点)且实测值明显偏离数据的整体分布趋势,出现这种现象可能是试验误差所致,使得实测值出现失真现象。SN 线及 EW 线 0～20cm 含水率值估值平均相对误差为 11.24%，最大误差为 71.25%，最小误差为 0.28%，表明估值精度较高。

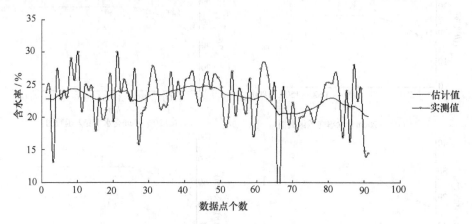

图 4.37　0～20cm 含水率估计值与实测值对比图

通过对研究区 0～20cm 含水率值的实测值与估计值进行比较分析，可以客观地反映出基于实测资料、运用 OK 法对研究区内每个网格点上的指标进行估值的可行性与可靠性。限于篇幅，在此不再列出其余研究指标估计值与实测值的对比分析结果，但其估值精度与 0～20cm 含水率值的估值精度相接近。根据 0～20cm、20～40cm 土壤 EC 值和含水率的 2201 个估值结果，运用 Surfer 软件绘制三维分布图(图 4.38～图 4.41)。研究区土壤水分状况是一个动态变量，含水率分布图只能反映研究区在采样阶段的土壤水分状况。结果表明(图 4.38 和图 4.39)，0～20cm、20～40cm 含水率在整个研究区的空间分布具有一定的波动性，底层土壤含水率的空间变化趋势比表层的平缓。整体来看，以距坐标原点往北 900m 附近位置为界，将研究区视为南北两部分，则在南、北两小区内的三维图的连续性更好。以估值区的左下角为坐标原点(估值区稍大于研究区且能把研究区完全覆盖)，则在往北大约 800m 的范围内出现了 EC 值的突变带(图 4.40 和图 4.41)，在 0～20cm、20～40cm 土层中的 EC 值在此处也发生较强波动，而在突变带的南、北两侧，EC 值的变化较为均匀连续。可见，研究区中存在有一定的空间异质性，可在突变带南、北两侧分为两个研究小区。

上述研究结果表明，土壤水盐信息在研究区内不是连续的，而是存在一条 SN 向的空间突变带。在突变带的南、北两侧，各指标值的变化是均匀连续的。对于每个测试指标而言，虽然突变带所处的空间位置有一定的偏差，但均反映出研究区的空间异质性。结合研究区的实际水文地质状况可知，研究区中心干道南、北两侧内部的水文地质条件是比较相近的。

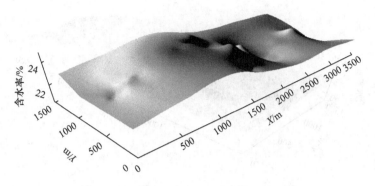

图 4.38　研究区 0～20cm 含水率三维分布图

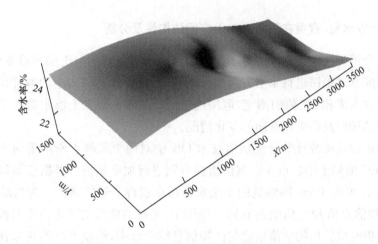

图 4.39　研究区 20～40cm 含水率三维分布图

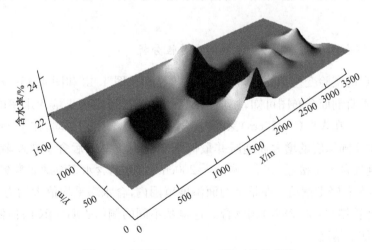

图 4.40　研究区 0～20cm EC 三维分布图

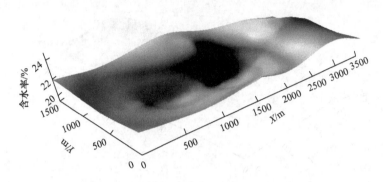

图 4.41　研究区 20～40cm EC 三维分布图

4.8.2　土壤水盐、容重在垂直方向上空间结构性及分析

为了分析研究区土壤中水盐在垂直剖面上的分布规律与土层容重变化情况,在对研究区及试验田进行水平方向取样的同时,进行垂直方向上的取样研究。通过对土样含水率和 EC 值的测定,运用地质统计学理论研究土壤水盐在垂直方向上的空间结构性及容重在垂向的变化情况。

研究运用地质统计学最优估值技术 OK 法对两个采样点所得垂向土壤含水率、土壤 EC 值和土壤容重 3 个测试指标分别进行加密估值。根据已知信息值对 0～200cm 深度内 10cm 间隔处的土壤水盐信息进行了最优估计。为检验估值精度,将已知信息值和估值绘制在同一张图中,通过两曲线的变化趋势来检验估值效果。再将经检验后的估值信息与已知信息综合起来,绘制各试验指标在垂直剖面上的分布图,从而形象地揭示出土壤水盐及容重在垂直方向上的分布及变化趋势。

1. 土壤含水率在垂直方向上空间变异性分析

两测点的实验变差函数值和理论球状模型详见图 4.42 和图 4.43。从 I 号点含水率的垂直剖面分布图可知,在地面以下 2m 深度范围内土壤含水率的变化为 12%～40%。在表层(0～15cm)深度内,含水率在 28% 附近变动,在 15～40cm 深度内,含水率随深度的增大而递减并最低降至约 12%。之后含水率逐渐递增,到 80cm 深度处含水率接近 40%。在 80～200cm 深度内,含水率波动非常缓慢,基本上在 35% 左右轻微摆动。在整个剖面深度范围内,含水率平均值大约为 31%,与表 4.24 计算结果(32.38%)相吻合。这也从不同的侧面表明,OK 法估值结果具有较高的估值精度。

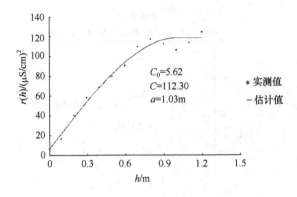

图 4.42　Ⅰ号点含水率变差函数图

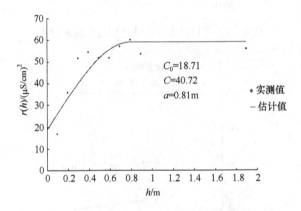

图 4.43　Ⅱ号点含水率变差函数图

由图 4.44 和图 4.45 可知,Ⅱ号点较Ⅰ号点的含水率在垂直剖面上的分布情况有很明显的变化。表层土壤含水率变化很稳定,在 0～80cm 深度内,含水率在 33%附近轻微波动,且剖面上的干燥层位置明显下移到 80～140cm 深度内,此段含水率变化幅度较大,最低值达到 17%。140cm 深度以下,含水率又保持稳定状态,基本上在 33%左右变动,和 0～80cm 土层变化范围很接近,但从整体上看,2m 深的剖面内,土壤含水率的平均值也在 33%附近,与表 4.25 计算结果(33.175%)相接近。

Ⅱ号点与Ⅰ号点土壤含水率在垂直剖面上的分布特征与主要区别是干燥层位置明显下移,表层和底层含水率变化范围基本保持一致。因为在研究区内是按照生育期进行正常灌水,而试验田内所进行的 3 种作物耐盐度试验,还增加了淋洗灌溉试验,所以试验田内的灌水量大于研究区内的灌水量,Ⅱ号点表层土壤水分含量较高。Ⅱ号点剖面含水率的最小值(17%)与均值(33%)大于Ⅰ号点剖面含水率的最小值(12%)与均值(31%)。

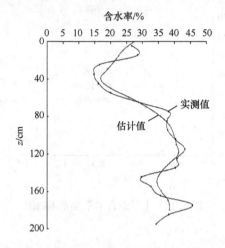

图 4.44　Ⅰ号点含水率估计值与实测值对比

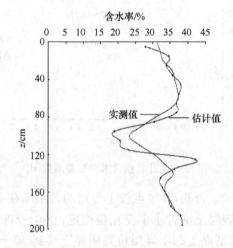

图 4.45　Ⅱ号点含水率估计值与实测值对比

2. 土壤 EC 值在垂直方向上空间变异性分析

两测点的 EC 变差函数计算结果及所拟合的理论球状模型参数见图 4.46 和图 4.47。可以看出，Ⅰ号点在 0～10cm 的土壤表层，EC 值呈逐渐增大趋势，最大值接近 750μS/cm；在 10～60cm 深度内 EC 值急剧下降，在接近 60cm 处达到最小值 200μS/cm；在 60～100cm 深度内，EC 值又急剧增大到 600μS/cm；在 100cm 以下剖面内 EC 值变化较稳定，基本上在 400μS/cm 左右轻微摆动。从整体上看，0～200cm 深度剖面内，EC 值的平均值基本上为 420μS/cm，与表 4.24 中计算所得平均值（424.4μS/cm）相接近。

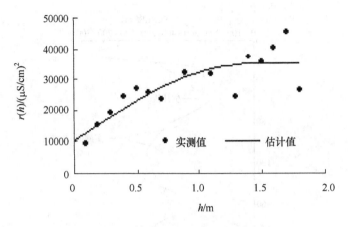

图 4.46　Ⅰ号点 EC 变差函数图

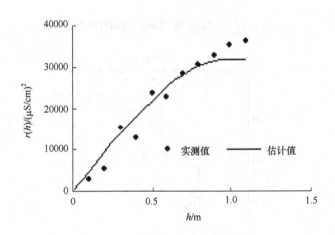

图 4.47　Ⅱ号点 EC 变差函数图

　　两侧点 EC 值在 0～200cm 垂直剖面上的分布情况有较大差异。在 0～80cm 深度内，EC 值约从 730μS/cm 下降到 200μS/cm，该段 EC 值分布曲线基本呈线性变化；80cm 以下 EC 值基本保持在 200μS/cm 不变。从图 4.48 和图 4.49 可知，在 2m 深的剖面范围内 EC 值的均值大约为 350μS/cm，与表 4.25 中的均值（349.2μS/cm）相接近。对比分析 EC 值垂直剖面上的分布曲线，可以看出两者存在明显的不同。Ⅱ号点 EC 值分布基本上在 0～80cm 深度内为单调递减，80cm 以下基本上为一常数；而Ⅰ号测坑在剖面上存在明显的变化，在距地面约 90cm 深度处有 EC 峰值。主要是由于试验田采用微咸水灌溉，灌溉水中含有一定的盐分，灌溉水中的盐分也进入了土壤，使得土壤剖面上 EC 值的分布呈现出由上到下逐渐递减的趋势。Ⅰ号点所在研究区采用井水灌溉，其矿化度在 1～3g/L 属于淡水。

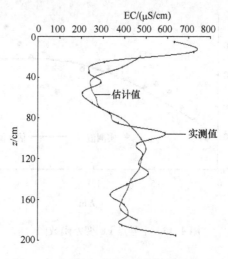

图 4.48　Ⅰ号点 EC 实测值与估计值对比

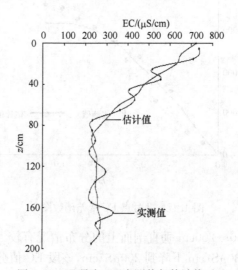

图 4.49　Ⅱ号点 EC 实测值与估计值对比

3. 土壤容重在垂直方向上空间变异性分析

本节研究的重点地区是试验田,Ⅱ号点位于试验田内,所以在采样期有针对性地对该测点每个采样层均取了原状土样并测定各土层的容重。同理,在进行 OK 法估值前计算容重的试验变差函数并拟合理论球状模型,模型参数见表 4.34。

表 4.34　Ⅱ号点土层容重变差函数理论球状模型参数

测点号	$C_0/(\mathrm{g/cm^3})^2$	$C/(\mathrm{g/cm^3})^2$	a/m
Ⅱ号	0.00089	0.0035	1.3401

　　根据估计值与实测值绘制土壤容重剖面图(图 4.50)。可以看出,在 0～40cm 土层深度内,土壤容重呈递减趋势,数值在 1.59～1.40g/cm³ 变化。在 40～80cm 土层深度内,土壤容重呈现出逐渐递增趋势,数值在 1.40～1.55g/cm³ 变化,在局部地区有波动现象。80cm 以下深度土层的容重变化基本上较为稳定,在 1.45 g/cm³ 左右。整体上看,容重平均值约为 1.45g/cm³,与表 4.33 均值计算结果(1.48 g/cm³)非常接近。

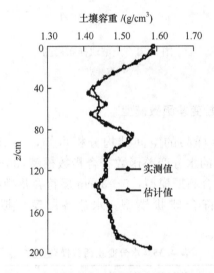

图 4.50　Ⅱ号点容重实测值与估计值对比

4.9　研究区的空间变异性分区

　　以河套灌区红卫试验场为研究区,采用 GPS 定位,考虑土地利用方式和土壤类型,样点沿两条对角线方向布置,间隔 100m,取样深度为 1m,共分 5 层(0～15cm、15～30cm、30～50cm、50～70cm、70～100cm),分别在夏灌前与秋浇前取样。根据测定的土样水分和盐分数据,利用地统计学方法,进行土壤盐分及含水量空间变异性分析,从而得出区域水盐空间特性及研究区的土壤水盐分区。采样布点具体见图 4.51。

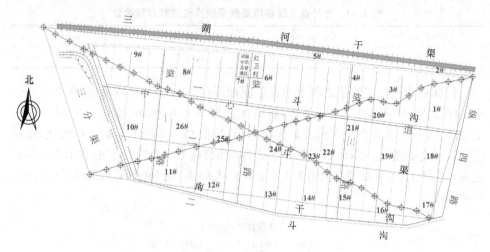

图 4.51　土壤取样布局图

⊕.取样点

4.9.1　研究区土壤水盐变差函数模型

对土壤水分、盐分样品的空间结构分析可知,0～15cm、15～30cm、50～70cm、70～100cm 4 层的水分变差函数符合指数模型,30～50cm 层符合球状模型;0～15cm 层盐分符合高斯模型,15～30cm 层符合指数模型,30～50cm、50～70cm、70～100cm 层符合球状模型。水盐各层模型拟合参数见表 4.35 和表 4.36。

表 4.35　水分变差函数模型参数

土层	0～15cm	15～30cm	30～50cm	50～70cm	70～100cm
块金效应	6.67	1.45	1.54	2.2	9.68
基台值	13.59	14.53	19.6	38	19.37
空间异质程度	49.1%	9.9%	7.9%	5.8%	4.9%
A_0	454	44	131	24	577
拟合度	0.454	0.076	0.024	0.000	0.152
残差	30.9	15.7	78.3	1279	354
模型类型	指数模型	指数模型	球状模型	指数模型	指数模型

表 4.36　盐分变差函数模型参数

土层	0~15cm	15~30cm	30~50cm	50~70cm	70~100cm
块金效应	172000	45000	85700	94500	83200
基台值	6058000	3927000	3108000	2240000	1165000
空间异质程度	2.84%	1.2%	2.76%	4.22%	7.14%
A_0	1181.00	44	2627	910	993
拟合度	0.838	0.013	0.843	0.523	0.686
残差	$5.08×10^{10}$	$7.55×10^{10}$	$9.20×10^9$	$1.65×10^{10}$	$3.61×10^9$
模型类型	高斯模型	指数模型	球状模型	球状模型	球状模型

空间异质程度是变差函数中一项重要的指标,块金效应与基台值之比表示空间变异性程度(由随机性因素引起的空间变异性占系统总变异的比例),该比值高,说明由随机分布引起的空间变异性程度较大,相反则由结构性因素,即气候、母质、地形、土壤类型[47]等引起的空间变异性程度较大;如果该比值接近1,则说明该变量在整个尺度上具有恒定的变异[48]。按照区域化变量空间相关性程度的分级标准[49],当空间异质程度<25%时,变量具有强烈的空间相关性;当在25%~75%时,变量具有中等的空间相关性;当该比值>75%时,空间相关性很弱。

表 4.35 中各层的空间异质程度分别为49.1%、9.9%、7.9%、5.8%和4.9%,在25%~75%,说明土壤水分的空间变异主要是由结构性因素引起的。表 4.36 中各层的空间异质程度分别为2.84%、1.2%、2.76%、4.22和7.14%,均小于25%,说明土壤盐分的空间变异具有强烈的空间相关性。从表层到深层,水盐的值比逐渐降低,表明空间相关性逐渐增加,受结构性因子影响逐渐加大。

研究区土壤水盐的空间变异性除了受结构性因子的影响外,还受人为地灌溉、施肥和管理水平等生产管理措施的影响。表层(0~15cm)土壤受人为因素影响较大,致使该层土壤盐分在小的范围内表现出较大的差异,深层(70~100cm)土壤的块金系数最小,说明土壤受结构性因素影响较大,在较大的范围内表现出变异性。水盐变差函数模型拟合图见图 4.52。

4.9.2　模型的检验

交叉验证法是一种间接的结合 OK 法,为检验所选模型的参数提供了一个途径。这个方法的优点是在检验过程中可以对所选定的模型参数不断进行修改,直至达到一定的精度要求。

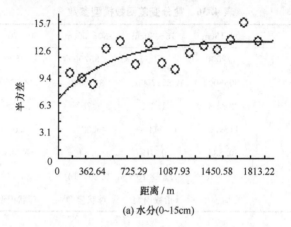

(a) 水分(0~15cm)

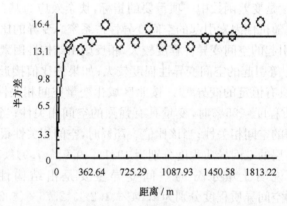

(b) 水分(15~30cm)

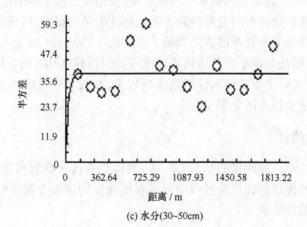

(c) 水分(30~50cm)

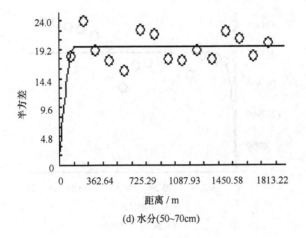

(d) 水分(50~70cm)

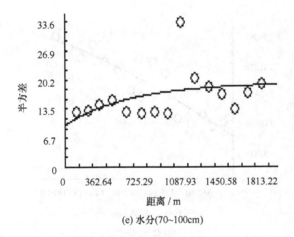

(e) 水分(70~100cm)

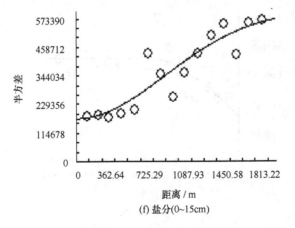

(f) 盐分(0~15cm)

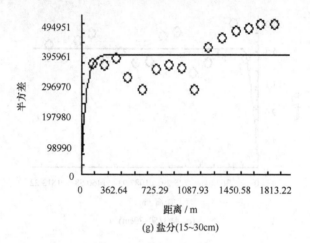

(g) 盐分(15~30cm)

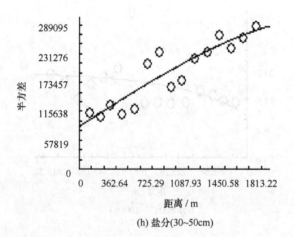

(h) 盐分(30~50cm)

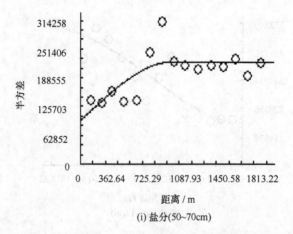

(i) 盐分(50~70cm)

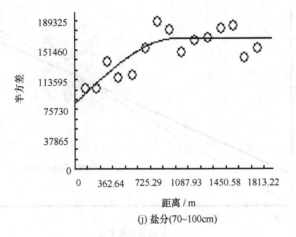

(j) 盐分(70~100cm)

图 4.52　土壤水盐变差函数模型拟合图

交叉验证法的基本思路是：依次假设每一个实测数据点未被测定，利用所选定的模型，根据 $n-1$ 个其他测定点数据用普通 Kriging 估算这个点的值。设测定点的实测值为 $Z(x_i)$，估算值为 $Z'(x_i)$，通过分析误差 $Z(x_i)-Z'(x_i)$ 来检验模型的合理性。

水盐模型交叉验证见图 4.53，经检验，每层的插值估计效果良好。现以盐分第一层为例进行分析，从图中可知回归系数为 0.93，回归系数的标准差 SE＝0.13，回归系数越接近 1 说明估计值越接近实测值。相关系数的平方($r^2=$0.432)代表目前相关直线(图中虚线)与图中 45°方向的最优拟合线(图中实线)的变化比例关系，而标准差预测值(SE＝516.501)是实测值的标准方差 $SD\times(1-r^2)$。由此可知第一层 Kriging 内插值与实际比较接近。

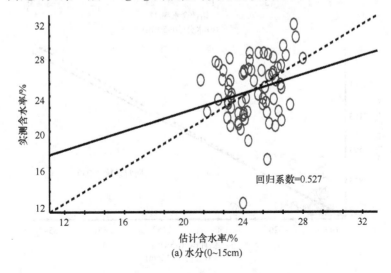

(a) 水分(0~15cm)

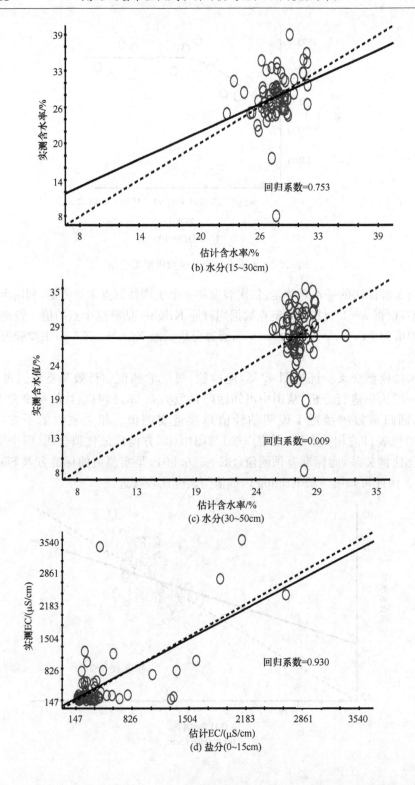

(b) 水分(15~30cm)

(c) 水分(30~50cm)

(d) 盐分(0~15cm)

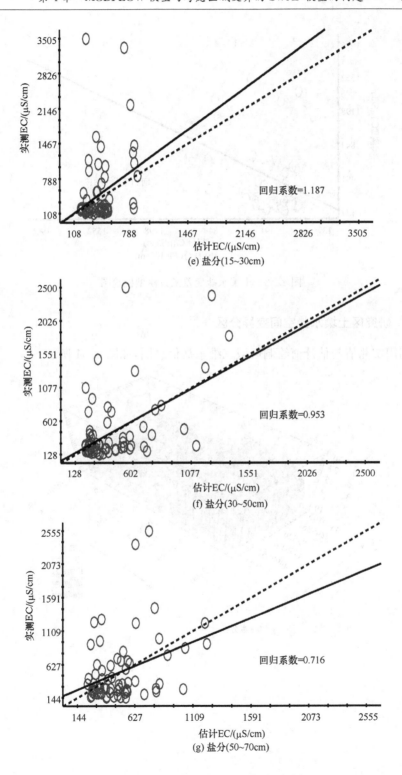

(e) 盐分(15~30cm)

(f) 盐分(30~50cm)

(g) 盐分(50~70cm)

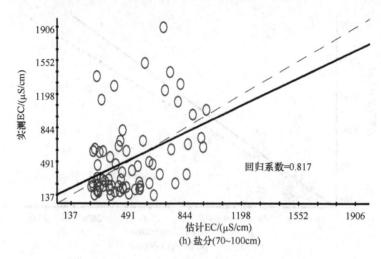

图 4.53　土壤水盐变差函数模型检验图

4.9.3　研究区土壤水盐空间变异分区

利用实测值与估计值绘制区域三维水盐信息图,如图 4.54 所示。

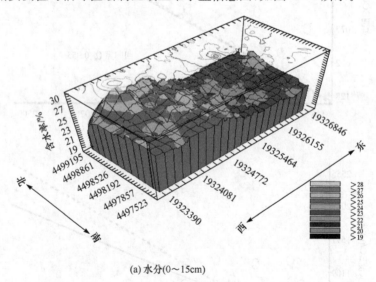

(a) 水分(0~15cm)

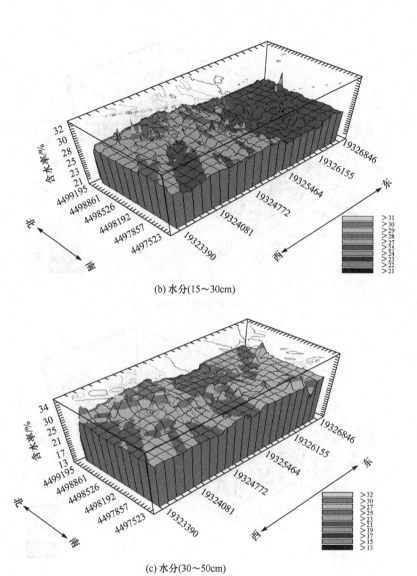

(b) 水分(15~30cm)

(c) 水分(30~50cm)

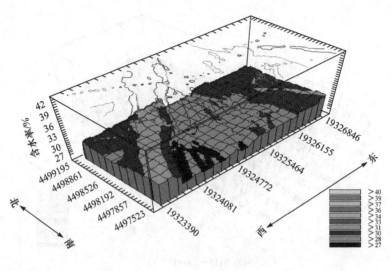

(d) 水分(50~70cm)

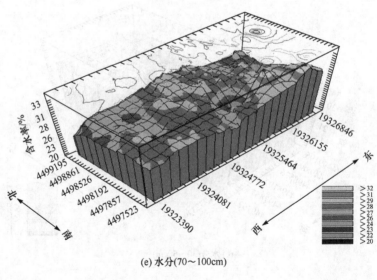

(e) 水分(70~100cm)

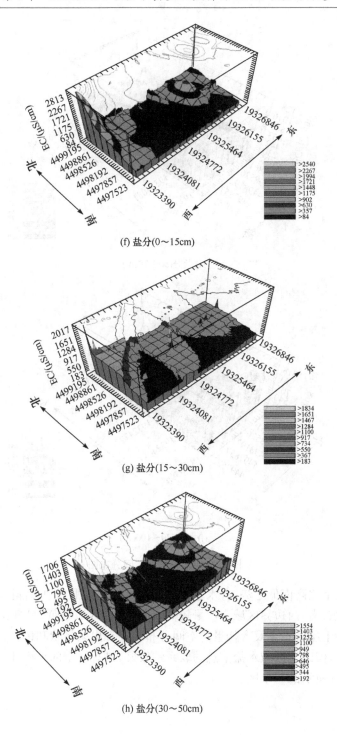

(f) 盐分(0~15cm)

(g) 盐分(15~30cm)

(h) 盐分(30~50cm)

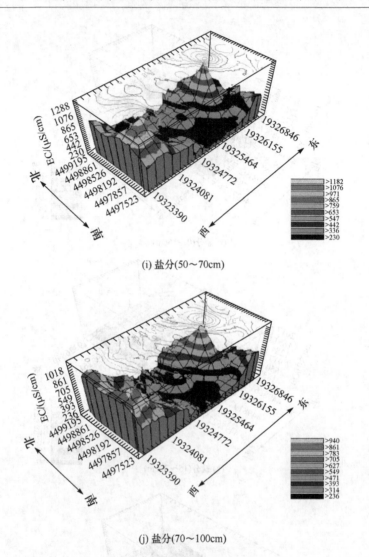

(i) 盐分(50~70cm)

(j) 盐分(70~100cm)

图 4.54　土壤水盐空间分布图

　　研究区呈北高南低之势,含水量较高的区域主要集中在中东部区域,西部地区相对较低;东、南、西边界区域含盐量较高,而中北部区域较低,呈现出一定的空间变异性。各土层含水率及含盐量的空间分布均表现出条带状和斑块状。整体表现出非均质性,但南北区域水盐信息的联系性较好,具有一定的均质性。研究区可分为如图 4.55 所示的三个区。

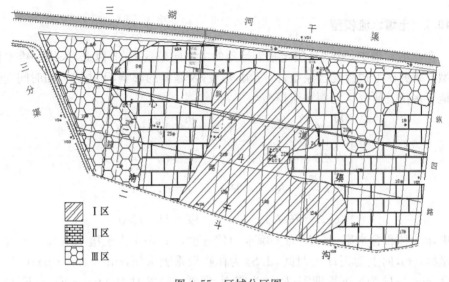

图 4.55　区域分区图

4.10　SWAP 模型的参数

分析微咸水灌溉后对环境效应影响的关键是微咸水灌溉后土壤剖面水盐运移规律和盐分在剖面上的积累情况。通过有限的试验资料可以得出一些宏观结果，但对土壤水盐均衡要素的转化关系及盐分的积累趋势等问题却难以解决。由瓦格宁根大学集成的 SWAP 模型是描述土壤-植物-大气连续体(soil-plant-atmosphere continuum，SPAC)系统中水盐运移、热量传递和作物生长的较好模型软件。1997年出现 SWAP 模型 2.0 版本。SWAP 模型在世界许多国家和地区得到了应用，取得了较好成果。SWAP 模型是由详尽完善的土壤水运移、溶质迁移、热量传输、土壤蒸发、植物蒸腾和作物生长子模块组成，主要用于田间尺度下土壤-植物-大气环境中水分运动、溶质迁移、热量传输及作物生长的模拟。本节拟采用 SWAP 模型对微咸水灌溉条件下水盐运移规律进行模拟研究，揭示采用微咸水灌溉后水盐在土壤剖面上的动态分布规律。本节主要分析微咸水灌溉的田间试验成果，进行研究区土壤水力参数的试验测定并介绍 SWAP 模型的基本原理和模型结构；然后通过微咸水灌溉的试验数据和土壤水力参数对研究区主要作物种植条件下的 SWAP 模型进行率定和检验，为微咸水灌溉条件下土壤水盐运移规律的研究提供模型基础。

虽然 SWAP2.0 模型版本曾在国外多项农业水文学研究中进行了检验和成功应用，但由于不同地区的土壤、水文条件不同，在具体应用时需对模型的有关参数进行率定。

4.10.1　土壤水流模型

在非饱和带中,SWAP 假定水流运动的主方向是垂直的,因此,采用一维水流模型。研究区上边界受气象条件(降雨、蒸发)及灌溉的影响,下边界为随时间变化的地下水位。研究区土壤水流模型为

$$\begin{cases} \dfrac{\partial \theta}{\partial t} = C(h) \dfrac{\partial h}{\partial t} = \dfrac{\partial}{\partial z} \Big[K(h) \Big(\dfrac{\partial h}{\partial z} + 1 \Big) \Big] - S_a(h) \\ h(Z,t) = h_0(Z), \qquad Z > 0, \quad t = 0 \\ K(h) \dfrac{\partial h}{\partial z} + K(h) = R(t), \quad Z = 0, \quad t > 0 \\ h(z,t) = h_0(t), \qquad Z = H, \quad t > 0 \end{cases} \qquad (4.19)$$

式中,θ 为体积含水率,%;K 为土壤水力传导度,cm/d;h 为土壤水头,cm;z 为垂向坐标,cm,向上为正;t 为时间,d;S_a 为作物根系吸水项,cm³/(cm³·d);C 为容水度,cm⁻¹;H 为地下水埋深;$R(t)$ 为降雨、灌溉。蒸发时 $R(t) = -E(t)$,$E(t)$ 为蒸发。

4.10.2　输入资料

研究区田间系统资料见表 4.37,研究区土壤质地采用试验测定值(表 2.6),土壤水分特征曲线采用试验测定及其拟合值作为初始值(表 2.5)。

表 4.37　田间系统资料

北纬/(°)	海拔高度/m	不透水层深度/m	排水沟	
			深度/m	间距/m
40.38	1010.00	45.00	1.50	250.00

4.10.3　空间单元剖分

取两条排水沟中间的垂向单元体作为研究对象,研究区地下水最大埋深为 300cm,土柱深度取 300cm。根据土壤质地资料将整个土柱分为 50 个单元,其中,上层 100cm 分为 29 个单元,下层 100～300cm 分为 21 个单元。

4.10.4　初始条件及边界条件的确定

1. 初始条件

采用 2008 年 4 月 30 日观测的地下水位作为初始地下水位,在每个区中都有不同的观测井,每区的初始地下水埋深采用区内各观测井的平均值,Ⅰ 区为 1.87m,Ⅱ 区为 2.38m,Ⅲ 区为 2.86m。

2. 上边界条件

上边界条件由作物蒸腾、棵间土壤蒸发、灌溉和降雨决定。研究作物为小麦,气象资料采用乌拉特前旗气象站资料,研究区三个分区内分别设置小麦试验小区,每区小麦的种植时间、灌水时间及灌溉水量完全一致,小麦灌溉制度见表 4.38。

表 4.38　小麦灌溉制度

灌溉时间	灌水深度/mm
5 月 16 日~17 日	85
6 月 9 日	85
6 月 26 日	85
10 月 16 日	180

潜在腾发量 ET_p 按 Penman-Monteith 公式计算。在 SWAP 中,利用作物叶面积指数(leaf area index, LAI)或土壤覆盖率(soil coverage rate, SC),将计算的潜在蒸发蒸腾划分为作物潜在蒸腾和土壤潜在蒸发,然后根据土壤的实际含水量计算作物的实际蒸腾(根系吸水)和土壤的实际蒸发。

3. 下边界条件

下边界条件采用实测地下水位资料,见图 4.56。

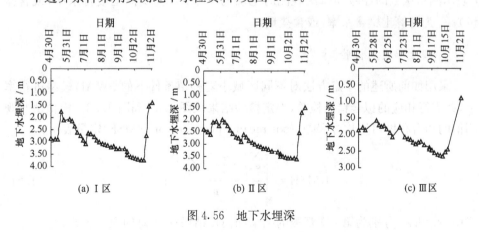

(a) I 区　　　　　　(b) II 区　　　　　　(c) III 区

图 4.56　地下水埋深

4.10.5　土壤水分初始参数

对研究区进行土壤水分特征曲线的实验室测定,具体结果见表 4.39,三个区都采用该试验结果作为模型的初始参数。

表 4.39　土壤水力参数

土层	θ_s	θ_r	K_s	α	n	λ
0~100cm	0.336	0.094	3.20	0.010	1.465	−1.40
100~230cm	0.303	0.074	15.80	0.008	1.121	−1.45

4.10.6　模型的识别

1. 模型率定的方法

根据试验观测数据,需根据实测土壤含水率及含盐量与模拟的土壤含水率及含盐量之间的总误差最小的原则,对 SWAP 模型中有关参数进行率定。

根据观测资料拟定模拟土层深度、进行单元划分、确定土壤的分层及每层的起止深度。输入试验区的灌排系统资料、气象、作物、灌溉资料、土壤水分特征曲线、初始地下水位、初始土壤的盐分分布、下边界条件、溶质运移参数。按初始参数进行模拟,将土壤含水率和含盐量模拟值与实测值进行比较,通过适当调整有关参数,重复模拟直至两者充分接近,即两者总误差最小。所得参数即为率定好的参数总误差为

$$\text{TES} = \min \sum_{i=1}^{n} \sum_{j=i}^{m} (Z_o - Z_s)^2 \tag{4.20}$$

式中,TES 为实测土壤含水率、含盐量与计算土壤含水率、含盐量的总平方差;i 和 j 表示测量次数的序号和每次观测时土层的序号;Z_o 为实测土壤含水率(或含盐量);Z_s 为计算土壤含水率(或含盐量)。

2. 模型率定与检验

采用如前所述的率定方法对不同区域小麦种植条件下的 SWAP 模型进行率定,并进行相应的拟合精度检验,率定检验结果见图 4.57 和图 4.58。模拟值与观测值的吻合程度可用均方误差(root mean squared error,RMSE)定量表示:

$$\text{RMSE} = \left[\frac{\sum_{i=1}^{n} (Z_{oi} - Z_{si})^2}{n} \right]^{\frac{1}{2}} \tag{4.21}$$

式中,Z_{oi} 和 Z_{si} 分别为第 i 次观测的结果和模拟结果;n 为总的观测次数。

不同模型的 RMSE 见表 4.40,其均方误差均在 5 以内,表明二者吻合较好。从图 4.57 和图 4.58 也可以直观看出,模拟值与实测值拟合较好,率定后的均方误差也在 5 以内,见表 4.41。从以上率定检验结果看,率定参数后的 SWAP 模型可用于模拟该研究区的土壤水流动态。检验后的土壤水力参数见表 4.42。

表 4. 40　土壤水分观测及模拟值的均方误差(RMSE)

土层深度/cm	5	20	40	70	100
均方误差(Ⅰ区)	2.85	2.78	1.97	1.16	2.73
土层深度/cm	15	30	50	70	100
均方误差(Ⅱ区)	1.35	2.85	1.39	0.98	1.42
均方误差(Ⅲ区)	1.91	2.67	3.01	3.66	3.39

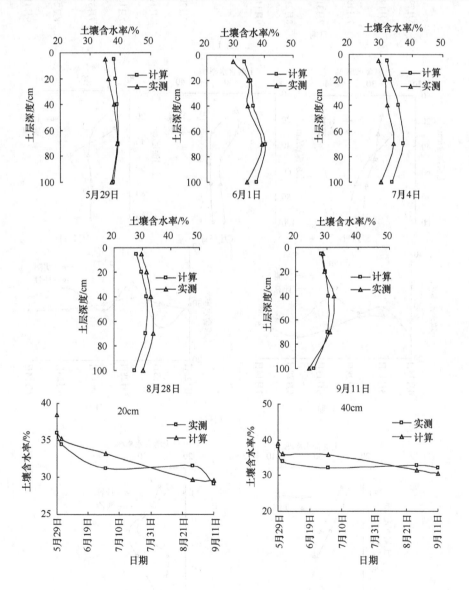

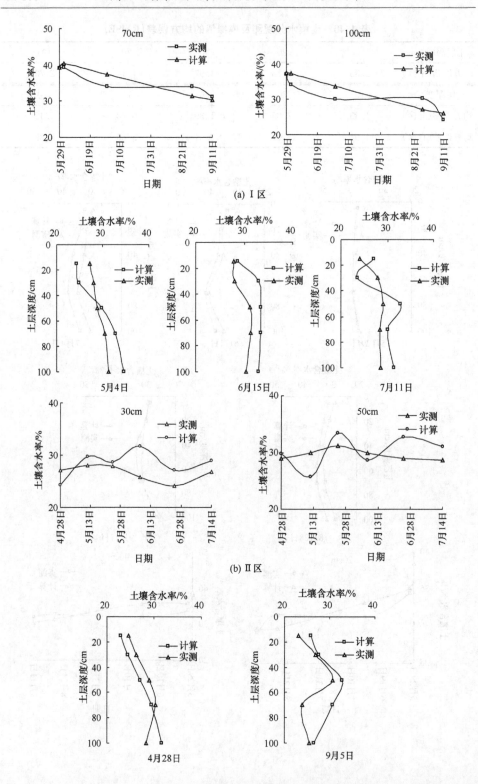

(a) I区

(b) II区

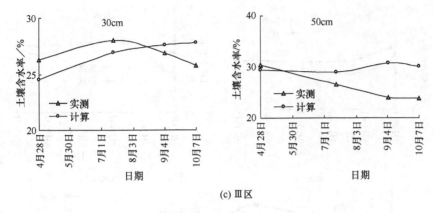

(c) Ⅲ区

图 4.57　土壤水流模型率定

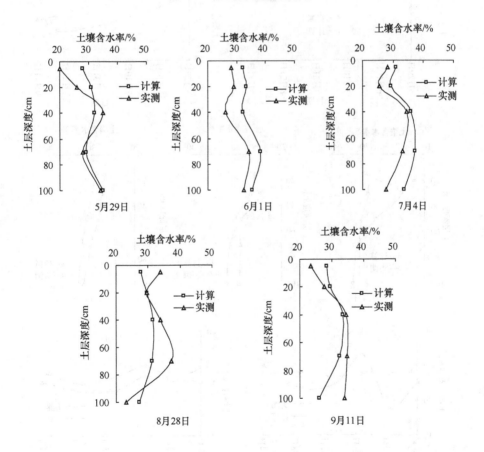

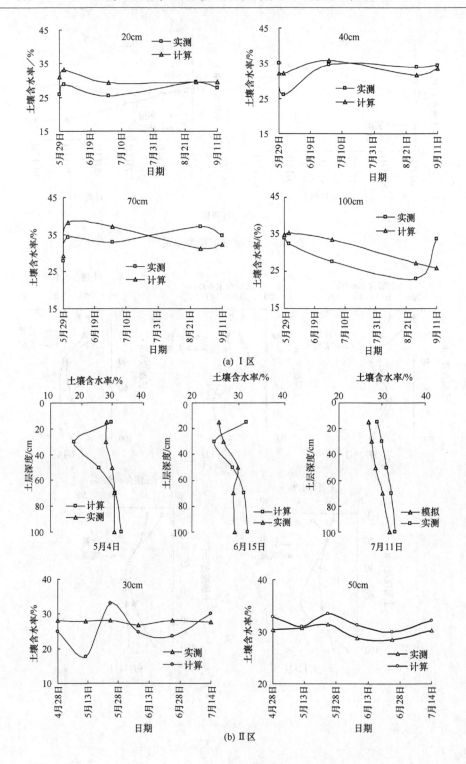

(a) Ⅰ区

(b) Ⅱ区

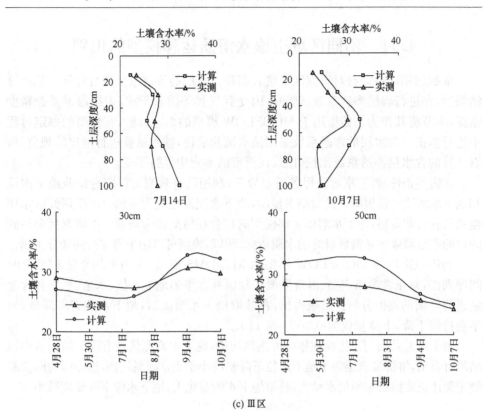

(c) Ⅲ区

图 4.58　土壤水流模型检验

表 4.41　率定后的土壤水力参数

分区	土层深度 /cm	土壤质地	θ_{res} /%	θ_{sat} /%	K_{sat} /%	α /cm^{-1}	n	λ
Ⅰ区	0~100	粉壤土	0.04	0.418	1.65	0.02	1.680	−1.51
	100~300	砂壤土	0.08	0.45	10.62	0.01	1.684	−1.53
Ⅱ区	0~100	粉壤土	0.05	0.415	0.75	0.01	1.67	−1.61
	100~300	砂壤土	0.05	0.435	20.39	0.01	1.58	−1.43
Ⅲ区	0~100	粉壤土	0.05	0.418	0.35	0.015	1.72	−1.58
	100~300	砂壤土	0.07	0.435	12.39	0.015	1.584	−1.393

表 4.42　检验后土壤水分观测及模拟值的均方误差 (RMSE)

土层深度/cm	5	20	40	70	100
均方误差(Ⅰ区)	2.22	1.75	1.63	1.95	1.20
土层深度/cm	15	30	50	70	100
均方误差(Ⅱ区)	2.13	3.45	1.61	1.90	2.87
均方误差(Ⅲ区)	1.71	1.68	0.92	2.13	1.33

4.11　不同区域土壤水溶质运移模型的识别

本章利用试验资料对研究区土壤表层和含水层的渗透系数进行计算。从计算结果看,在进行表层渗透系数试验时,因受到气候等因素干扰,表层渗透系数精度略低,本节将其作为初始值用于 MODFLOW 模型的率定检验,在模型的率定过程中进行修正。含水层的渗透系数采用抽水试验求得,抽水试验进行地比较规范,所以计算的含水层渗透系数比较可靠,在模型的率定中保持不变。

在边界条件清楚,率定获得各项参数下,利用已有观测资料率定检验地下水流和地下水溶质运移模型。检验结果显示,地下水流模型较为理想。由于研究区水质监测只有后期资料,地下水溶质运移模型的拟合在后期较为满意。本研究所要达到的目的也是微咸水灌溉后最终的水质指标,所以,模型可以用于研究区的盐分预测。

利用识别后的 MODFLOW 模型和 MT3DMS 模型,采用平均年法和考虑时间序列法,对正常灌溉定额、淋洗灌溉定额两种水平的地下水位、水量、水质和含盐量进行详细的模拟分析。结果得出,在抽取地下水灌溉后,地下水位有所降低,但不会持续下降,下降量仅为 $0.057 \sim 0.11 \text{m}$。

地下水总补给与总排泄在年内可达到均衡,地下水资源量是有保证的。从模拟结果可看出,淋洗灌溉定额下地下水位下降幅度小于正常灌溉定额,这是因为淋洗灌溉定额比正常灌溉定额的水量大,补给地下水的量也大,地下水位下降幅度减小。

4.11.1　溶质运移方程

对于垂向一维水流溶质运移方程:

$$\frac{\partial(\theta c)}{\partial t} = \frac{\partial}{\partial z}\left(D_{\text{sh}}\frac{\partial c}{\partial z}\right) - \frac{\partial qc}{\partial z} \tag{4.22}$$

式中,D_{sh} 为水动力弥散系数,cm^2/d;c 为土壤水中的溶质浓度,g/cm^3;z 为扩散方向的距离,cm;q 为对流通量。

4.11.2　模型识别

补给浓度为灌溉水矿化度,试验田灌溉用微咸水的矿化度为 $3\text{g}/\text{L}$。采用文献[33]中的相关数据作为初始值(表 4.33),弥散长度为 18cm,水动力弥散系数为 $0.01\text{cm}^2/\text{d}$。

表 4.43　初始土壤盐分　　　　　　　　　（单位:mg/cm³）

土层深度/cm	5	20	40	70	100
Ⅰ区	8.17	4.35	3.56	1.90	2.06
土层深度/cm	15	30	50	70	100
Ⅱ区	8.88	9.61	9.29	9.02	9.05
Ⅲ区	3.21	2.17	3.28	4.96	5.17

图 4.59 和图 4.60 为土壤水溶质模型的率定和检验图,可以看出,模拟值与实测值拟合较好,表 4.44 和表 4.45 的率定、检验均方误差均在 5 以内,表明二者吻合较好。从以上率定、检验结果看,率定参数后的 SWAP 模型可用于模拟该研究区的土壤水溶质运移。率定后的溶质运移参数见表 4.46。

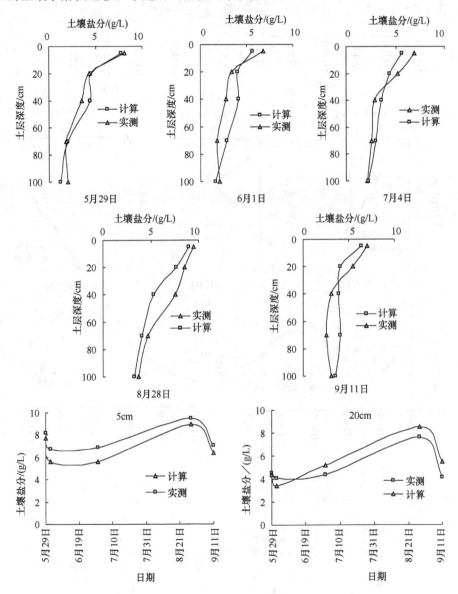

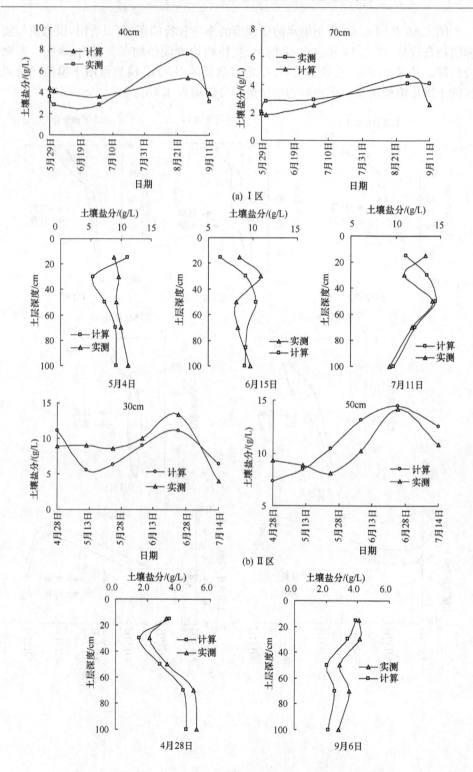

(a) Ⅰ区

(b) Ⅱ区

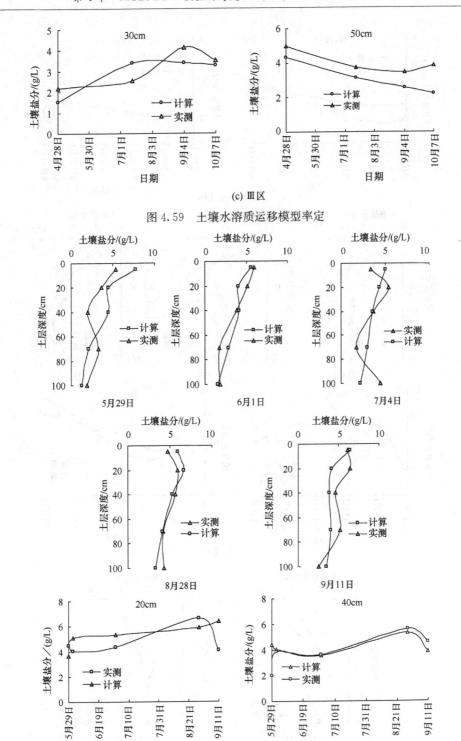

(c) Ⅲ区

图 4.59　土壤水溶质运移模型率定

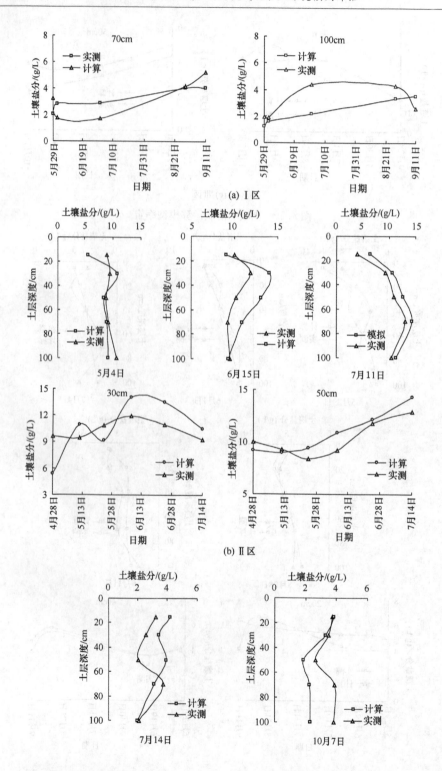

(a) Ⅰ区

(b) Ⅱ区

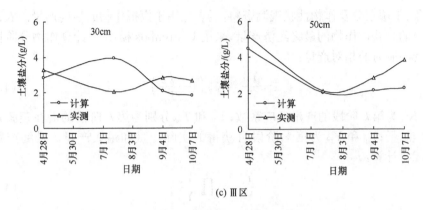

(c) Ⅲ区

图 4.60　土壤水溶质运移模型检验

表 4.44　土壤盐分观测及模拟值的率定均方误差（RMSE）

土层深度/cm	5	20	40	70	100
均方误差（Ⅰ区）	0.86	0.87	1.32	0.88	0.49
土层深度/(cm)	15	30	50	70	100
均方误差（Ⅱ区）	2.31	2.60	1.90	1.01	1.17
均方误差（Ⅲ区）	0.91	1.67	2.01	3.66	2.39

表 4.45　土壤盐分观测及模拟值的检验均方误差（RMSE）

土层深度/cm	5	20	40	70	100
均方误差（Ⅰ区）	1.43	1.29	1.15	1.02	1.20
土层深度/(cm)	15	30	50	70	100
均方误差（Ⅱ区）	3.21	2.45	1.61	2.90	3.87
均方误差（Ⅲ区）	1.46	1.59	2.31	1.91	2.39

表 4.46　率定后的溶质运移参数

分区	弥散长度/cm	水动力弥散系数/(cm²/d)
Ⅰ区	21.81	0.12
Ⅱ区	20.50	0.05
Ⅲ区	23.81	0.21

4.12　作物模型的识别

SWAP 模型中对作物生长及产量的模拟,有两个模型可供选择,即复杂模型和简单模型。前者可模拟详细的作物光合、呼吸和干物质累积过程,但要求有详细的气象、土壤水分及作物性状观测资料,后者只用于模拟作物的最终产量。农田灌溉的目的是获得作物的最终经济产量,采用 Doorenbos 模型[57]计算作物分阶段的蒸腾受限制时的相对产量:

$$1 - \frac{Y_{ak}}{Y_{pk}} = K_{yk}\left(1 - \frac{T_{ak}}{T_{pk}}\right) \tag{4.23}$$

式中,K_{yk} 为第 k 阶段的产量反应系数;T_{pk} 和 T_{ak} 分别为第 k 阶段的潜在蒸腾量和实际蒸腾量;Y_{ak} 和 Y_{pk} 为第 k 阶段可获得的实际产量和最大产量。最终产量按式(4.24)计算:

$$\frac{Y_a}{Y_p} = \prod_{k=1}^{n} \frac{Y_{ak}}{Y_{pk}} \tag{4.24}$$

式中,n 为作物的总生长阶段;Y_a 和 Y_p 分别为作物的实际产量和水分不受限制的最终产量。

4.12.1　作物性态

试验作物为小麦,小麦在 3 月中旬播种,4 月上旬出苗,7 月中旬收获,生长周期为 103 天。简单作物模型将作物的不同生长阶段定义为作物生长日期的线性函数,整个生长阶段的起止以相对时间 0 和 2 表示,其中,作物出苗前一天为 0,收割日为 2,其间根据所处的时间在 0～2 线性插值。据观测资料,作物的生育阶段与株高、叶面积指数、根深的关系见图 4.61。

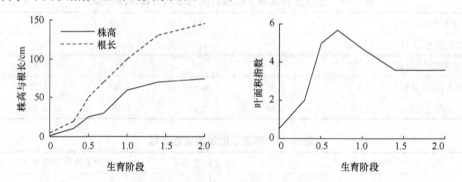

图 4.61　小麦叶面积指数、根长及株高

作物产量反应系数采用文献[50]中的资料作为初始值,见表 4.47,其中的产量反应系数是一个通用值,不同地区还需根据当地的条件进行修正。

表 4.47　小麦产量反应系数

作物	营养生长期	开花期	产品形成期
春小麦	0.20	0.65	0.55

4.12.2　模型的识别

将以上作物资料及初始参数输入模型,计算小麦的相对产量,调整产量反应系数,直至小麦各生育阶段的相对产量达到 85% 以上,各生育阶段相对产量见图 4.62。调整后的产量反应系数见表 4.48,表中的产量反应系数反映了研究区的实际情况。

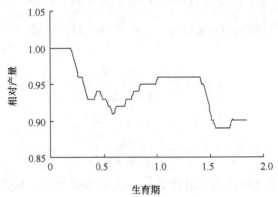

图 4.62　小麦生育期相对产量

表 4.48　率定后的小麦产量反应系数

作物	营养生长期	开花期	产品形成期
春小麦	0.20	0.53	0.41

4.12.3　一维垂直非饱和水盐运移模型系统的构建

利用三维土壤水盐运移模型求解土壤水盐动态问题非常复杂,很难求解,在解决实际问题时,往往通过将实际问题简化后应用一维模型来求解。但由于土壤水盐存在空间变异性,使用一个一维模型的求解结果来代表整个区域的土壤水盐动态,将会有较大的误差。

本研究利用地质统计学的原理将研究区域按土壤水盐的空间变异性划分 3 个小区,每个小区的土壤水盐信息有较好的连续性且有一定的均质性。在每个小区内分别布置微咸水灌溉小麦试验田及对比田,应用试验实测资料分别识别不同小区小麦种植条件下的土壤水盐模型,各区土壤水流和溶质运移方程及其边界条件为

$$\begin{cases} \dfrac{\partial \theta}{\partial t} = C(h)\dfrac{\partial h}{\partial t} = \dfrac{\partial}{\partial z}\Big[K(h)\Big(\dfrac{\partial h}{\partial z}+1\Big)\Big] - S_a(h) \\[3mm] \dfrac{\partial(\theta c)}{\partial t} = \dfrac{\partial}{\partial z}\Big(D_{sh}\dfrac{\partial c}{\partial z}\Big) - \dfrac{\partial qc}{\partial z} \\[3mm] h(Z,t) = h_0(Z), \qquad\qquad Z>0, \quad t=0 \\[3mm] K(h)\dfrac{\partial h}{\partial z}+K(h) = R(t), \quad Z=0, \quad t>0 \\[3mm] h(z,t) = h_0(t), \qquad\qquad Z=H, \quad t>0 \end{cases} \tag{4.25}$$

其中,

$$\theta = \theta_{res} + \frac{\theta_{sat}-\theta_{res}}{(1+|\alpha h|^{n})^{1-\frac{1}{n}}}$$

$$K = K_{sat}S_e^{\lambda}\left[1-(1-S_e^{\frac{n-1}{n}})\right]^2$$

$$S_e = \frac{\theta-\theta_{res}}{\theta_{sat}-\theta_{res}}$$

式中,K_{sat} 为饱和导水率;λ 为形状参数;α、n 为经验系数;S_e 为相对饱和度;θ 为体积含水率;θ_{res} 为残余含水率;θ_{sat} 为饱和含水率;其余符号同前。

各小区率定的土壤水力参数及溶质运移参数分别为:

Ⅰ区,

$$\begin{cases} \theta_{res}=0.04,\theta_{sat}=0.418,K_{sat}=1.65,\alpha=0.02,n=1.680,\lambda=-1.51, \quad 0\leqslant z\leqslant100\text{cm} \\ \theta_{res}=0.08,\theta_{sat}=0.45,K_{sat}=10.62,\alpha=0.01,n=1.684,\lambda=-1.53, \quad 100\leqslant z\leqslant300\text{cm} \\ L=21.81\text{cm} \\ D_{sh}=0.12\text{cm}^2/\text{d} \end{cases}$$

Ⅱ区,

$$\begin{cases} \theta_{res}=0.05,\theta_{sat}=0.415,K_{sat}=0.75,\alpha=0.01;n=1.670,\lambda=-1.61, \quad 0\leqslant z\leqslant100\text{cm} \\ \theta_{res}=0.05,\theta_{sat}=0.435,K_{sat}=20.39,\alpha=0.01,n=1.58,\lambda=-1.43, \quad 100\leqslant z\leqslant300\text{cm} \\ L=20.5\text{cm} \\ D_{sh}=0.05\text{cm}^2/\text{d} \end{cases}$$

Ⅲ区,

$$\begin{cases} \theta_{res}=0.05,\theta_{sat}=0.418,K_{sat}=0.35,\alpha=0.015,n=1.72, \\ \lambda=-1.58, \quad 0\leqslant z\leqslant100\text{cm} \\ \theta_{res}=0.07,\theta_{sat}=0.435,K_{sat}=12.39,\alpha=0.015,n=1.584, \\ \lambda=-1.393, \quad 100\leqslant z\leqslant300\text{cm} \\ L=21.81\text{cm}, \\ D_{sh}=0.12\text{cm}^2/\text{d} \end{cases}$$

式(4.25)中的土壤水力及溶质运移参数取不同的值就构成不同的模型,分别取以上各区的参数值,这样就构成了 3 个不同的模型。每个模型可以分别计算模型所代表区的土壤水盐动态。将 3 个区模型联立求解,即可得到整个研究区域的土壤水盐动态,从而构建考虑区域变异的离散化—维垂直非饱和土壤水盐运移模型系统。

运行该模型系统,可获得区域不同分区的土壤水盐信息,对这些分区信息进行分析,则可得到区域土壤水盐的分布动态和趋势。

考虑区域变异的离散化—维垂直非饱和土壤水盐运移模型系统的构建,有效地解决了应用—维垂直非饱和土壤水盐运移模型模拟区域土壤的水盐动态问题,使复杂的区域土壤水盐求解问题转化为多个一维问题的联立求解,从而简化实际问题的解决。对模型系统的检验过程可以看出,该模型系统能较好地模拟研究区域的土壤水盐动态,同时也为区域微咸水利用的灌溉模式探讨奠定了良好的基础。

4.13　小　　结

本章利用试验资料对研究区土壤表层和含水层的渗透系数进行了计算。从计算结果看,在表层渗透系数试验时,因受到气候等因素干扰,表层渗透系数精度略低,本章将其作为初始值用于 MODFLOW 模型的率定检验,在模型的率定过程中进行了修正。含水层的渗透系数采用抽水试验求得,抽水试验比较规范,计算的含水层的渗透系数比较可靠,在模型的率定中保持不变。

在边界条件清楚,率定获得各项参数下,利用已有观测资料率定检验了地下水流和地下水溶质运移模型。检验结果显示,地下水流模型较为理想。由于研究区水质监测只有后期资料,地下水溶质运移模型的拟合在后期较为满意。本研究所要达到的目的也是微咸水灌溉后最终的水质指标,所以,模型可以用于研究区的盐分预测。

利用识别后的 MODFLOW 模型和 MT3DMS 模型采用平均年法和考虑时间序列法对正常灌溉定额、淋洗灌溉定额两种水平的地下水位、水量、水质和含盐量进行了详细的模拟分析。结果得出,在抽取地下水灌溉后地下水位有所降低,但不会持续下降,下降量仅为 0.057～0.11m。

地下水总补给与总排泄在年内可达到均衡,地下水资源量是有保证的。从模拟结果可看出,淋洗灌溉定额下地下水位下降幅度小于正常灌溉定额,这是由于淋洗灌溉定额比正常灌溉定额的水量大,补给地下水的量也大,地下水位下降幅度减小。

在研究区的中部 NS 与 EW 方向各设有一条中尺度采样基线。统计分析表明,在 0~20cm 和 20~40cm 土层中,各指标均值的差异不大。EW 方向 0~40cm 土层平均含水率(23.31%)略小于 SN 方向的平均含水率(24.40%),但 0~40cm 土层平均 EC 值在 EW 方向比 SN 方向小 42.24%。

在 EW 方向 0~40cm 土层含水率平均 C_v 值为 0.245,略大于 SN 方向的平均 C_v 值(0.202),表明在 SN 方向的土壤水分信息的结构性略强。而在 EW 方向 0~40cm 土层平均 C_v 值为 0.748,大于 SN 方向的平均 C_v 值(0.563),也表明在 SN 方向的土壤盐分信息的结构性更强。

在试验田的 NS 与 EW 方向上各设有两条小尺度采样基线。统计分析表明,在 0~20cm 和 20~40cm 土层中土壤含水率也呈现为中等偏弱变异。在 EW 方向 C_v 分别为 0.144 和 0.234,在 SN 方向 C_v 分别为 0.203 和 0.303。两方向的土壤水分信息结构性相近,0~40cm 土层中平均 C_v 值分别为 0.189 和 0.267。而 EC 值则属于中等变异,在 0~20cm 和 20~40cm 土层中,EW 方向 C_v 值分别为 0.384 和 0.467,在 SN 方向 C_v 值分别为 0.551 和 0.475。在 EW 方向 0~40cm 土层平均 C_v 值为 0.434,略小于 SN 方向的平均 C_v 值(0.519),两方向的土壤盐分信息结构性相近,在 EW 方向的土壤盐分结构性略强。土壤盐分信息的空间结构性较弱,属于中等空间变异性。而在中尺度采样条件下,两方向的平均 C_v 值分别为 0.748 和 0.563。小尺度条件下的土壤盐分信息空间结构性略强于中尺度。

依据研究区土壤水盐采样信息,对研究区的土壤水盐空间结构性进行了研究。运用 OK 法估计区域水盐信息,并据此绘出三维分布图。结果表明研究区整体表现出非均质性,但在南北两个小区内水盐信息的连续性较好,具有一定的均质性。

研究了垂直方向的土壤含水率、EC 值与土壤容重的空间结构性,运用 OK 法进行了加密估值。分别给出了两测坑在 2m 深度范围内的含水率和 EC 值的垂直剖面分布图及容重的垂直剖面分布图,分析研究了采样期土壤水盐垂直剖面上的分布状况。

本章就作物正常灌溉定额和淋洗灌溉定额两种方案对研究区 3 种主要作物种植条件下土壤盐分在垂直剖面的运移、土壤盐分随时间的动态和作物相对产量进行了模拟以及对微咸水灌溉的土壤积盐趋势进行了预测。

第5章 微咸水灌溉条件下土壤水盐动态、地下水环境变化规律模拟

5.1 基于 SWAP 模型模拟的微咸水灌溉条件下土壤水盐动态的研究

淡水资源的日益短缺和工业用水竞争把咸水、微咸水利用提到重要位置。进行微咸水灌溉时,要确保农作物及灌溉区域环境的安全。深入系统地研究微咸水灌溉条件下农田水盐运动规律和水盐均衡要素的转化关系,对实现水资源及咸水资源的可持续利用具有重要的现实意义,同时,该研究将对河套乃至类似灌区的微咸水灌溉具有指导意义。三湖河灌域因其特殊的地理位置,地处灌区下游,灌溉不能适时,而地下咸水、微咸水较丰富,而且地下埋深较浅,所以适于发展微咸水灌溉。但微咸水灌溉后,土壤水盐如何变化、未来盐分的积聚趋势、对水土环境效应和农田水盐均衡要素的转化关系等问题需要深入研究。由瓦格宁根大学环境科学系开发研制的 SWAP2.0 模型能够模拟田间尺度下不同灌溉水平的农田土壤水盐运动。以日为单位输出各未知水量平衡、盐分平衡分量、水分通量、溶质通量和水分、盐分在土壤剖面的分布等,可方便地研究微咸水灌溉后土壤水盐的变化规律。本章引进 SWAP 模型探讨微咸水灌溉条件下土壤水盐及其均衡要素的转化关系和微咸水灌溉后的土壤积盐趋势及对作物产量的影响。通过对模拟结果的分析,揭示微咸水灌溉在干旱、半干旱地区的可行性。

5.1.1 正常灌溉定额下土壤水盐动态模拟

微咸水的开发利用是减缓水资源紧缺的一项有效途径,但微咸水灌溉也会将盐分带入土壤。本节主要探求在正常灌溉定额下,运行一个水文周期年(10 年)的土壤水盐动态分布特征,预测模拟水盐运移过程和土壤剖面上的动态平衡。

1. 气象、灌溉资料

通过模拟运算可知,平均年与考虑时间序列的模拟结果基本接近,趋势预测时可采用平均年法。模拟预测所需气象、灌溉资料采用平均年(2002 年)的数据。把气象资料转化为 SWAP 模型输入形式的灌溉资料见表 5.1。

表 5.1　模型的灌溉数据输入

作物	灌水次数	灌水时间	灌水深度/mm	灌溉水质/(g/L)	作物	灌水次数	灌水时间	灌水深度/mm	灌溉水质/(g/L)
小麦	1	5 月 12 日	90	0.608	玉米	1	6 月 19 日	90	0.608
	2	5 月 27 日	75	3.840		2	7 月 12 日	75	1.100
	3	6 月 16 日	75	3.840		3	7 月 21 日	75	1.100
	4	6 月 28 日	75	0.608		4	8 月 14 日	75	1.100
葵花	1	6 月 10 日	90	3.010					
	2	6 月 30 日	75	3.010					

2. 下边界条件

边界条件是一个模型的核心组成部分,边界条件是否合理直接决定模型运行结果的可靠性,也就决定着模型能否应用。在 SWAP 模型的应用过程中,下边界条件一直是难点问题。本研究将 MODFLOW 模型与 SWAP 模型有机地耦合在一起,成功地解决了 SWAP 模型的下边界条件。MODFLOW 模型模拟的地下水位结果直接作为 SWAP 模型的下边界。由 MODFLOW 模拟结果得到的平均年正常灌溉定额和淋洗灌溉定额下研究区的平均地下水位见图 5.1。

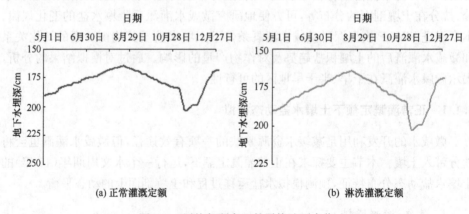

(a) 正常灌溉定额　　　　　　　　　　(b) 淋洗灌溉定额

图 5.1　平均年研究区的平均地下水位

3. 盐分在垂直剖面上的变化规律

根据以上基本资料采用 SWAP 模型对灌区 3 种主要作物种植条件下,土壤水、盐运移规律进行模拟预测。3 种作物模型模拟的盐分剖面分布图、溶质通量图和水分通量图分别见图 5.2～图 5.8 中。由于第一次灌溉前降雨较少,土壤盐分在表层积累,因此土壤盐分都较高。玉米第一次灌溉时间较晚,灌溉之前有降雨,其初始剖面在 20～30cm 处较高。

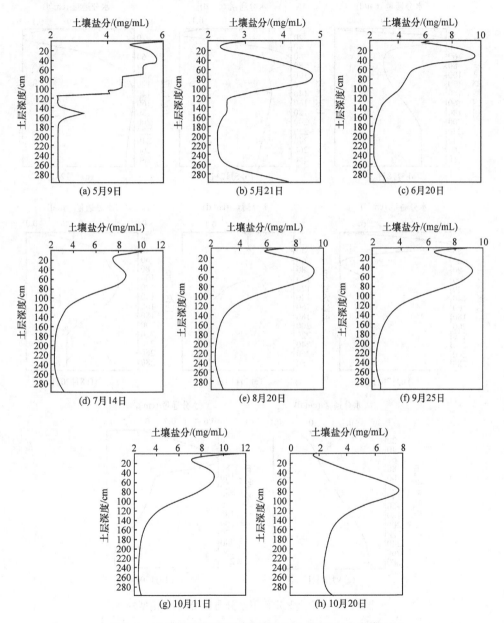

图 5.2 正常灌溉定额下土壤剖面盐分分布图(小麦模型)

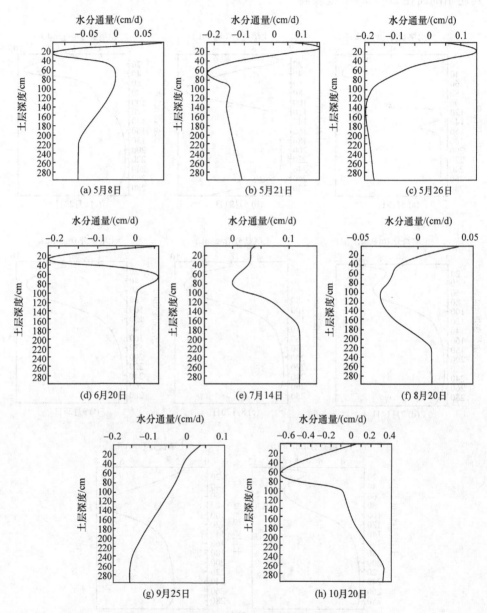

图 5.3　正常灌溉定额下水分通量图(小麦模型)

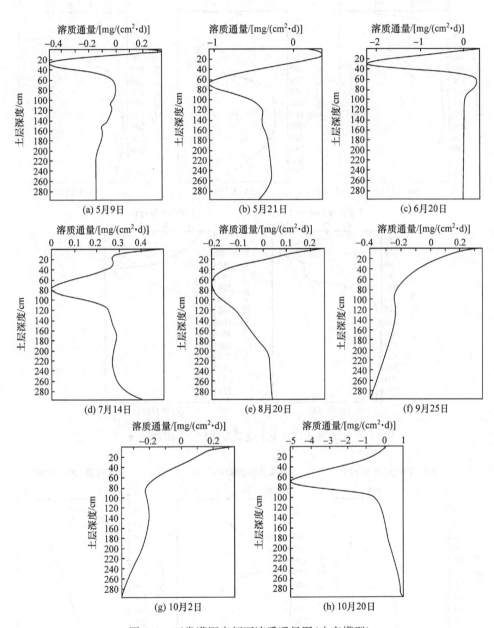

图 5.4　正常灌溉定额下溶质通量图(小麦模型)

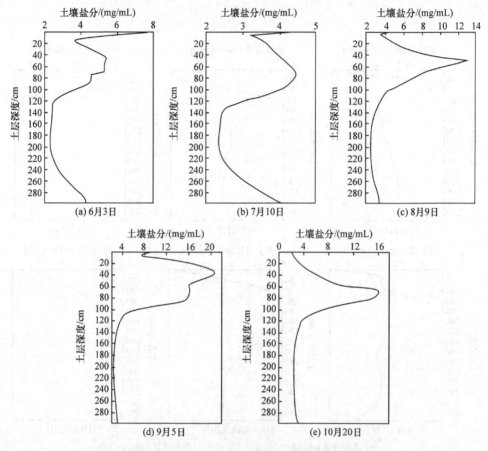

图 5.5　正常灌溉定额下土壤剖面盐分分布图(葵花模型)

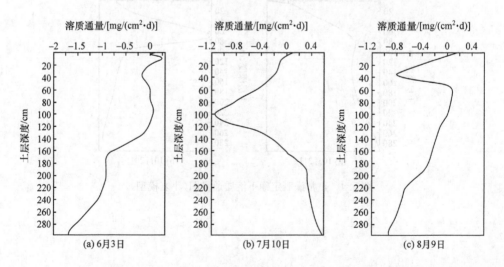

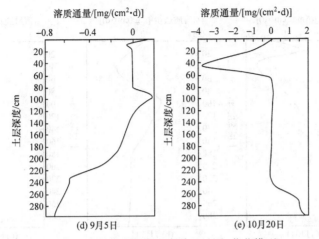

图 5.6　正常灌溉定额下溶质通量图(葵花模型)

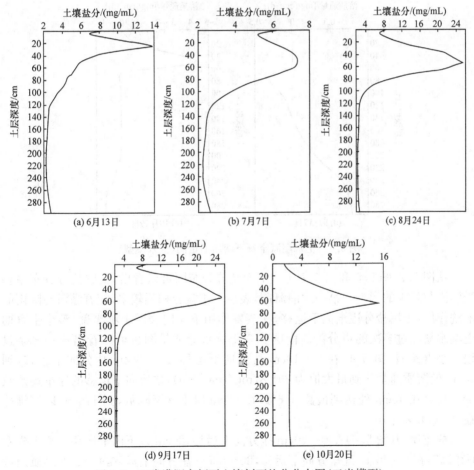

图 5.7　正常灌溉定额下土壤剖面盐分分布图(玉米模型)

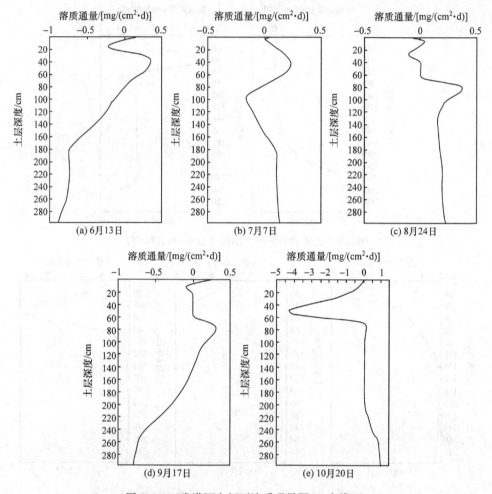

图 5.8　正常灌溉定额下溶质通量图（玉米模型）

从图 5.2、图 5.5 和图 5.7 土壤剖面盐分分布图可以看出，土壤盐分分布主要受灌溉与降雨的影响。第一次灌溉前，表层土壤盐分积累较多，随着灌溉与降雨的淋洗作用，土壤盐分逐渐向下运移，在蒸发作用下又向表层土壤集聚，整个生育期土壤水盐经过多次的再分配。由图 5.3 土壤水分通量图也可以看出这一复杂过程。小麦模型（图 5.4）在 0～10cm 盐分向上运移，10～30cm 盐分向下运移，到 30cm 处溶质通量达到最大值为 −0.87mg/（cm² · d），之后向下运移的通量逐渐减少。盐分在 40cm 处达到最高 5.63g/L，40cm 以下逐渐降低，到 170cm 以下维持在 2.2g/L 基本不变。

葵花模型（图 5.6）在 0～20cm 盐分向上运移，20cm 以下向下运移。玉米模型（图 5.7）在 0～20cm 处盐分向下运移，20～80cm 盐分向上运移，40cm 处溶质通量最大为 0.365mg/(cm² · d),盐分在 25cm 达到最大值 12.3mg/mL。

从第一次灌水后(5 月 21 日)的剖面图可以看出,表层盐分明显降低,盐分随着水分向下移动。小麦模型的溶质通量在 70cm 处达到最大值 -1.18mg/(cm² · d),仍处于向下运移过程中,溶质浓度大约在 80cm 处达到最大值 4.74g/L;葵花模型的溶质通量约在 60cm 处达到最大值 -1.1mg/(cm² · d),溶质浓度约在 70cm 处达到最大值 4.97g/L;玉米模型的溶质通量在 50cm 处达到最大值 -1.57mg/(cm² · d),溶质浓度约在 60cm 处达到最大 5.34g/L。溶质浓度最大值的位置约低于溶质通量最大值位置 10cm,最大值以下逐渐降低。由于灌溉期间地下水位一般在 260cm 以上,所以浓度较高。灌溉间歇内,在蒸发作用下土壤水分逐渐降低,盐分在某一深度(不同作物的具体深度见溶质通量图)向上运移,土壤表层盐分浓度增高。这一深度以下盐分向下运移,小麦模型约在 80cm 处盐分浓度最高(4.67g/L);葵花模型在 70～80cm 处盐分浓度最高(3.6g/L);玉米模型约在 50cm 处盐分浓度最高(7.13g/L)。随后生育期内各次灌水前、后盐分在剖面上的运移都遵循了类似的规律。

生育期灌溉结束至秋浇灌溉之前,盐分在土壤剖面的运移主要受降雨蒸发的影响,降雨前、后盐分在剖面上的变化规律同灌溉,只是水量的差异。10 月 15 日秋浇之后,大量盐分在秋浇淋洗灌水作用下向下运移,表层脱盐效果显著,浓度为 1.8～4.0g/L。40～70cm 处溶质通量达到最大;70～80cm 处土壤盐分达到最大。

从以上分析可知,经过 1 年的灌溉运行后,3 种作物模型模拟显示出土壤盐分基本在 60～80cm 处聚集。随后仍在继续向下运移,随着土壤冻结和蒸发的减少,上层土壤盐分维持在较低水平上,翌年春季当冻土开始消融时,盐分随着消融水向下运移。盐分运移的位置稍滞后于水分运移,但两者的趋势基本一致。在播种前土壤盐分较低,土壤盐分在垂直剖面上的运移在年内形成一个循环,饱和带与非饱和带之间有溶质交换。

4. 灌溉后土壤盐分变化规律

3 种作物模型条件下土壤盐分的动态变化规律为表层土壤盐分受灌溉降雨的影响较大,最大的影响深度在 160cm 左右。在 160cm 以上,不同土层的盐分变化随降雨或灌溉有较大变化。灌溉之前,土壤盐分维持在一个平稳的水平,40cm 处的盐分浓度最大约为 6g/L,20cm 其次,以下各层逐渐降低,到 150cm 升高,160cm 以下土壤盐分基本维持在 2g/L 左右。小麦模型前两次灌水时间间隔较短,各层土壤盐分降低,20cm 降低显著,降低约 80%;40cm 其次,降低约 25%。第三次灌水(6 月 16 日)之前有连续的降雨,降水量总计 41.6mm,土壤表层盐分降低明显,最后一次生育期灌水又使盐分降低,秋浇之前由于蒸发盐分上升。40～60cm 上升到约 9g/L 时,保持平稳值,盐分主要集聚在 40～80cm,之后虽有降雨,只有表层盐分降低。秋浇灌溉后的第 5 天,60cm 以上土层盐分显著降低,由于 SWAP 模型无法模拟冻融期,10月下旬的变化趋势不能在图中显示。但据已模拟出的结果趋势及田间试验结果分析,随着时间的推移,盐分随水分逐渐下移,经过冻融期后,作物根层土壤盐分基本能维持在播种前的水平。葵花与玉米模型模拟结果也基本遵循上述规律,只是由于灌溉时间和次数的不同,土层盐分升降发生的位置有所不同。

5. 模拟单元体内水盐均衡结果

3种主要作物模型的水分平衡要素见表5.2,可以看出,各模型的进水量与排水量基本平衡,主要来水量为灌溉和降雨。其中,小麦模型、葵花模型和玉米模型的灌溉水量分别为390mm、375mm和390mm,降水量为269.5mm,与地下水的交换量较小。小麦、葵花和玉米3种模型的主要耗水量为作物蒸腾、土壤蒸发和明沟排水,叶面截留量较小。

表 5.2　各模型的水分平衡要素

模型	田间土层含水量/mm		来水量/mm		耗水量/mm				
	时段初 (5月5日)	时段末 (10月20日)	灌水	降雨	地下水 补给	作物 蒸腾	土壤 蒸发	叶面 截留量	明沟 排水
小麦	1018.4	1061.7	390.0	269.5	0.9	378.9	123.5	5.8	108.9
葵花	867.8	834.4	375.0	269.5	−7.3	432.5	81.1	13.3	143.8
玉米	1028.6	996.8	390.0	269.5	−0.2	567.1	60.9	13.2	49.9

注:模拟土层深度300cm;模拟期间的径流量为0;模拟时间为5月5日~10月20日。

3种作物模型盐分均衡要素见表5.3,从盐分均衡结果可知,小麦模型的田间土层积盐38.3mg/cm^2,其中,灌溉进入土层的盐分为72.2mg/cm^2,补给地下水的盐分为8.4mg/cm^2,排水带走盐分22.8mg/cm^2;葵花模型积盐19.4mg/cm^2,其中,灌溉进入土层的盐分为55.2mg/cm^2,补给地下水的盐分为2.9mg/cm^2,排水带走盐分32.9mg/cm^2;玉米模型积盐18.2mg/cm^2,其中,灌溉进入土层的盐分31.1mg/cm^2,补给地下水的盐分1.7mg/cm^2,排水带走盐分11.1mg/cm^2。3种作物模型都有一定程度的积盐,其中,小麦模型土壤盐分增加了12%,葵花模型土壤盐分增加了7.5%,玉米模型土壤盐分增加了5.8%。

表 5.3　各模型的盐分平衡要素

模型	田间土层含盐总量 /(mg/cm^2)		盐分进入量 /(mg/cm^2)		盐分排出量 /(mg/cm^2)
	时段初 (5月5日)	时段末 (10月20日)	灌水	地下水 补给	明沟排水
小麦	310.0	348.3	72.2	−8.4	22.8
葵花	257.0	276.4	55.2	−2.9	32.9
玉米	313.4	331.6	31.1	−1.7	11.1

6. 作物相对产量

3 种作物模型模拟的相对产量见表 5.4。小麦与葵花基本不减产,减产率仅为 3%～10%。玉米有一定的减产,减产率为 23%。

表 5.4　作物相对产量

模型	作物相对产量 /%	作物相对减产率 /%
小麦	97	3
葵花	90	10
玉米	77	23

5.1.2　淋洗灌溉定额下土壤水盐动态模拟

微咸水灌溉会将盐分输送到土壤中,为了保持土壤内的盐分动态平衡,保持可持续发展,需加大灌溉定额,增加淋洗水量,将盐分从土壤层内用明沟排水排出。本研究旨在探讨淋洗灌溉定额条件下土壤水盐动态规律。

1. 气象、灌溉资料

同正常灌溉定额一样,模拟所需气象、灌溉资料采用平均年(2002 年)的数据。气象资料转化为 SWAP 模型输入形式的灌溉资料见表 5.5。

表 5.5　模型的灌溉数据输入

作物	灌水 次数	灌水 时间	灌水 深度 /mm	灌溉 水质 /(g/L)	作物	灌水 次数	灌水 时间	灌水 深度 /mm	灌溉 水质 /(g/L)
小麦	1	5 月 12 日	142	0.608	玉米	1	6 月 19 日	142	0.608
	2	5 月 27 日	118	3.84		2	7 月 12 日	118	1.1
	3	6 月 16 日	118	3.84		3	7 月 21 日	118	1.1
	4	6 月 28 日	118	0.608		4	8 月 14 日	118	1.1
葵花	1	6 月 10 日	142	3.01					
	2	6 月 30 日	118	3.01					

2. 下边界条件

由 MODFLOW 模拟结果可以得到平均年淋洗灌溉定额下研究区的平均地下水位[图 5.1(b)]。

3. 盐分在垂直剖面上的变化规律

淋洗定额下 3 种作物模型模拟的土壤盐分剖面图、溶质通量图和水分通量图分别列于图 5.9～图 5.15 中。由于水分通量与溶质通量的变化趋势基本一致，为了节省篇幅，只给出小麦模型的水分通量图。淋洗定额所取各剖面的日期与正常灌溉定额相同，仅是灌水定额不同，各剖面的变化趋势与正常灌溉定额相同，但土壤剖面各土层的盐分运移状态具有较大差异。所以，这里不再对各剖面土壤水盐具体运移状况作详细说明，仅与正常灌溉定额下水盐状况进行比较分析。

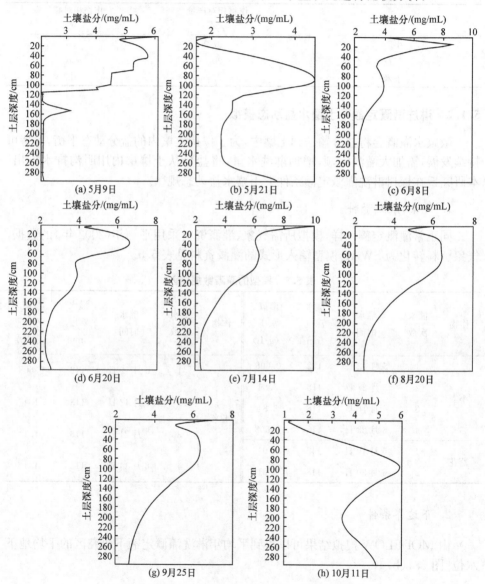

图 5.9　淋洗灌溉定额下土壤盐分分布图（小麦模型）

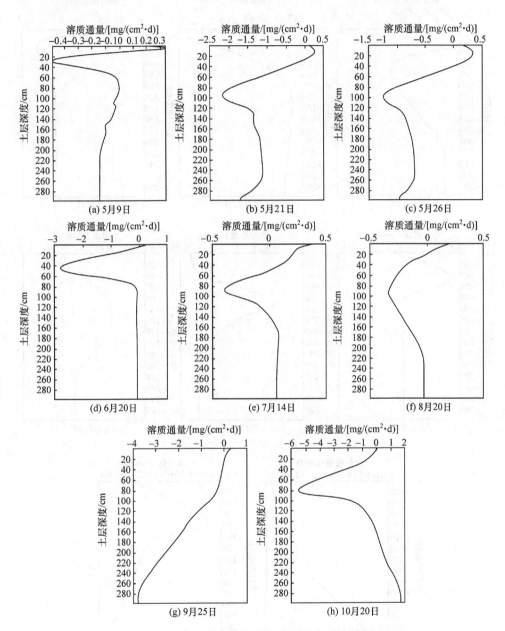

图 5.10 淋洗灌溉定额下溶质通量图(小麦模型)

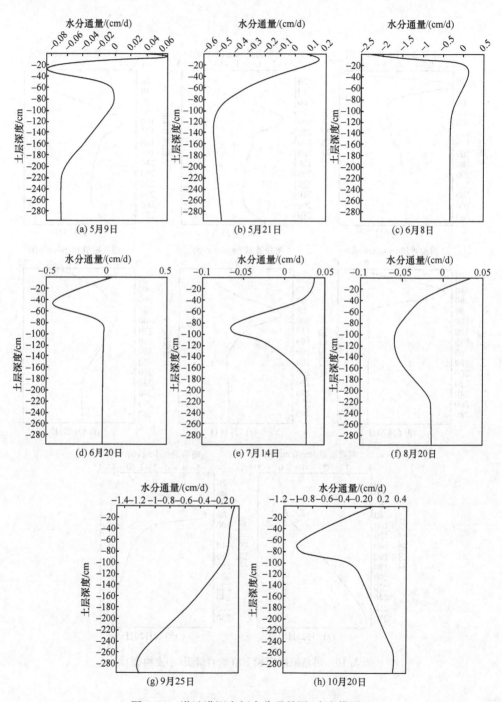

图 5.11　淋洗灌溉定额水分通量图(小麦模型)

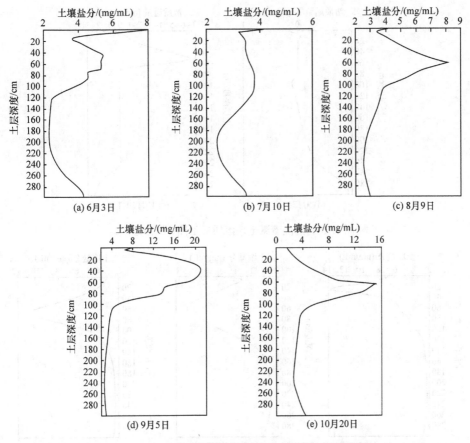

图 5.12 淋洗灌溉定额下土壤盐分分布图(葵花模型)

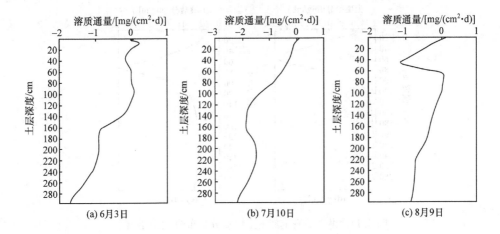

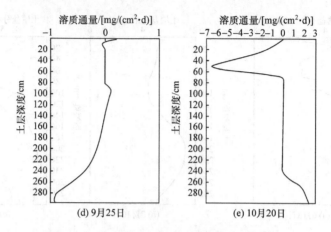

图 5.13　淋洗灌溉定额溶质通量图（葵花模型）

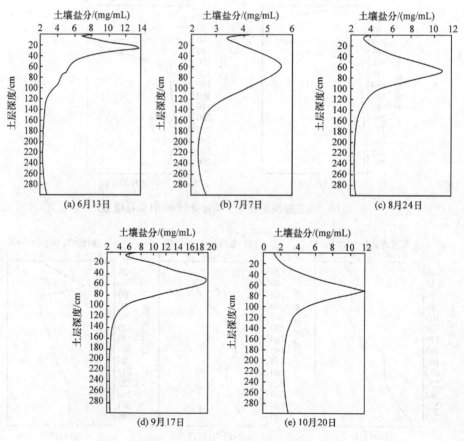

图 5.14　淋洗灌溉定额下土壤盐分分布图（玉米模型）

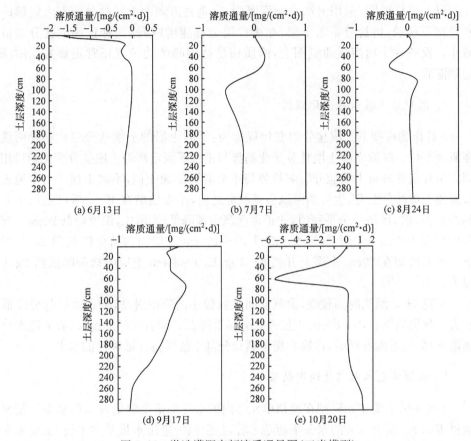

图 5.15 淋洗灌溉定额溶质通量图（玉米模型）

第一次灌溉前土壤表层的盐分与正常灌溉定额的土壤盐分在剖面上的分布相同。小麦模型在 100cm 以上土层内，淋洗灌溉定额的土壤盐分值低于正常灌溉定额的土壤盐分值,0～20cm 土层内,土壤盐分峰值比正常灌溉定额下低 0.93g/L;20～100cm 土层内土壤盐分峰值低 0.5g/L;100cm 以下土层内的土壤盐分值比正常灌溉定额下高 0.3g/L。生育期灌溉期间,240cm 以下土层的盐分值又低于正常灌溉定额的盐分值;生育期灌溉后到模拟结束,100cm 以上土层土壤盐分值一直低于正常灌溉定额下的土壤盐分值;到 10 月 20 日土壤盐分剖面的最大值比正常灌溉定额下低 0.93g/L。葵花模型与小麦模型在 100cm 以上的情况相似,在 100cm以下虽然也具有与小麦模型相同的变化趋势,但淋洗灌溉定额与正常灌溉定额之间土壤盐分相差较小。玉米模型约在 80cm 以上土层,淋洗灌溉定额的土壤盐分值远远低于正常灌溉定额的土壤盐分值。最终剖面的土壤盐分峰值比正常灌溉定额下低 3.1g/L。80cm 以下土层,淋洗定额的盐分值高于正常定额的盐分值,最高值处高 1.0g/L。

以上结果说明,采用淋洗定额灌溉后,在垂直方向上上层盐分随着大定额的水量向下移动,将盐分带入下层,在更深层运移速度减慢,两种定额的盐分差值减小。反映在土壤溶质通量图上,溶质通量达到峰值的位置正常定额要比淋洗定额滞后。

4. 灌溉后土壤盐分变化规律

3种作物模型下土壤盐分的变化规律为:不同土层的土壤盐分变化随降雨或灌溉而变化。灌溉之前土壤盐分变化趋势与正常灌溉定额的土壤盐分变化趋势相同。生育期灌溉对土壤盐分影响趋势与正常灌溉定额相似,不再细述。由于地表蒸发使土壤盐分上升,生育期灌溉后到秋浇之前,小麦模型在 $40\sim80$cm 土层上升到约 6g/L 时,保持一个平稳值,比正常灌溉定额降低约 3g/L,深度降低 20cm。葵花模型在 100cm 土层上升到 $6\sim8$g/L,$0\sim100$cm 土层内的盐分降低到 2g/L 以下。玉米模型在 80cm 土层上升到 $8\sim10$g/L,$0\sim80$cm 土层的盐分降低到 2g/L 以下。

葵花、玉米灌溉时间较晚,灌溉期间又有较多的降雨淋洗,使得表层盐分降低较大。秋浇灌溉后,$0\sim80$cm 土层内盐分显著降低。随着时间的推移,盐分随水分逐渐下移,经过冻融期后,作物根层土壤盐分基本能维持在播种前的水平。

5. 模拟单元体内水盐均衡结果

3种灌区主要作物模型在模拟单元体内的水分平衡要素见表5.6,盐分平衡要素见表5.7。从表5.6的水分平衡结果看,各模型的进出水量基本平衡,主要来水量为灌溉和降雨,主要耗水量为作物蒸腾和土壤蒸发。

由表5.7的盐分均衡结果可知,小麦模型的田间土层积盐 14.2mg/cm²,比正常灌溉定额下减少 26.8mg/cm²,其中,由于灌溉进入土层的盐分比正常定额下多 33mg/cm²,补给地下水的盐分比正常定额下多 34.1mg/cm²,排水排出盐分比正常灌溉定额增加 25.7mg/cm²;葵花模型积盐 9.3mg/cm²,比正常灌溉定额下减少了 1.9mg/cm²,其中,由于灌溉进入土层的盐分比正常灌溉定额下多 23.3mg/cm²,补给地下水的盐分比正常定额下多 22.9mg/cm²,排水排出盐分比正常灌溉定额增加 2.8mg/cm²;玉米模型积盐 5.8mg/cm³,比正常灌溉定额下少 12.5mg/cm³,其中,由于灌溉进入土层的盐分比正常定额下多 12mg/cm³,补给地下水的盐分比正常定额下多 0.7mg/cm²,排水排出盐分比正常灌溉定额多 8.4mg/cm²。淋洗灌溉定额下小麦模型、葵花模型和玉米模型土壤盐分分别增加了 4.5%、3.6% 和 1.8%。3种作物模型的积盐程度都比正常灌溉定额下的积盐程度有所降低。

表 5.6　淋洗定额各模型的水分平衡要素

| 模型 | 田间土层含水量/mm | | 来水量/mm | | | 耗水量/mm | | | |
	时段初 （5 月 5 日）	时段末 （10 月 20 日）	灌水	降雨	地下水 补给	作物 蒸腾	土壤 蒸发	叶面 截留量	明沟 排水
小麦	1018.5	1079.6	527.5	269.5	−0.1	372.3	125.3	5.8	232.2
葵花	868.0	831.6	386.0	269.5	0.4	418.6	77.0	13.3	183.4
玉米	1028.7	992.4	527.5	269.5	−0.7	661.4	61.8	13.2	96.2

注：模拟土层深度 300cm；模拟期间的径流量为 0；模拟时间为 5 月 5 日～10 月 20 日。

表 5.7　淋洗定额各模型的盐分平衡要素

| 模型 | 田间土层含盐总量
/(mg/cm²) | | 盐分进入量
/(mg/cm²) | | 盐分排出量
/(mg/cm²) |
	时段初 （5 月 1 日）	时段末 （10 月 17 日）	灌水	地下水 补给	明沟排水
小麦	310.0	324.2	105.2	−42.5	48.5
葵花	257.0	266.4	78.5	−40.7	28.8
玉米	313.4	319.2	49.02	−2.4	19.5

6. 作物相对产量

3 种作物模型模拟的相对产量见表 5.8。小麦的相对减产率为 2%，葵花为 8%，玉米为 17%，产量略高于正常灌溉定额。

表 5.8　作物相对产量

模型	作物相对产量 /%	作物相对减产率 /%
小麦	98	2
葵花	92	8
玉米	83	17

5.2　微咸水灌溉的土壤盐分累积预测

由两种灌溉制度下的模拟可知，淋洗灌溉定额下土壤盐分的累积低于正常灌溉定额；盐分累积的深度也比正常灌溉定额深；作物相对减产率比正常灌溉定额小。所以淋洗灌溉定额是微咸水灌溉的首选方案。但淋洗定额的微咸水灌溉也会增加土壤盐分，而盐分的累积是否逐年递增，数年后土壤盐分累积的程度如何，是否会给水土环境带来危害，这都是未知的，但却是保持农业生产可持续发展的关键。本节主要对淋洗灌溉定额下土壤盐分累积的趋势进行预测，为微咸水灌溉的可行性提供进一步的理论依据。

5.2.1　土壤盐分累积预测方案的选择

预测方案的选择一般按最不利组合进行。本研究的最不利组合选择使土壤盐分增加最多的模型,逐年进行预测(非冻季),并将预测的土壤盐分增加量分配到翌年土壤剖面上作为初始值再进行模拟预测,观测模型运行后土壤盐分增加的趋势和规律。盐分分配有两种方案:一种是将盐分平均分配到剖面上;另一种是将盐分只分配到盐分聚集的土层。从不利的角度看,应将盐分分配到盐分集中的土层。研究区有微咸水灌溉及翌年连续的土壤盐分实测资料,将 2002 年秋浇后的土壤盐分剖面和 2003 年播种前的土壤盐分剖面绘于图 5.16。可以看出,秋浇之后盐分经过冬春季的运移,到播种前盐分主要分布在 0~100cm 土层内。经过前面的模拟可知,淋洗灌溉定额下小麦模型土壤盐分增加了 4.5%,葵花模型土壤盐分增加了 3.6%,玉米模型土壤盐分增加了 1.8%。所以土壤盐分累积预测的模型选取小麦模型,将土壤盐分的增加量平均分配在初始剖面的 0~100cm 土层内,作为模型的初始盐分输入模型。

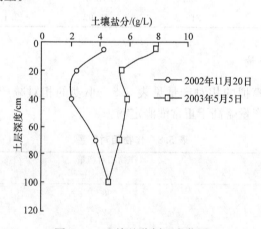

图 5.16　土壤盐分剖面变化图

5.2.2　土壤盐分累积预测

将土壤盐分增加量分配到 0~100cm 初始剖面,逐年进行预测,预测结果见图 5.17。可以看出,土壤盐分的积累随运行年数的增加而呈递减趋势,到第 11 年后土壤盐分基本保持进出平衡。图 5.17(b)为运行 15 年后的最终土壤盐分剖面图,可以看出,土壤盐分在 0~100cm 土层内呈递增趋势,在 100cm 处达到峰值 11.1g/L,比最初始 10 月 20 日的剖面盐分峰值增加 5.1g/L;在 100cm 以下土层盐分递减。对应的作物相对产量为 84%,相对减产率为 16%。到土壤盐分基本维持平衡时,土壤盐分达到 0.1852mg/cm³,相当于土壤盐分为 0.126%,仍属于轻度盐渍土。如表 5.9 所示,比采用微咸水灌溉前的土壤盐分(0.103mg/cm^3)增大 0.0822mg/cm^3。

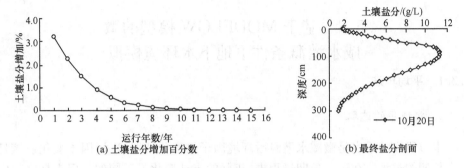

(a) 土壤盐分增加百分数　　(b) 最终盐分剖面

图 5.17　土壤盐分累积预测图

表 5.9　土壤盐分预测表

项目	运行年限/年						
	1	2	3	4	5	6	7
时段初含盐量/(mg/cm³)	0.1255	0.1430	0.1572	0.1674	0.1744	0.1788	0.1814
时段末含盐量/(mg/cm³)	0.1295	0.1462	0.1595	0.1690	0.1754	0.1794	0.1817
土壤积盐量/(mg/cm³)	0.0040	0.0032	0.0023	0.0016	0.0010	0.0006	0.0003
积盐率/%	3.2	2.25	1.5	0.9	0.56	0.34	0.21

项目	运行年限/年						
	8	9	10	11	12	13	14
时段初含盐量/(mg/cm³)	0.1830	0.1839	0.1845	0.1850	0.1851	0.1852	0.1851
时段末含盐量/(mg/cm³)	0.1832	0.1840	0.1846	0.1851	0.1851	0.1852	0.1851
土壤积盐量/(mg/cm³)	0.0002	0.0001	0.0001	0.0001	0.0000	0.0000	0.0000
积盐率/%	0.12	0.07	0.04	0.01	0.008	0.007	0.005

从以上分析可以看出,在灌溉定额和灌水浓度不变的前提下,微咸水灌溉后土壤盐分的积累随着时间的推移而呈递减趋势,大约在 10 年后盐分达到进出平衡状态。达到平衡时的土壤盐分比微咸水灌溉前的土壤盐分增加了 80% 左右,但土壤全盐量仍约为 0.126%,仍属于轻度盐渍土,不会对土壤水土环境产生较大的影响,同时,作物相对产量虽然有所降低,但幅度不是很大,可以采取调整作物种植结构,增加耐盐或喜盐作物的种植面积等措施。如前所述,SWAP 模型不能模拟冻融期的情况,本节模拟时间为 5 月 1 日~10 月 20 日,而秋浇灌溉在 10 月中旬~11 月上旬,实际上大量水分的排出应该到 11 月下旬才结束,这部分排出水量中应该携带大量的盐分,土壤最终的实际含盐量应该小于模拟的结果。从微咸水灌溉试验结果看,秋浇灌溉后到次年播种季节,土壤盐分基本能维持在上一年播种前的水平,

虽然本节研究大面积微咸水灌溉,但从以上预测的模拟结果看,土壤最终含盐量不是很大,可保持水土环境处于良好的状态,说明微咸水灌溉在本区域是可行的。

5.3　基于 MODFLOW 模型的微咸水灌溉条件下地下水环境模拟

5.3.1　平均年法

1. 典型年的选取

本节研究的重点是微咸水灌溉后环境因子的变化情况,环境因子变化应该是一个长期的过程。在这一长期过程中,年际的丰枯变化是不同的。但丰枯之间应有一个平均状态值。本节将采用平均年($P=50\%$)法处理对未来的预测,预测期为 10 年。根据历年降水资料进行降水的经验频率分析,得出 $P=50\%$ 的典型年份。采用典型年的完整气象资料求得作物需水量,制定出此频率下的作物灌溉制度。采用研究区附近的乌拉特前旗气象站降水资料进行降雨的经验频率分析。资料系列长度为 1961～2004 年共 44 年。历年降水资料见表 5.10。分析结果为:1985 年的频率为 51.11%,年降水量为 220.5mm;2002 年的频率为 57.78%,年降水量为 207.4mm。而研究区的实际降水比乌拉特前旗的降水稍大,2002 年的实际降水与 1985 年相近,1985 年研究区还没有开发,没有实测资料,所以本节采用与 1985 年频率相近的 2002 年作为典型年,模型预测时需要的一些边界条件、气象资料将采用 2002 年研究区的实测资料。

表 5.10　乌拉特前旗气象站历年降水资料

年份	年降水量/mm	年份	年降水量/mm	年份	年降水量/mm	年份	年降水量/mm
1961	314.4	1972	186.3	1983	194.5	1994	315.8
1962	154.7	1973	359.9	1984	270.0	1995	253.8
1963	162.5	1974	105.2	1985	220.5	1996	232.1
1964	227.9	1975	165.3	1986	125.9	1997	265.2
1965	74.9	1976	263.7	1987	171.6	1998	176.5
1966	184.4	1977	273.2	1988	242.2	1999	149.4
1967	300.1	1978	215.2	1989	195.5	2000	115.2
1968	234.3	1979	226.2	1990	272.2	2001	290.8
1969	234.3	1980	118.7	1991	224.6	2002	207.4
1970	266.2	1981	218.0	1992	256.3	2003	330.7
1971	146.5	1982	184.3	1993	166.6	2004	250.1

2. 作物结构布局

根据乌拉特前旗农业发展方向,种植结构应坚持农林(果)牧相结合、适当扩大高附加值的经济作物的原则,结合研究区的土壤与种植现状,选定小麦、玉米、葵花、枸杞为主要作物,适当增加林果、牧草等经济作物。一斗渠区域内主要种植作物为枸杞、林果、牧草,二斗渠区域内主要作物为小麦、玉米、葵花。预测期内1～5年采用与现状年接近的作物种植结构,5～10年适当扩大经济作物的种植面积,种植结构见表 5.11 和表 5.12。

表 5.11　预测期 1～5 年研究区作物种植结构

作物	种植面积/亩	一斗渠控制面积/亩	二斗渠控制面积/亩	占总面积的比例/%
小麦	480	0	887	15.25
玉米	1250	434	1168	27.55
葵花	1177	0	944	16.23
枸杞	1490	900	298	20.60
林果	746	512		8.80
牧草	673	673	0	11.57
合计	5816	2519	3297	100.0

表 5.12　预测期 5～10 年研究区作物种植结构

作物	种植面积/亩	一斗渠控制面积/亩	二斗渠控制面积/亩	占总面积的比例/%
小麦	480	0	480	8.25
玉米	1250	0	1250	21.49
葵花	1177	0	1177	20.24
枸杞	1490	1100	390	25.62
林果	746	746	0	12.83
牧草	673	673	0	11.57
合计	5816	2519	3297	100.0

3. 灌溉水浓度的确定

针对主要作物进行的耐盐度试验研究只代表现状年的情况,而现状年的降水量较大,得出的耐盐度值偏大。不同气象条件下的作物耐盐度还需进一步试验研究。为使模拟结果具有更广泛的适用性,预测更具有安全性,选择最不利条件。本节预测灌溉浓度参考文献[51]中作物的耐盐度阈值。小麦、玉米、葵花的耐盐度阈值分别为 3.84g/L、1.1g/L、3.01g/L。在一斗沟北(Ⅰ区)大部分为井灌,且地下水矿化度较低,据井的矿化度确定林果、牧草、枸杞的灌溉浓度,各种作物的预测灌溉水浓度见表5.13。

表 5.13　不同作物预测灌溉水浓度

作物	灌溉浓度/(g/L)	作物	灌溉浓度/(g/L)
小麦	3.84	林果	1.05
玉米	1.10	牧草	1.80
葵花	3.01	枸杞	1.89

4. 预测灌溉制度的制定

微咸水灌溉后有部分盐分会在土壤中积累,土壤中盐分超过一定范围就会影响作物的正常生长。控制盐度有效的方法是,确保在一个时期内有净向下水流通过作物根区进行淋洗。这种情况下,通常定义的净灌溉需水量必须加大,使其包含淋洗所需增加的水量。按正常灌溉定额和淋洗灌溉定额两种方案进行预测,分析比较两种方案的模拟计算结果,选取较为有利的方案作为最终方案。

方案一:$P=50\%$,正常灌溉定额的微咸水灌溉。

方案二:$P=50\%$,淋洗灌溉定额的微咸水灌溉。

1) 正常灌溉定额的确定

正常灌溉定额的制定采用文献[52]中的数据,虽然典型年的选取不同,但雨量较为接近,且文献[52]是考虑了较全的因素后综合制定的灌溉制度,所以此灌溉制度比较符合实际。研究区作物灌溉制度见表5.14。一斗渠控制区(Ⅰ区)主要为井灌区,土壤盐碱化程度低,秋浇定额为100m³/亩,二斗渠控制区(Ⅱ区)土壤盐碱化程度高,秋浇定额宜加大,取120m³/亩。

表 5.14　作物灌溉制度($P=50\%$)

作物	灌水次数	灌水时间 始	灌水时间 终	生育阶段	正常灌水定额/(m³/亩)	淋洗灌水定额/(m³/亩)
小麦	1	5月12日	5月18日	分蘖期	60	94.38
	2	5月27日	6月2日	拔节期	50	78.65
	3	6月16日	6月26日	孕穗期	50	78.65
	4	6月28日	7月4日	灌浆期	50	78.65
玉米	1	6月19日	6月25日	拔节期	60	94.38
	2	7月12日	7月17日	孕穗期	50	78.65
	3	7月21日	7月26日	抽期	50	78.65
	4	8月14日	8月20日	灌浆期	50	78.65

续表

作物	灌水次数	灌水时间 始	灌水时间 终	生育阶段	正常灌水定额 /(m³/亩)	淋洗灌水定额 /(m³/亩)
葵花	1	6月10日	6月16日	苗期	60	94.38
	2	6月30日	7月5日	开花	50	78.65
	3	8月2日	8月8日	灌浆期	40	62.92
枸杞	1	5月23日	5月29日		60	60
	2	6月21日	6月27日		50	50
	3	7月6日	7月12日		50	50
	4	8月1日	8月7日		50	50
林果	1	6月11日	6月17日	花期	60	60
	2	8月6日	8月12日	果实膨大期	50	50
	3	9月2日	9月8日	成熟	50	50
牧草	1	5月11日	5月17日	分枝	60	60
	2	6月29日	7月5日	孕蕾	50	50
	3	8月26日	9月2日	开花	50	50

2）淋洗灌溉定额的确定

淋洗需水量是指农田补充并入渗的总水量中必须流经作物根区进行淋洗以防止盐分过量积累而引起产量下降的那部分水量的最小比例。淋洗灌溉定额的计算公式如下[53]：

$$F_n = \frac{ET_c}{1 - L_r} \tag{5.1}$$

式中，F_n 为净淋洗需水量；ET_c 为生长季作物蒸散量；L_r 为淋洗需水量。其中，L_r 是根据 $\frac{EC_t}{EC_{aw}}$ 的值查文献[53]得到，EC_t 为作物耐盐度阈值，见表 5.15；EC_{aw} 为灌溉水电导率。

$$F_g = \frac{F_n}{E_a} \tag{5.2}$$

式中，F_g 为毛淋洗灌溉需水量；E_a 为灌水效率。

表 5.15　井水矿化度（1999 年 11 月 15 日）

编号	矿化度/(g/L)	编号	矿化度/(g/L)	编号	矿化度/(g/L)
10#	3.84	18#	3.90	17#	7.30
11#	3.5	19#	3.30	14#	9.20
12#	6.64	23#	5.60	24#	8.60
13#	7.96	25#	8.20	15#	8.60
16#	6.30	26#	8.60		

研究区作物淋洗灌溉制度见表 5.16。

表 5.16 研究区作物淋洗灌溉制度

参与最大井数	井流量/(m³/s)	相应渠水流量/(m³/s)	灌溉水矿化度/(g/L)	引水量/m³	机井抽水量/m³	参与井编号
6	0.0834	0.0703	3.84			10#、11#、12#、24#、25#、26#
5	0.0695	0.1023	1.10			10#、11#、24#、25#、26#
1	0.0139	0.0774	3.01			10#
				226346.15	34460.15	

5. 抽水井的输入

微咸水灌溉的咸水来源为本研究区机电井的高矿化度咸水,二斗渠附近的机电井全部采用地下管道与二斗渠相连,地下水可直接进入二斗渠。将黄河水引入二斗渠与咸水混合淡化高矿化度的地下水,再进行灌溉。一斗渠控制范围内的地下水矿化度较低,直接用井水灌溉。二斗渠第一轮灌组工作时,10#、11#、12#、25#、26#井可以抽水入渠;第二轮灌组工作时,13#、14#、23#、24#、10#、11#、12#、25#、26#井可以抽水入渠;第三轮灌组工作时,15#、16#、17#、18#、19#、13#、14#、23#、24#、10#、11#、12#、25#、26#井可以抽水入渠。各井水质见表 5.17。黄河水的矿化度为 0.608g/L。井渠水混合后的水质按以下公式计算:

$$\alpha = \frac{Q\alpha_c + \sum_{i=1}^{m} q_i \alpha_i}{Q + \sum_{i=1}^{m} q_i} \tag{5.3}$$

式中,α、α_c、α_i 分别为混合后、渠水、井水的矿化度,g/L;Q 和 q_i 为渠水和进水的流量,m³/s;m 为参与混灌井的数量。

表 5.17 灌溉井工作参数表

抽水井编号	x/m	y/m	滤水管顶部高程/m	滤水管底部高程/m	停抽时间/d	抽水速率/(m³/d)
1#	3026.5	1016.3	1008.0	961.0	252	−921
2#	3083.9	1466.4	1008.0	961.0	252	−921
3#	2685.3	1319.6	1008.0	963.0	252	−921
4#	2350.4	1412.1	1008.0	963.0	252	−921
5#	2015.6	1584.4	1008.0	962.0	252	−921
6#	1591.4	1428.1	1008.0	963.0	252	−921

续表

抽水井编号	x/m	y/m	滤水管顶部高程/m	滤水管底部高程/m	停抽时间/d	抽水速率/(m³/d)
7#	1390.5	1431.3	1008.0	963.0	252	−921
10#	529.4	1109.2	1007.9	961.0	233	−1200
11#	794.1	752.0	1008.4	961.8	233	−1200
12#	1141.7	643.5	1009.2	961.8	186	−1200
25#	1215.1	962.5	1008.3	962.2	233	−1200
24#	1613.7	828.5	1008.0	964.0	233	−1200
26#	864.3	1064.5	1008.0	963.0	233	−1200

按第三轮灌组开始推算参与混灌的井数及其工作时间,参与混灌井的流量为 50m³/h,二斗渠工作流量为 0.172 m³/s,将井水矿化度和灌溉水浓度进行不同组合,求得参与灌溉的井数及其编号;根据不同灌溉水浓度下的参与井数和相应的渠水流量,可求得参与灌溉井在灌溉不同作物时的工作制度。

6. 垂直边界条件

垂直边界有垂直补给和垂直排泄,典型年各月降水量、蒸发量资料见表 5.18。

表 5.18　典型年各月降水量、蒸发量

月份	降水量/mm	蒸发量/mm	月份	降水量/mm	蒸发量/mm
1	0	4.1	7	26.7	327.7
2	0.1	77.2	8	17.3	337.3
3	7.6	154.1	9	14.9	212.0
4	22.3	272.7	10	0.1	137.1
5	66.1	262.9	11	0.6	62.9
6	47.9	406.8	12	3.8	32.1

1) 垂直补给

垂直补给有田间灌溉入渗补给、渠系输水入渗补给、降雨入渗补给,各项补给系数为模型率定时的率定值,将各项补给量同期叠加得垂直补给量。整理为 MODFLOW 模型的输入形式输入模型,输入结果见图 5.18。

2) 垂向排泄

根据典型年的蒸发资料,按模型率定时的计算方法求得垂直排泄量。整理为 MODFLOW 模型的输入形式,见图 5.19。

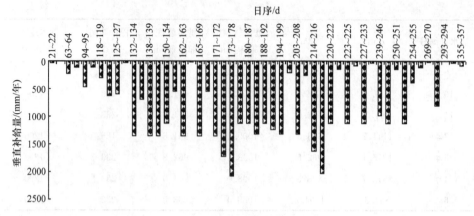

图 5.18　垂向补给输入

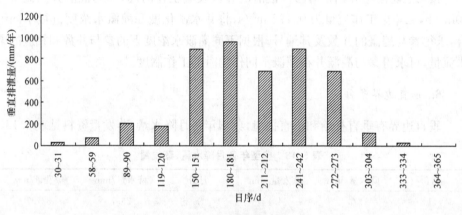

图 5.19　垂向排泄输入

7. 平面边界

将典型年平面边界的实测值整理为模型的输入形式,见图 5.20。

8. 补给浓度边界

研究区的补给浓度边界为微咸水灌溉,按研究区作物结构布局及灌溉浓度输入补给浓度边界,结果见图 5.21。限于篇幅,仅给出一年各项输入项系列,在输入模型时据模拟时间的长短输入。

9. 不同方案预测结果及分析

考虑到微咸水灌溉会使土壤盐分的积累达到危害作物正常生长的程度,本节拟采用正常灌溉定额和淋洗灌溉定额两种方案对微咸水灌溉条件下地下水位和水质的变化规律进行预测。

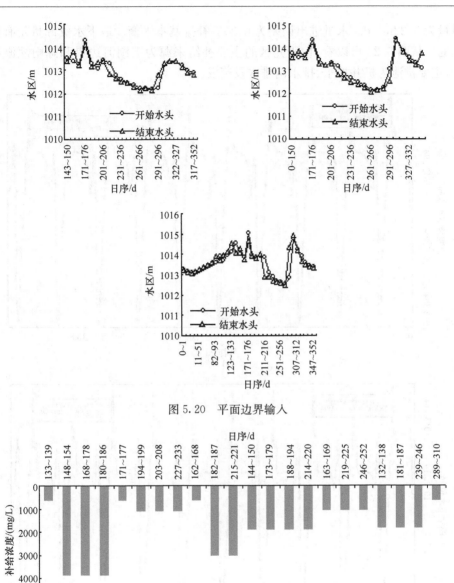

图 5.20　平面边界输入

图 5.21　垂直浓度补给输入

1）常灌溉定额条件下预测结果及分析

（1）地下水位、水量预测。

模拟结果显示，正常灌溉定额下，研究区地下水位平均下降了 0.1m，图 5.22 为典型观测点的模拟水位，图 5.23 为 10 年后研究区的等水位线图。图 5.24 的结果显示，地下水在年度内基本可达到平衡。2015 年总补给量为 3448.5m³/d，总排泄量为 3422m³/d。水量进出误差为 0.2%，补排基本平衡。地下水资源量是有保证的。从图 5.25 可以看出，研究区的主要补给来源为三湖河边界和降雨灌溉补给，主要排泄为机井抽水、排水沟排水及蒸发。

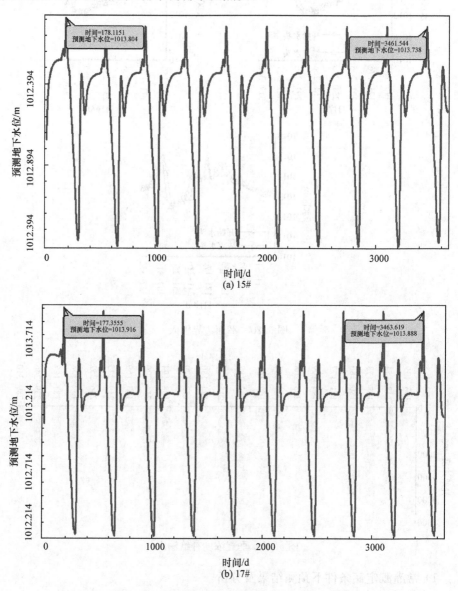

图 5.22　正常灌溉定额下预测地下水位变化过程图

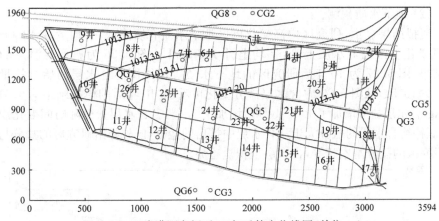

图 5.23　正常灌溉定额下 10 年后等水位线图(单位:m)

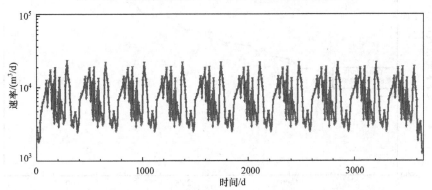

图 5.24　正常灌溉定额下水均衡预测图

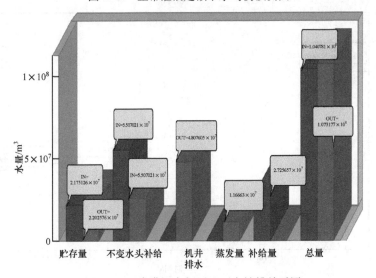

图 5.25　正常灌溉定额下地下水补排关系图

（2）地下水质预测。

模拟结果显示，研究区内高矿化度区地下水质有所降低，平均下降 42.6mg/L；低矿化度区地下水质上升，平均上升 108mg/L。图 5.26 为典型观测点的模拟结果，图 5.27 为 10 年后研究区的地下水质等值线图。含水层初始含盐量为 1.75×10^8 kg，从图 5.28 的含水层盐分变化可看出，10 年后的模拟结果为 1.91×10^8 kg，含水层盐分增加了 1.6×10^7 kg，增加了 9.1%。含水层盐分随时间变化规律为：源补给含水层的盐分大于从含水层中排出的盐分，区外补给研究区的盐分与排出研究区的盐分基本相等，含水层呈积盐趋势。

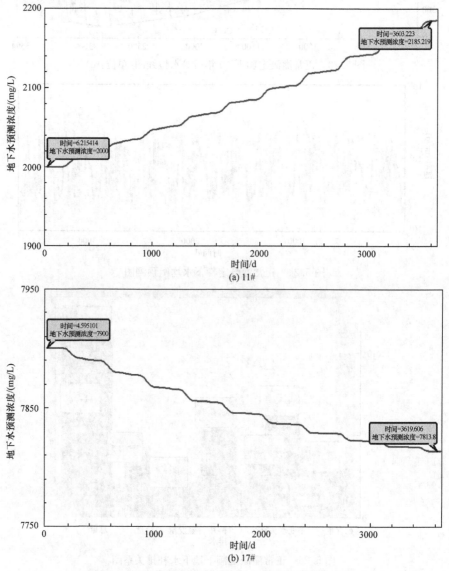

图 5.26　正常灌溉定额下地下水预测浓度变化过程

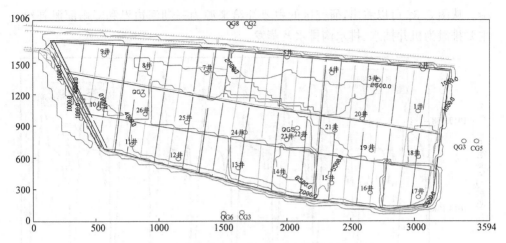

图 5.27　正常灌溉定额下地下水浓度等值线图(单位:m)

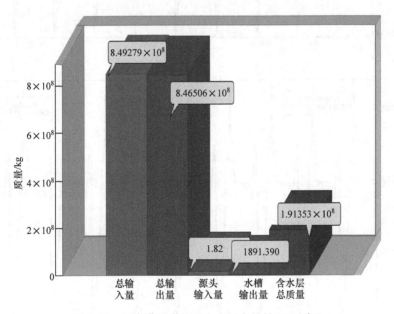

图 5.28　正常灌溉定额下含水层含盐量(2015 年)

2) 淋洗灌溉定额条件下预测结果及分析

(1) 地下水位、水量预测结果分析。

模拟结果显示,在正常灌溉定额下,研究区地下水位平均下降了 0.057m,
图 5.29 为研究区典型观测点的模拟水位,图 5.30 为 10 年后的模拟地下水等水
位线图。图 5.31 的结果显示,地下水在年度内基本可达到平衡。2015 年总补给
量为 4127.3m³/d,总排泄量为 4129.7m³/d,水量进出误差为 0.06%,补排基本平

衡。从图 5.32 可以看出,研究区的主要补给来源为三湖河边界和降雨灌溉补给,主要排泄为机井抽水、排水沟排水及蒸发。

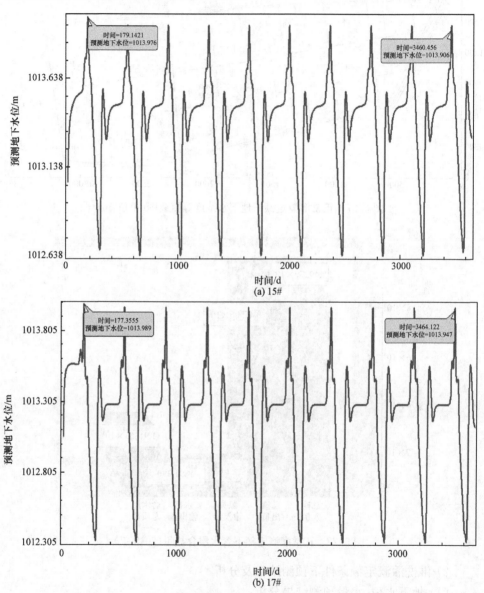

图 5.29　淋洗灌溉定额下预测地下水位变化过程

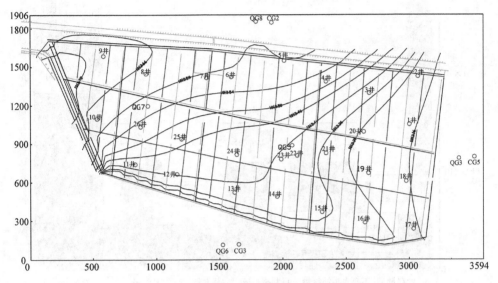

图 5.30　淋洗灌溉定额下地下水等水位线图(单位:m)

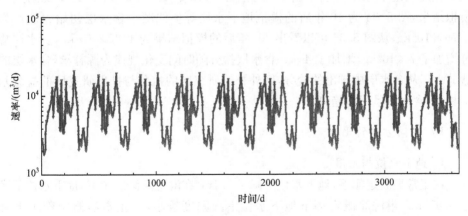

图 5.31　淋洗定额下水均衡过程图

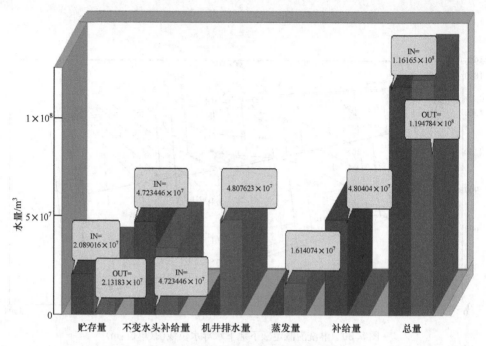

图 5.32　淋洗灌溉定额下补排关系图

（2）地下水质预测结果。

模拟结果显示,研究区内高矿化度区地下水质有所降低,平均下降 136.5mg/L;低矿化度区地下水质有所上升,平均上升 168mg/L。图 5.33 为典型观测点的模拟结果,图 5.34 为 10 年后的模拟地下水质等值线图。含水层初始含盐量为 1.75×10^8 kg,从图 5.35 可以看出,10 年后的模拟结果为 1.82×10^8 kg,含水层盐分增加了 7×10^6 kg,增加了 4%。含水层盐分随时间变化规律为源补给,含水层的盐分大于从含水层中排出的盐分,区外补给研究区的盐分与排出研究区的盐分基本相等,含水层呈积盐趋势。

10. 不同方案的比较

1）地下水位与水量

在正常灌溉定额下,地下水位下降了 0.1m;在淋洗灌溉定额下,地下水位下降了 0.057m。淋洗灌溉定额下地下水位下降幅度较小,比正常灌溉定额下上升 0.043m。两种灌溉定额下,地下水位下降幅度在模拟期内基本稳定,没有持续下降的趋势。两种灌溉定额的水均衡结果显示,地下水在年度内可达到补排基本平衡。

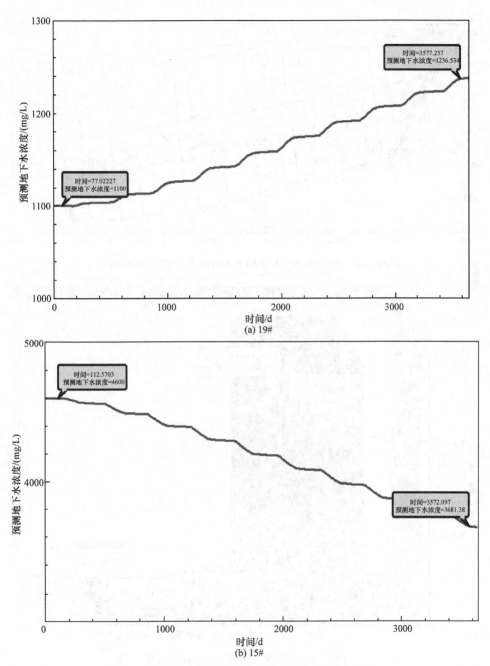

图 5.33 淋洗灌溉定额下预测地下水浓度变化过程

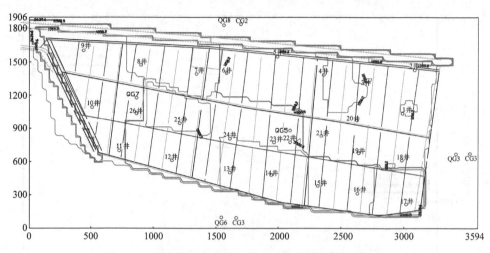

图 5.34　淋洗灌溉定额下地下水浓度等值线图(单位:m)

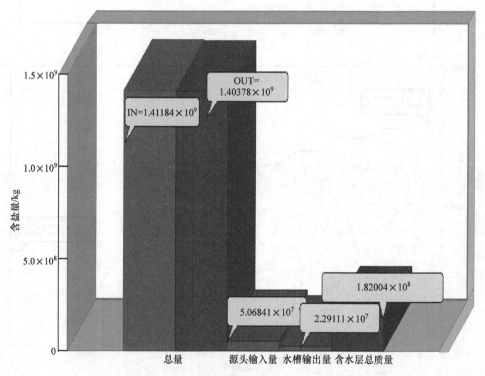

图 5.35　淋洗灌溉定额下含水层含盐量

2) 地下水质与含盐量

两种灌溉定额下,地下水质呈现出高矿化度区淡化的趋势,而低矿化度区水质有所升高,但总的趋势是含水层盐分增加。正常灌溉定额下,研究区域内含水层盐

分增加了 1.6×10^7 kg,淋洗灌溉定额下含水层盐分增加了 7×10^6 kg,增加幅度分别为 9.1% 和 4%。正常灌溉定额比淋洗灌溉定额下增加幅度大。

5.3.2　考虑时间序列的预测

1. 水文周期与平面边界的确定

本节着重研究微咸水灌溉的环境效应,环境因子变化应该是一个长期的过程。所以,环境效应预测的着眼点应是多年后的状态。而未来水文、气象条件是未知的,只能依据历史资料推测。事实上,水文气象资料也有一定的周期现象。图 5.36 为研究区历年降雨资料系列,可以看出,降水基本在 10~15 年形成一个水文周期。本节拟采用 1994~2003 年水文周期年的降水资料制定相应的灌溉制度并以 2004 年为基准年进行 10 年即 2014 年后的地下水位、水质变化趋势预测评价。

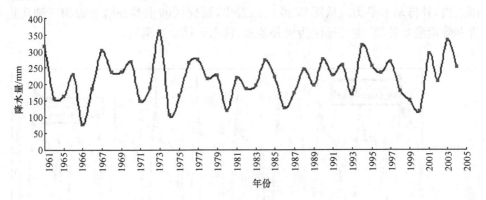

图 5.36　研究区历年降水资料系列

平面边界按第 4 章的边界条件分析结果取用,在灌溉季节三湖河的水位和二斗沟的排水水位每年相差不大,预测时采用 2000~2004 年的水位平均值;QG8、QG6、QG3 观测井的地下水位主要受降雨的影响,且现有资料显示,年度间水位变化不是很剧烈,预测时采用 2000~2004 年按地形坡降推求的水位的平均值。

2. 灌溉制度的确定

利用气象资料按 Penman-Monteith 公式计算参照作物潜在腾发量和作物需水量,拟定每年的正常灌溉制度。淋洗灌溉定额的计算采用文献[53]中的方法,详见平均年预测方案。作物结构布局和灌溉水浓度同平均年预测法。

3. 垂直边界的确定

将预测期内每年的降雨入渗补给、田间灌溉入渗补给和渠系输水入渗补给量同期叠加,整理为 MODFLOW 模型的输入形式输入模型。潜水蒸发的计算方法与平均年预测方案相同,将水文周期内每年的蒸发资料整理为 MODFLOW 模型的输入形式。浓度边界的输入与平均年预测方案相同。

4. 不同方案预测结果及分析

拟采用正常灌溉定额和淋洗灌溉定额两种方案对微咸水灌溉条件下地下水位和水质的变化规律进行预测。

1) 正常灌溉定额条件下预测结果及分析

(1) 地下水位、水量预测。

模拟结果显示,在正常灌溉定额下,研究区地下水位平均下降了 0.11m,图 5.37 为典型观测点的模拟水位,图 5.38 为 10 年后的模拟地下水等水位线图。图 5.39 的结果显示,地下水在年度内基本可达到平衡。2015 年总补给量为 3503.6m³/d,总排泄量为 3585.4m³/d。水量进出误差为－2.28％,在误差允许范围之内,补排基本平衡。从图 5.40 可以看出,研究区的主要补给来源为三湖河边界和降雨灌溉补给,主要排泄为机井抽水、排水沟排水及蒸发。

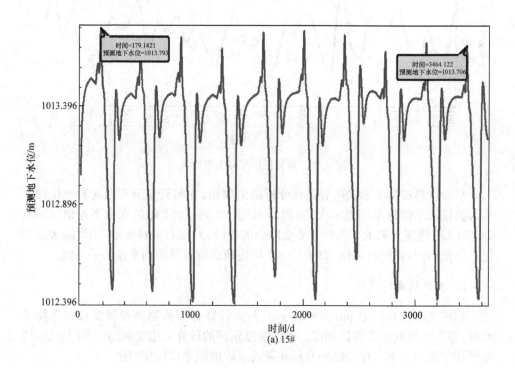

(a) 15#

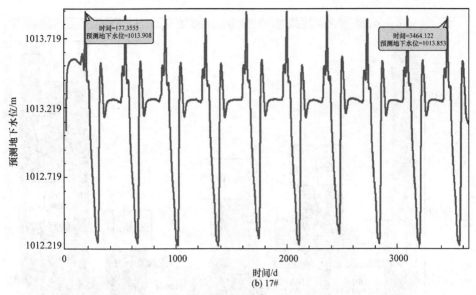

图 5.37　正常灌溉定额下预测地下水位变化过程图

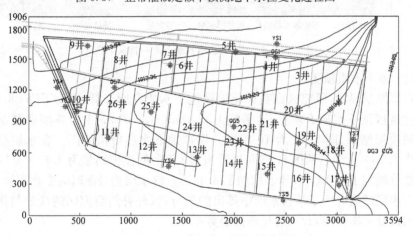

图 5.38　正常定额下 10 年后等水位线图(单位:m)

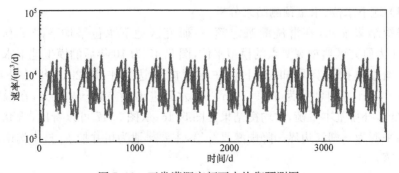

图 5.39　正常灌溉定额下水均衡预测图

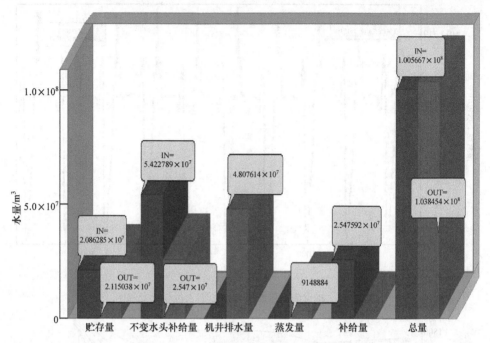

图 5.40　正常灌溉定额下地下水补排关系图

（2）地下水质预测。

模拟结果显示,研究区内高矿化度区地下水质有所降低,平均下降 38mg/L;低矿化度区地下水质有所上升,平均上升 93mg/L。图 5.41 为典型观测点的地下水质模拟结果,图 5.42 为 10 年后的模拟地下水质等值线图。含水层初始含盐量为 1.76×10^8 kg,从图 5.43 可以看出,10 年后的模拟结果为 1.87×10^8 kg,含水层盐分增加了 1.13×10^7 kg,增加了 6.44%。含水层盐分随时间变化规律为:源补给含水层的盐分大于从含水层中排出的盐分,区外补给研究区的盐分与排出研究区的盐分基本相等,含水层呈积盐趋势。

2）淋洗灌溉定额条件下预测结果及分析

（1）地下水位、水量预测结果分析。

模拟结果显示,在淋洗灌溉定额下,研究区地下水位平均下降了 0.062m。图 5.44 为研究区典型观测点的模拟水位,图 5.45 为 10 年后的模拟地下水等水位线图。通过模拟运算可知,地下水在年度内可达到平衡,2015 年总补给量为 3388.20 m³/d,总排泄量为 3539.44 m³/d。水量进出误差为 -4.27%,在误差允许范围之内,补排基本平衡,水均衡结果见图 5.46。从图 5.47 可以看出,研究区的主要补给来源为三湖河边界和降雨灌溉补给,主要排泄为机井抽水、排水沟田间排水及地表蒸发。

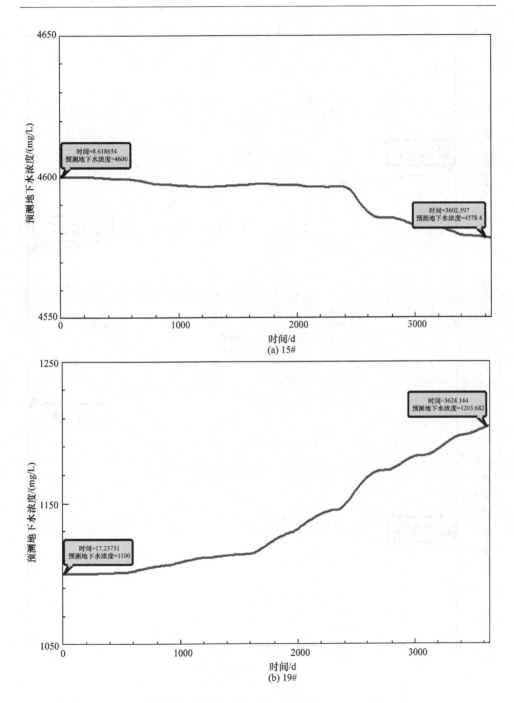

(a) 15#

(b) 19#

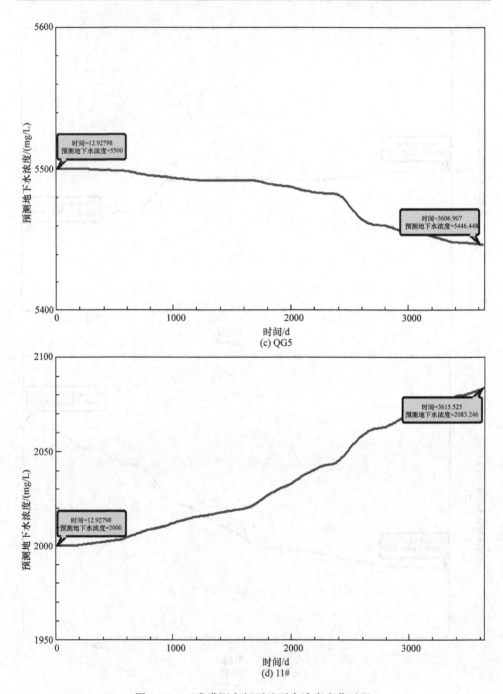

图 5.41　正常灌溉定额下地下水浓度变化过程

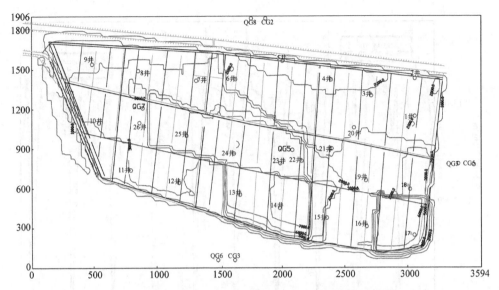

图 5.42　正常灌溉定额下 10 年后地下水浓度等值线图(单位:m)

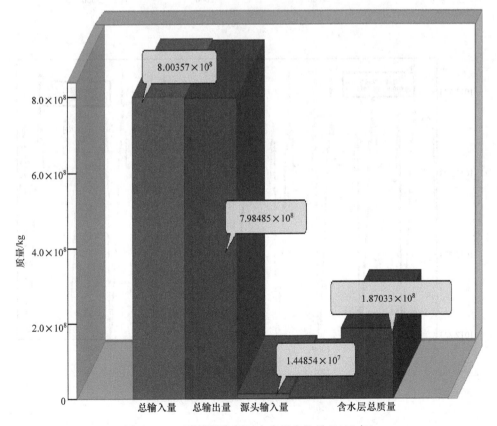

图 5.43　正常灌溉定额下含水层含盐量(2015 年)

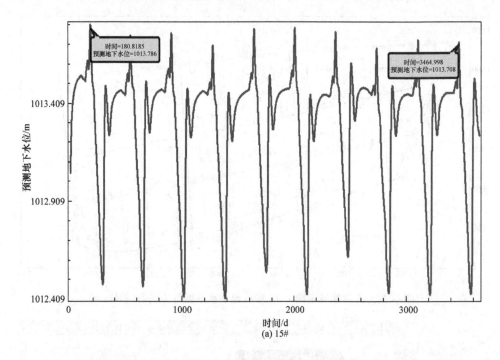

(a) 15#

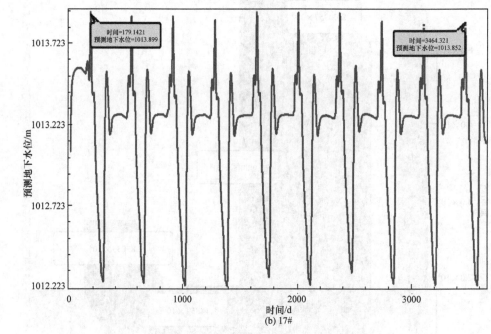

(b) 17#

图 5.44　淋洗定额下地下水位变化过程

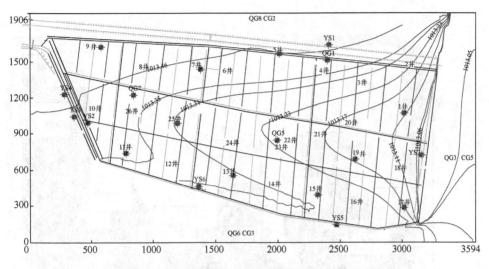

图 5.45　淋洗定额下 10 年后等水位线图(单位:m)

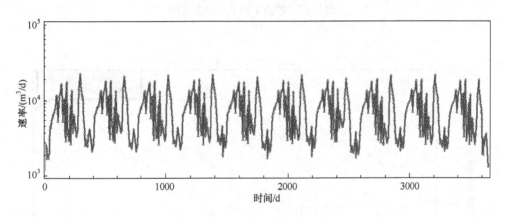

图 5.46　淋洗定额下水均衡过程图

(2) 地下水质预测结果。

模拟结果显示,同正常灌溉定额相类似,研究区内高矿化度区地下水质有所降低,平均下降 92mg/L;低矿化度区地下水质有所上升,平均上升 106mg/L。图 5.48 为典型观测点的模拟结果,图 5.49 为模拟 10 年后的地下水质等值线图。含水层初始含盐量为 1.76×10^8 kg,从图 5.50 可以看出,10 年后的模拟结果为 1.84×10^8 kg,含水层盐分增加了 8.72×10^6 kg,增加了 4.96%。含水层盐分随时间变化规律为:源补给含水层的盐分大于从含水层中排出的盐分,区外补给研究区的盐分与排出研究区的盐分基本相等,含水层呈积盐趋势。

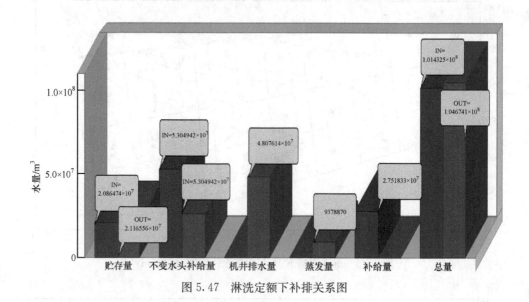

图 5.47　淋洗定额下补排关系图

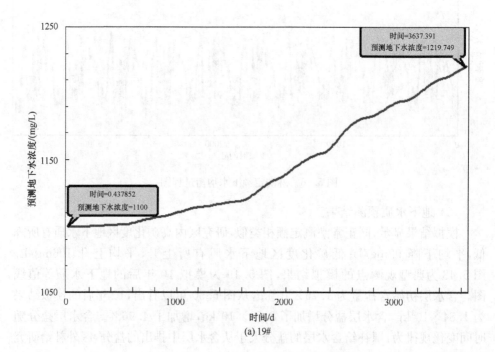

(a) 19#

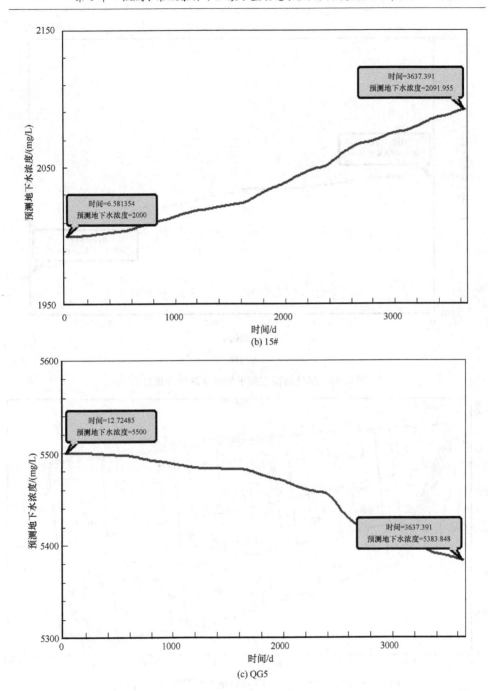

(b) 15#

(c) QG5

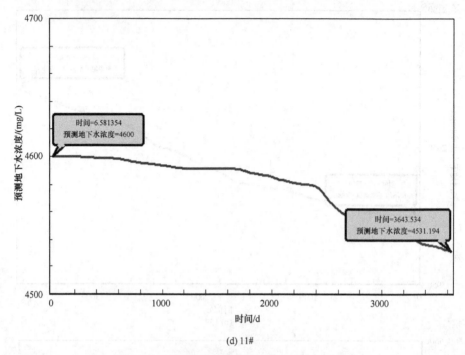

(d) 11#

图 5.48　淋洗灌溉定额下地下水浓度变化过程

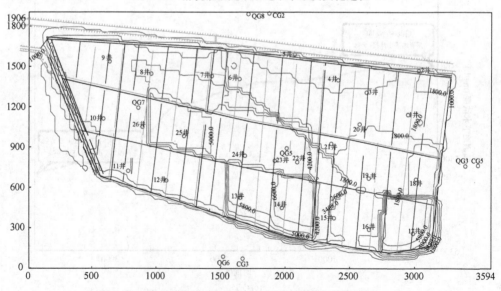

图 5.49　淋洗灌溉定额下 10 年后地下水等浓度图(单位:m)

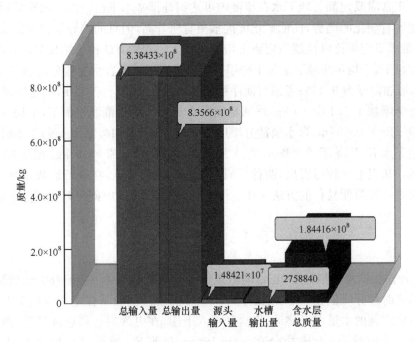

图 5.50　淋洗定额下含水层含盐量(2015 年)

5. 不同方案的比较

1) 地下水位与水量

模拟显示,在正常灌溉定额下,地下水位下降了 0.11m;在淋洗灌溉定额下,地下水位下降了 0.062m。淋洗灌溉定额下地下水位下降幅度较小,比正常灌溉定额下上升约 0.05m。两种灌溉定额下,地下水位下降幅度在模拟期内基本稳定,没有持续下降的趋势。两种灌溉定额的水均衡结果显示,地下水在年度内可达到补排基本平衡。

2) 地下水质与含盐量

两种灌溉定额下,地下水质呈现出高矿化度区有淡化的趋势,而低矿化度区水质有所升高,但总的趋势是含水层盐分增加。正常灌溉定额下,研究区域内含水层盐分增加了 1.13×10^7 kg,淋洗灌溉定额下含水层盐分增加了 8.72×10^6 kg,增加幅度分别为 6.64% 和 4.96%,正常灌溉定额比淋洗灌溉定额下增加幅度大。

5.3.3　两种预测方法模拟结果对比

两种预测方法模拟结果总趋势一致,都表现为两种灌溉定额下地下水位下降幅度在模拟期内基本稳定,没有持续下降的趋势。淋洗灌溉定额地下水位下降幅度低于正常灌溉定额。地下水在年度内可达到补排基本平衡。地下水质呈现出高矿化度区有淡化的趋势,而低矿化度区水质有所升高,但总的趋势是含水层盐分增加,正常灌溉定额比淋洗灌溉定额下增加幅度大。两种方法模拟结果显示,在正常灌溉定额下,平均年法地下水位下降了 0.1m,研究区域内含水层盐分增加了 1.6×10^7 kg,增加幅度为 9.1%;考虑时间序列法地下水位下降了 0.11m,研究区域内含水层盐分增加了 1.13×10^7 kg,增加幅度为 6.64%。淋洗灌溉定额下,平均年法地下水位下降了 0.057m,含水层盐分增加了 7×10^6 kg,增加幅度为 4%;考虑时间序列法地下水位下降了 0.062m,含水层盐分增加了 8.72×10^6 kg,增加幅度为 4.96%。从以上比较可看出,两种预测方法结果较为接近,在进行趋势预测时,平均年法是一种简便易行的方法。在进行实时预报时,考虑时间序列法则更为精确。

5.4　小　　结

3 种作物模型模拟显示,正常灌溉定额下土壤盐分基本在 60~80cm 处聚集,模拟结束时盐分峰值在 80cm 处值为 7.82g/L。淋洗定额下在垂直方向上上层盐分随着大定额的水量向下移动,将盐分带入下层,在更深层运移速度减慢,两种定额的盐分差值减小;土壤盐分在 80~100cm 处聚集,模拟结束时盐分峰值在 100cm 处值为 6g/L,比正常灌溉定额降低 1.82g/L,深度降低 20cm。

表层土壤盐分受灌溉降雨影响较大,正常灌溉定额下最大的影响深度在 160cm 左右。在 160cm 以上,不同土层的盐分变化随降雨或灌溉而有较大变化。灌溉之前土壤盐分维持在一个平稳的水平,40cm 的盐分最大约为 6g/L,20cm 其次,160cm 以下土壤盐分基本恒定在 2g/L 左右。淋洗灌溉定额下最大的影响深度在 200cm 左右,灌溉之前土壤盐分变化趋势与正常灌溉定额的土壤盐分变化趋势相同。生育期灌溉对土壤盐分影响趋势与正常灌溉定额相似。随着时间的推移,盐分随水分逐渐下移,经过冻融期后,作物根层土壤盐分基本能维持在播种前的水平。

两种灌溉定额下 3 种主要作物模型的进出水量基本平衡,主要来水量为灌溉和降雨,主要耗水量为作物蒸腾、土壤蒸发和明沟排水。正常灌溉定额下 3 种作物模型都有一定程度的积盐,其中,小麦模型土壤盐分增加了 12%,葵花模型土壤盐分增加了 4.3%,玉米模型土壤盐分增加了 5.8%;淋洗灌溉定额下小麦模型土壤盐分增加了 4.5%。葵花模型土壤盐分增加了 3.6%,玉米模型土壤盐分增加了 1.8%。3 种作物模型的积盐程度都比正常灌溉定额下的积盐程度有所降低。

正常灌溉定额下小麦相对减产率为 3%,葵花相对减产率为 10%,玉米相对减产率为 23%。淋洗灌溉定额下小麦相对减产率为 2%,葵花相对减产率为 8%,玉米相对减产率为 17%。淋洗灌溉定额下作物的相对减产率低于正常灌溉定额。

微咸水灌溉后在灌溉定额和灌水浓度不变的前提下,土壤盐分的积累随着时间的推移而呈递减趋势,大约在 10 年后盐分达到进出平衡状态。到土壤盐分基本维持平衡时,土壤的含盐量达到 0.1852mg/cm³,比采用微咸水灌溉前的土壤盐分(0.103mg/cm³)增大 0.0822mg/cm³,增加了 80%。但土壤全盐量仍约为 0.126%,仍属于轻度盐渍土,不会对土壤水土环境产生较大的影响。

垂直剖面上,土壤盐分在 0~100cm 土层内呈递增趋势,在 100cm 处达到峰值 11.1g/L,比最初始 10 月 20 日的剖面盐分峰值增加 5.1g/L,在 100cm 以下土层盐分递减。对应的作物相对产量为 84%,相对减产率为 16%,降幅不是很大,我们可以采取调整作物种植结构、增加耐盐或喜盐作物的种植面积等措施。

在干旱、半干旱地区微咸水可作为一种灌溉水源,但要保持良好的排水系统才能运行。在灌溉淋洗和排水(排盐)作用下,土壤剖面盐分可保持动态平衡。

从地下水质模拟结果看,两种预测方法的两种灌溉水平下,地下水质都呈现出高矿化度区有淡化的趋势,而低矿化度区水质有所升高,总的趋势是含水层盐分增加。但增加幅度较小,为 4%~9%。正常灌溉定额比淋洗灌溉定额下含水层盐分增加幅度大。

平均年法与考虑时间序列的模拟结果基本接近,在进行趋势预测时,平均年法是一种简便可行的方法。在进行实时预报时,考虑时间序列法则更为精确。

采用微咸水灌溉,土壤中的盐分增加,大定额的秋浇灌溉将土壤中的盐分一部分排出研究区,一部分却随着水分的下渗补给地下水,致使含水层中的盐分有所增加,正常灌溉定额下,生育期的灌溉水量基本被作物消耗,没有多余的水量排出,在生育期盐分都集聚在土壤中,秋浇灌溉带入含水层的盐分增多。淋洗灌溉定额下,生育期的灌溉水量除满足作物消耗外,剩余部分起着排盐的作用,使得生育期内土壤中的盐分一部分排出区外,土壤中的盐分有所降低,大定额的秋浇灌溉带入含水层中的盐分也将减少。所以,正常灌溉定额比淋洗灌溉定额下含水层盐分增加幅度大。

由于计算过程中将含水层的每一分层作为均质处理,因此模拟结果出现了高矿化度区的盐分向低矿化度区运移。而实际的含水层比计算概化后的含水层要复杂得多,这是该软件在模拟地下水质方面的不足。从地下水的角度看,采用微咸水灌溉,淋洗灌溉定额比正常灌溉定额的方案对环境有利,虽然淋洗灌溉定额也使含水层盐分增加,但就增加的幅度看,在未来相当一段时间内不会造成严重的环境问题。随着科学技术的飞速发展,水质乃至灌溉问题必将得到解决。

第6章 SWAP-MODFLOW 耦合模型的构建及预测

微咸水灌溉后土壤中的盐分随着水流向下运移,在与饱和带接触处通过水流通量和溶质通量补给饱和带水量和盐分,而在饱和带中则通过地下潜水蒸发,水分和盐分向非饱和带运移。非饱和带与饱和带是一个统一的连续体,微咸水灌溉后对环境的影响也是一个由非饱和带到饱和带的连续反应,因此,使区域环境良性循环发展的微咸水、淡水灌溉模式必将是使土壤环境和地下水环境同时良性循环。

但目前求解土壤水盐运移和地下水流、溶质运移的较好模型都是独立的,不能将非饱和带与饱和带作为一个统一连续体求解,所以,寻求一种将非饱和带与饱和带作为一个统一连续体来求解使用微咸水后对环境影响的模型及求解方法,对较准确的研究区域范围内采用微咸水灌溉后的环境变化将有重要意义。

本研究以描述 SPAC 系统中水盐运移和作物生长的 SWAP 模型与描述地下水三维流场与物质迁移的 MODFLOW 模型为基础,寻求两种模型的耦合条件,使两种模型在耦合条件下形成非饱和-饱和连续模型,能较好解决微咸水灌溉的环境效应问题。

6.1 模型耦合的思路

对于地下水三维流场与物质迁移模型,其真实的垂向补给是来自非饱和带的水流通量和溶质通量,对于土壤水盐运移模型,其下边界为地下水位。所以,将非饱和带在地下水位处的水流通量和溶质通量作为地下水三维流与溶质运动模型的垂向补给条件,而将地下水三维流场与物质迁移模型计算的地下水位作为土壤水盐运移模型的下边界条件,这样就将非饱和带与饱和带构成了一个连续体,水流通量、溶质通量及地下水位即为耦合边界。土壤水盐运移方程、地下水三维流场与物质迁移方程它们各自的边界条件及其耦合边界就构成了描述非饱和-饱和带统一连续体的耦合模型。

由于描述 SPAC 系统中水盐运移的 SWAP 模型为垂直一维模型,而 MODFLOW 模型为地下水三维流场与物质迁移模型,模型耦合的关键在于如何处理好点与面的结合。在第4章中构建了考虑区域变异的一维垂直非饱和水盐运移模型系统,该系统的构建解决了由点带面的区域土壤水盐运移模拟问题,在研究区将 3 个一维垂直非饱和水盐运移模型组成的面状模型系统用于区域性的土壤水盐运移的模拟,从而,面状的非饱和带水盐运移模型与饱和带的地下水三维流、溶质迁移模型的耦合界面可为地下水面,达到了非饱和带一维模型与饱和带三维模型的耦合。

本研究区耦合模型可概化为南、北及东边界为已知水头边界,西边界为零通量边界,在垂直方向上接受降雨、灌溉补给,垂直排泄主要为作物蒸腾、土壤蒸发及地下水潜水蒸发,耦合边界为地下水位及地下水位处水流通量、溶质通量,下边界为不透水层的隔水边界的非饱和-饱和耦合计算模型。

6.2　耦合模型的构建

6.2.1　数学模型

据以上模型耦合的思路及概化,以第 4、5 章率定检验的土壤水盐模型系统及地下水流、溶质运移模型为基础,构建研究区的非饱和-饱和带耦合数学模型。

1. 非饱和带面状模型系统

$$
\begin{cases}
\dfrac{\partial \theta}{\partial t}=C(h)\dfrac{\partial h}{\partial t}=\dfrac{\partial}{\partial z}\left[K(h)\left(\dfrac{\partial h}{\partial z}+1\right)\right]-S_{\mathrm{a}}(h), & z\in\Omega_1\ \text{或}\ \Omega_2\ \text{或}\ \Omega_3 \\[2mm]
\dfrac{\partial(\theta c)}{\partial t}=\dfrac{\partial}{\partial z}\left(D_{\mathrm{sh}}\dfrac{\partial c}{\partial z}\right)-\dfrac{\partial qc}{\partial z}, & z\in\Omega_1\ \text{或}\ \Omega_2\ \text{或}\ \Omega_3 \\[2mm]
h(Z,t)=h_0(Z), & Z>0,\ t=0 \\[2mm]
K(h)\dfrac{\partial h}{\partial z}+K(h)=R(t), & Z=0,\ t>0
\end{cases}
\tag{6.1}
$$

式中,Ω_1、Ω_2 和 Ω_3 为 Ⅰ 区、Ⅱ 区和 Ⅲ 区范围;其余符号意义同前。

非饱和面状模型系统各分区参数取值见表 4.41。

2. 耦合边界

$$
\begin{cases}
h(z,t)=h_{\text{耦}}(t), & Z=H,\ t>0,\ z\in\Omega_1\ \text{或}\ \Omega_2\ \text{或}\ \Omega_3 \\[2mm]
w_{\mathrm{w}}=q_{\mathrm{w}} \\[2mm]
w_{\mathrm{s}}=q_{\mathrm{s}}
\end{cases}
\tag{6.2}
$$

式中,$h_{\text{耦}}(t)$ 为耦合界面处地下水位;q_{w} 和 q_{s} 分别为耦合界面处水流通量和溶质通量;w_{w} 和 w_{s} 分别为饱和带三维模型的水流汇源项和溶质汇源项。

3. 饱和带三维模型

$$\begin{cases} \dfrac{\partial}{\partial x}\left(K_{xx}\dfrac{\partial h}{\partial x}\right)+\dfrac{\partial}{\partial y}\left(K_{yy}\dfrac{\partial h}{\partial y}\right)+\dfrac{\partial}{\partial z}\left(K_{zz}\dfrac{\partial h}{\partial z}\right)-w=s_s\dfrac{\partial h}{\partial t},\quad x,y,z\in\Omega \\[2mm] \dfrac{\partial(\theta C)}{\partial t}=\dfrac{\partial}{\partial x_i}\left|\theta D_{ij}\dfrac{\partial C}{\partial x_j}\right|-\dfrac{\partial}{\partial x_i}(\theta v_i C)+q_s C_s \\[2mm] h\big|_{t=0}=h_0(x,y,z) \\[1mm] h\big|_{B_1}=h_b(x,y,z,t) \\[2mm] T\dfrac{\partial h}{\partial n}\big|_{B_2}=0 \\[2mm] C(x,y,z,t)=C_0(x,y,z),\qquad\qquad\qquad\quad x,y,z\in\Omega,t=0 \\[1mm] C(x,y,z,t)=C_1(x,y,z,t),\qquad\qquad\qquad x,y,z\in\Gamma_1,t\geqslant0 \end{cases} \tag{6.3}$$

式中,符号意义同前,参数取值见第 5 章。

6.2.2　模型算法

将各区的土壤特征参数、上边界条件、作物数据、地面排水参数等输入耦合模型的非饱和带子模块中,各区实测地下水位为初始下边界条件,定义最小和最大时间步长为 10^{-8} 天和 0.2 天(模型将在此范围内通过达到收敛的迭代步数判别寻优),计算每个时间步长内的土壤含水量、含盐量、水流及溶质通量,直到一天模拟结束,更新参数后,开始第二天的模拟,以此类推,直到最后一天模拟结束。

计算的水流及溶质通量为耦合模型饱和带子模块的垂向汇源项,与其他输入项(同前)一同输入饱和带子模块中,最大迭代次数取 50 次,加速因子为 1,收敛的水头变化判别标准为 0.01m,浓度变化判别标准为 0.1mg/L,每个应力期的最大时间步长取 0.2 天,计算每个时间步长的地下水位、地下水矿化度、含水层盐分等,直到一个应力期结束,更新参数,进入第二应力期的计算,以此类推,直到所有应力期计算结束。

将计算的地下水位作为非饱和带子模块的下边界条件,重复以上的计算方法,直到求得要求时间的解。

6.3　耦合模型的检验

以红卫试验场为模拟对象检验所建耦合模型的可靠性。如前所述,试验场有连续的微咸水灌溉试验、土壤水盐动态及地下水动态的实测资料,利用这些实测资料检验耦合模型的可靠性。

检验的思路为:首先将试验场各分区的实测地下水位作为非饱和带 SWAP 模型系统的下边界条件,其他条件同 SWAP 模型系统构建时一样,计算试验场各分区地下水位处的水流通量及溶质通量;将计算的水流通量及溶质通量作为饱和带 MODFLOW 模型的垂向水流及溶质补给项,MODFLOW 模型的其他条件与 MODFLOW 模型识别时相同,计算试验区各分区地下水位及地下水矿化度;将各分区计算的地下水位及地下水矿化度与实测值进行对比,检验它们之间的符合程度;再将计算的各分区地下水位作为非饱和带 SWAP 模型系统的下边界条件,计算各分区土壤水盐分布动态及其地下水位处水流通量及溶质通量,将土壤水盐分布动态的计算值与实测值进行对比,检验两者之间的符合程度;将第二次计算的水流通量及溶质通量再次作为 MODFLOW 模型的垂向水流及溶质补给项,计算地下水位及地下水矿化度,并将其与实测值及第一次计算结果相比较。如以上检验不符合要求,可适当调整参数,重新检验,直至实测值与计算值的误差在允许范围之内,这时说明耦合模型具有较好的可靠性,可以用来对研究区的环境问题进行研究。

6.3.1　耦合模型的第一层次检验

以试验场各分区实测地下水位为下边界条件,运行非饱和带 SWAP 模型系统,计算地下水位处的水分通量及溶质通量(图 6.1)。

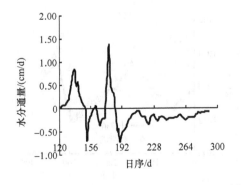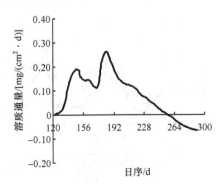

(a) Ⅰ区

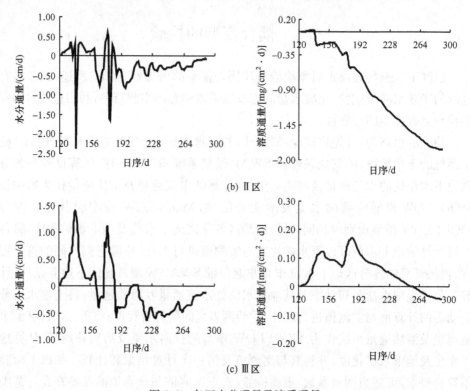

(b) Ⅱ区

(c) Ⅲ区

图 6.1　各区水分通量及溶质通量

1. 地下水位及地下水矿化度检验结果

将以上各区的水流通量及溶质通量作为饱和带 MODFLOW 模型的垂向水量补给及浓度补给项输入,其他边界条件及汇源项不变,运行模型,将计算的地下水位及地下水矿化度与实测值进行比较,结果见图 6.2 和图 6.3。

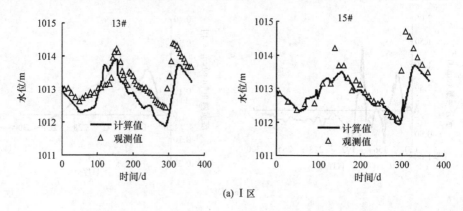

(a) Ⅰ区

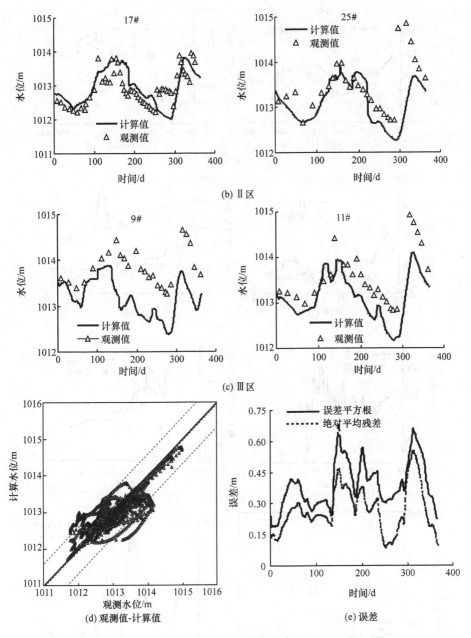

图 6.2　地下水位检验

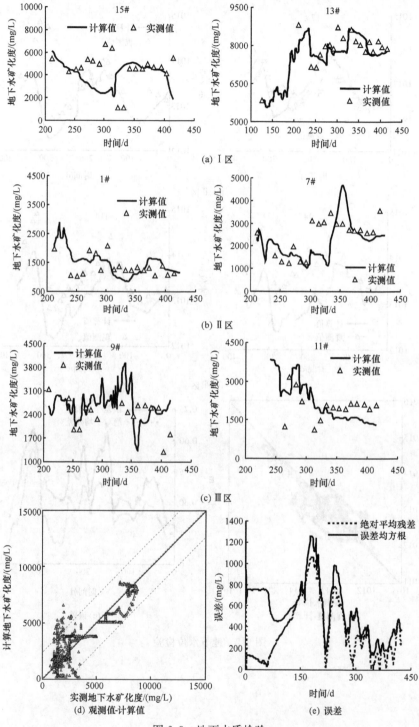

图 6.3 地下水质检验

从图 6.2 可以看出,研究区计算地下水位与实测值拟合较好,计算的地下水位动态变化趋势与实测值基本一致,同时,从观测值-计算值图也可以看出,数据点基本集中在 45°线左右。误差图显示,误差平方根与绝对平均残差大部分时段在 0.5m 之内,且全部在 1m 之内,说明模型计算值具有较高精确度。

图 6.3 为计算地下水质与实测值的对比图,可以看出,计算的地下水矿化度基本与实测值的趋势一致,地下水矿化度观测值-计算值图的数据点大部分在 45°线左右分布,误差图中的误差平方根与绝对平均残差大部分时段在 600mg/L 之内,说明模型计算的地下水矿化度能较好地代表实际情况。

2. 土壤含水率及土壤盐分检验结果

将以上计算的地下水位输入 SWAP 模型系统的下边界条件中,运行模型,计算土壤水盐动态,并与实测的水盐动态对比,检验模型的可靠性,土壤水盐动态检验结果见图 6.4 和图 6.5。土壤含水率、土壤盐分观测值与模拟值的均方误差见表 6.1 和表 6.2。

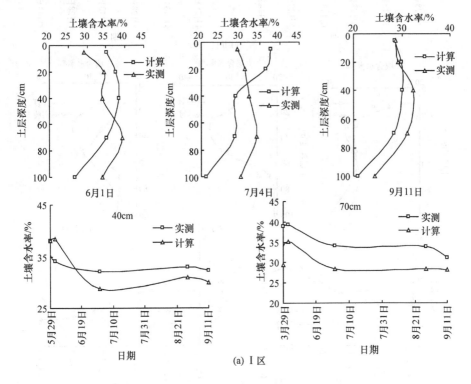

(a) I 区

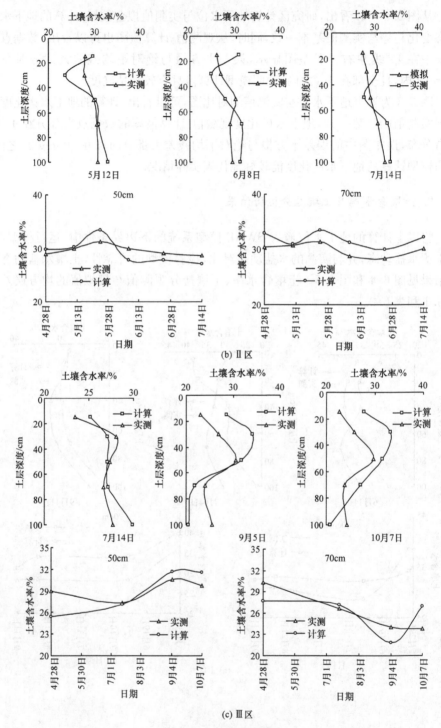

(b) Ⅱ区

(c) Ⅲ区

图 6.4　土壤含水率检验

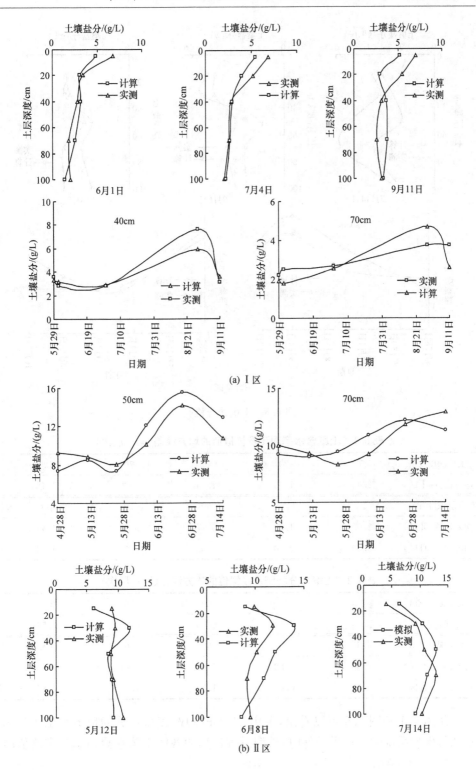

(a) Ⅰ区

(b) Ⅱ区

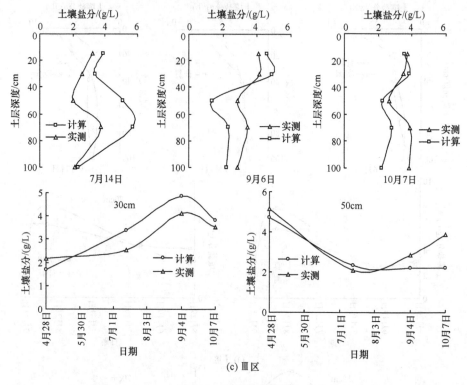

图 6.5　土壤盐分检验

表 6.1　土壤含水率观测及模拟值的均方误差（第一层次）

土层深度/cm	5	20	40	70	100
均方误差（Ⅰ区）	2.44	1.99	1.39	2.99	4.16
土层深度/cm	15	30	50	70	100
均方误差（Ⅱ区）	2.03	1.52	0.77	0.98	1.42
均方误差（Ⅲ区）	2.49	2.40	0.93	1.07	1.54

表 6.2　土壤盐分观测及模拟值的均方误差（第一层次）

土层深度/cm	5	20	40	70	100
均方误差（Ⅰ区）	2.29	2.87	0.80	0.76	0.54
土层深度/cm	15	30	50	70	100
均方误差（Ⅱ区）	1.98	1.82	1.44	1.01	1.40
均方误差（Ⅲ区）	1.38	0.56	1.53	1.14	0.81

　　从图 6.4 和图 6.5 可以看出，采用 MODFLOW 模型计算的地下水位作为非饱和带模型系统的下边界条件时，模型系统计算的各区土壤水盐动态与实测值的

变化趋势基本一致,拟合较好。从表 6.1 和表 6.2 也可以看出,土壤各层水分、盐分的均方误差都在 5 以内,符合误差精度。

6.3.2　耦合模型的第二层次检验

在耦合模型的第一层次检验中,是以实测的地下水位作为 SWAP 模型系统的初始下边界条件,计算的地下水位处的水流通量和溶质通量作为 MODFLOW 模型的垂向补给项,来检验模型计算的地下水位与地下水矿化度与实际的符合程度,并用第一次计算的地下水位作为 SWAP 模型系统的下边界条件,检验土壤水盐动态分布情况。经过这一层次的检验后,还不能证明耦合模型预测预报功能的可靠性。

在预测预报条件下,我们无法知道预报时段的地下水位,也就是预测时段非饱和带 SWAP 模型系统的下边界条件无法得知。本研究建立的耦合模型主要功能是方便计算及较准确地预测水盐在非饱和带及饱和带中的运移情况,耦合模型计算的地下水位就是 SWAP 模型系统的下边界条件,而 SWAP 模型系统计算的水流通量和溶质通量为饱和带模型的补给项。所以,耦合模型要一直检验到用模型计算的地下水位作为 SWAP 模型系统的下边界条件后,其计算的水流通量和溶质通量再作为饱和带 MODFLOW 模型的水量、浓度补给后,再次检验计算地下水动态(水位、水质)的可靠性,以及用第二次计算的地下水位作为 SWAP 模型系统的下边界条件,再次验证模型计算的土壤水盐动态分布与实测值的符合程度。经过一个循环检验后的耦合模型才能较可靠地预测预报区域水盐分布状态,为微咸水灌溉模式的研究提供可靠的理论手段。

1. 地下水位及地下水矿化度检验结果

采用 MODFLOW 模型计算的地下水位作为 SWAP 模型系统的下边界条件时,其计算的地下水位处的水分通量和溶质通量见图 6.6。

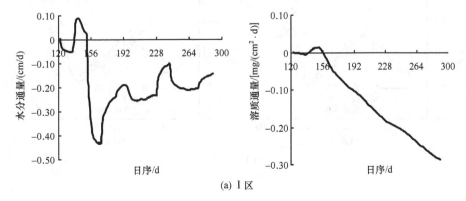

(a) Ⅰ区

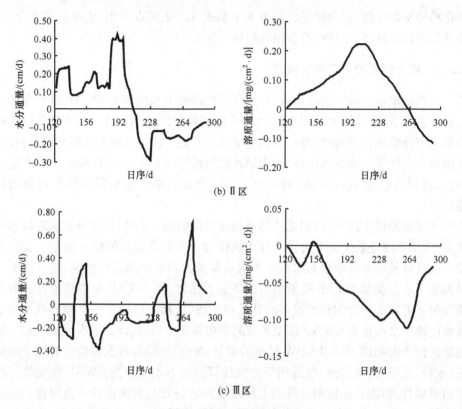

图 6.6　各区水分通量及溶质通量

　　将计算的各区水流通量及溶质通量输入饱和带 MODFLOW 模型中,其他条件及汇源项不变,运行模型,将计算的地下水位及地下水矿化度与实测值及第一次计算值比较,结果见图 6.7 和图 6.8。

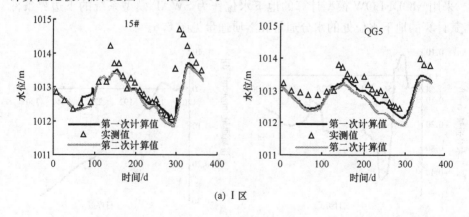

(a) Ⅰ区

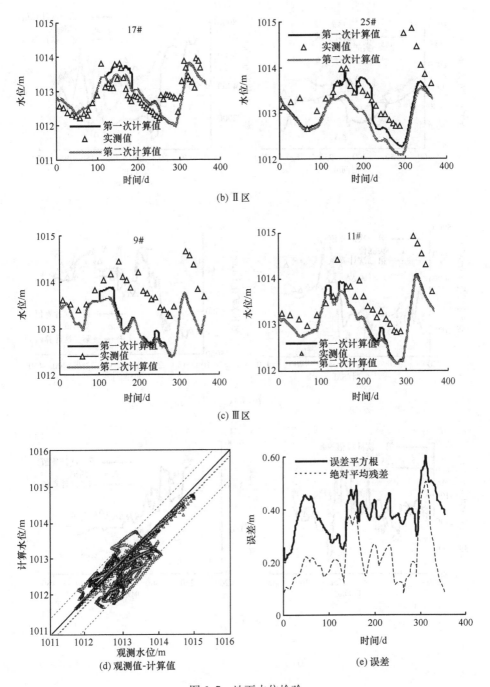

图 6.7　地下水位检验

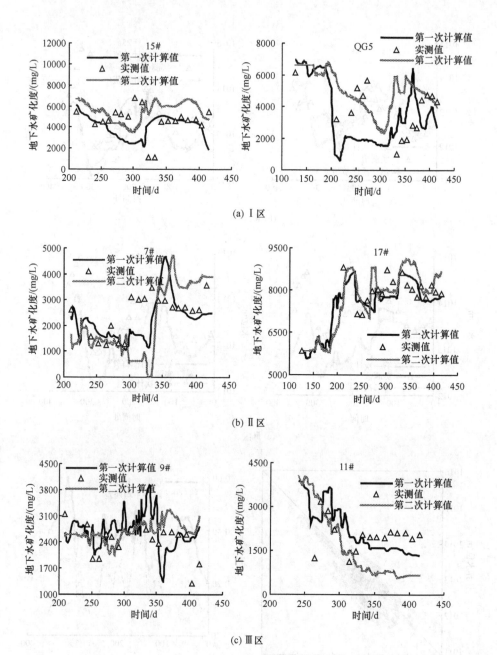

(a) Ⅰ区

(b) Ⅱ区

(c) Ⅲ区

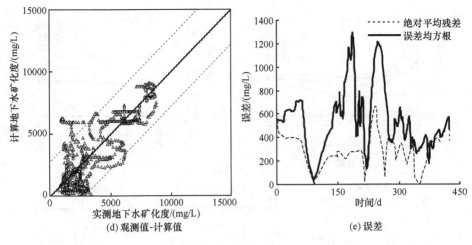

(d) 观测值-计算值　　　　　　　　　　(e) 误差

图 6.8　地下水质检验

从图 6.7 和图 6.8 可以看出,第二次计算的地下水位、地下水矿化度与第一次计算值及实测值拟合较好,且两次计算结果趋势基本一致;地下水位及地下水矿化度观测值-计算值图显示,数据点大都集中在 45°线左右;地下水位误差图显示,误差平方根与绝对平均残差大部分时段在 0.5m 之内,且全部在 0.6m 之内,地下水矿化度误差图中的误差平方根与绝对平均残差大部分时段在 600mg/L 之内。以上检验表明,模型能进行较好的循环计算,且计算结果能较好地代表实际情况,以及两次计算结果趋势一致,表明模型具有较高的可靠性。

2. 土壤含水率及土壤盐分检验结果

将以上第二次计算的地下水位作为 SWAP 模型系统的下边界条件,计算土壤水盐动态,并与实测的水盐动态及第一次计算结果对比,检验模型的可靠性,土壤水盐动态检验结果见图 6.9 和图 6.10。土壤含水率、土壤盐分观测值与模拟值的均方误差见表 6.3 和表 6.4。

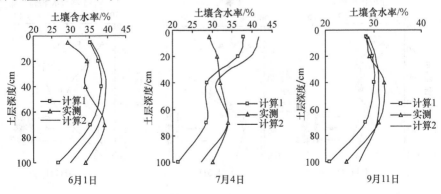

6月1日　　　　　　　　　7月4日　　　　　　　　　9月11日

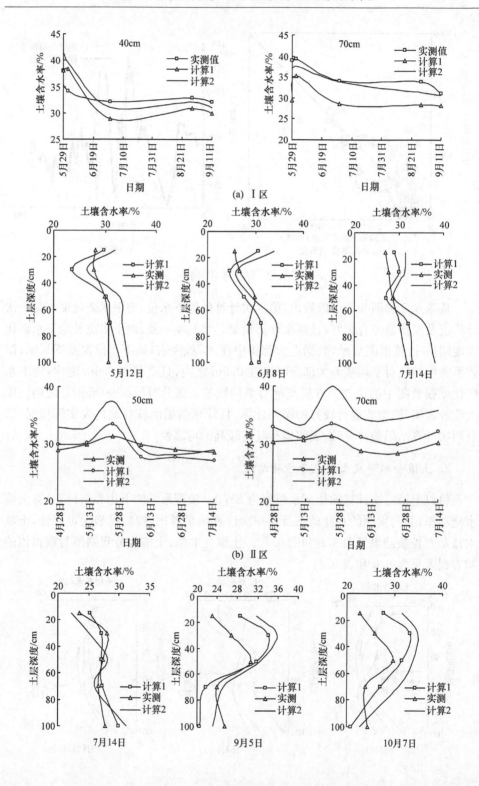

(a) Ⅰ区

(b) Ⅱ区

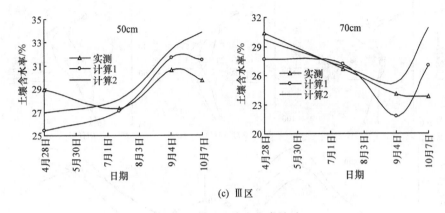

(c) Ⅲ区

图 6.9　各区土壤含水率检验

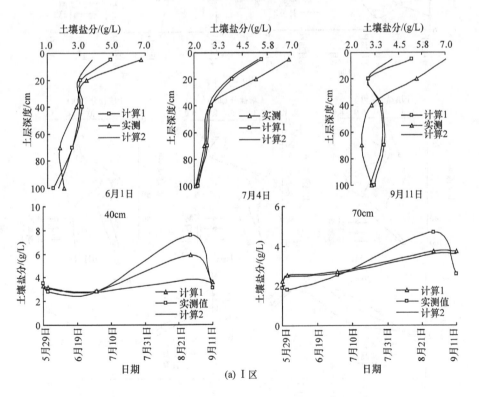

(a) Ⅰ区

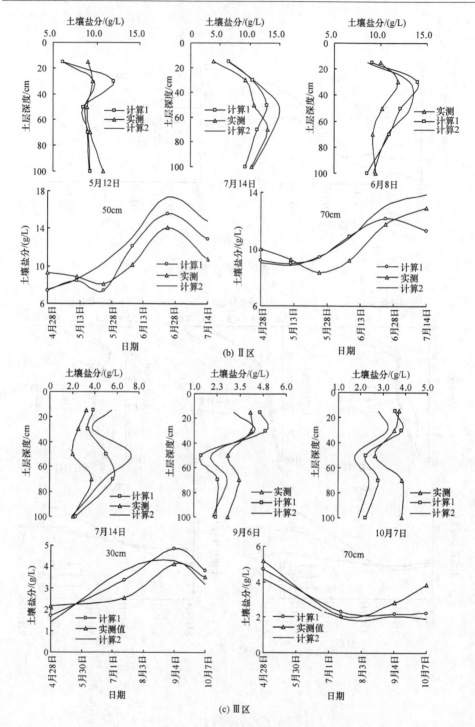

图 6.10　各区土壤盐分检验

表 6.3　土壤含水率观测及模拟值的均方误差（第二层次）

土层深度/cm	5	20	40	70	100
均方误差（Ⅰ区）	3.02	2.55	1.51	0.83	1.63
土层深度/cm	15	30	50	70	100
均方误差（Ⅱ区）	2.15	1.91	1.80	2.99	4.54
均方误差（Ⅲ区）	2.87	2.97	1.13	1.62	3.25

表 6.4　土壤盐分观测及模拟值的均方误差（第二层次）

土层深度/cm	5	20	40	70	100
均方误差（Ⅰ区）	4.35	2.91	1.70	0.76	0.51
土层深度/cm	15	30	50	70	100
均方误差（Ⅱ区）	2.19	3.58	2.34	1.17	1.20
均方误差（Ⅲ区）	1.20	0.68	2.45	1.01	1.04

从图 6.9 和图 6.10 可以看出，模型系统第二层次计算的各区土壤水盐动态与实测值及第一层次计算值拟合较好，且两次计算结果趋势基本一致；从表 6.3 和表 6.4 也可以看出，土壤各层水分、盐分的均方误差都在 5 以内，符合误差精度。

通过以上一个循环的检验表明，耦合模型通过耦合边界能进行较好的循环计算，各次计算结果趋势一致，且计算结果能较好地反映实际情况，表明耦合模型具有较高的可靠性。

耦合模型的构建将为内蒙古河套灌区节水改造工程实施后及开发利用微咸水后的区域环境的预测预报提供可靠的理论基础及简便实用的途径。同时，也为类似地区提供参考。

6.4　中、长期微咸水灌溉条件下区域水土环境预测

开发利用微咸水的目的是要进行长期灌溉，以缓解河套灌区引黄水量及淡水资源的不足。由前面的研究可知，"淡咸咸"灌溉模式是对水土环境影响最小且作物产量基本不受影响的微咸水、淡水综合利用灌溉模式，但长期微咸水灌溉对环境将会造成怎样的影响？这是河套灌区面临的又一重要且必须解决的问题，本节将利用研究结果的"淡咸咸"灌溉模式和耦合模型，研究中、长期微咸水灌溉水平下水土环境的变化，为微咸水的可持续利用提供理论基础。

6.4.1　预测方法及预测水平的确定

关于典型年的选取参见 5.3.1 节。由于"淡咸咸"的灌溉模式对环境影响最小，因此，采用此模式进行灌溉在近期不会对环境造成严重影响。预测将分为中期（5 年）和长期（10 年）两个水平。

6.4.2 中期微咸水灌溉条件下区域环境预测

1. 地下水环境预测

典型年"淡咸咸"灌溉模式下的耦合边界处水流及溶质通量计算结果见图 6.11,其他边界条件都以典型年为基准作相应调整,以 2008 年为现状年,计算 5 年后研究区的地下水环境状态。

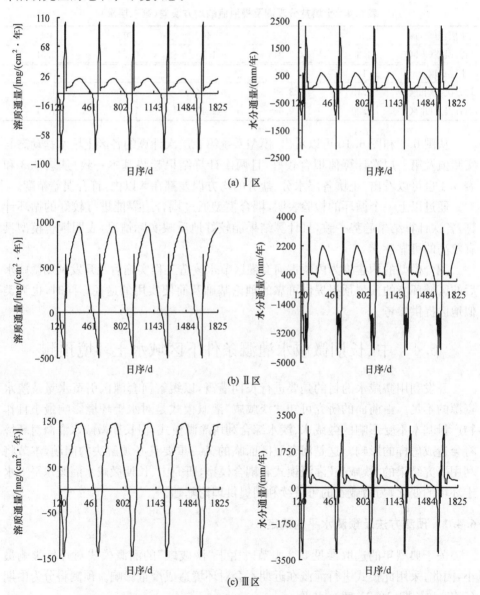

图 6.11　耦合边界的水分通量及溶质通量(5 年后)

1) 地下水位

由耦合模型计算的 5 年后研究区的地下水位见图 6.12,可以看出,在模拟初期地下水位略有上升,之后维持稳定,5 年后,1 区水位平均下降 1.5cm,2 区下降 3.6cm,3 区下降 5.4cm。抽取地下微咸水灌溉后,研究区平均地下水位总的趋势略有下降。

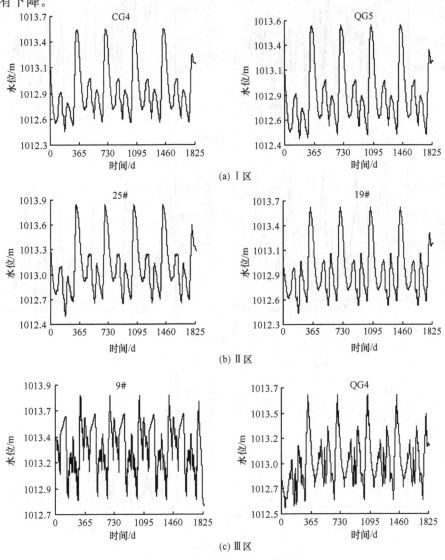

(a) Ⅰ区

(b) Ⅱ区

(c) Ⅲ区

图 6.12　地下水位动态(5 年后)

2) 地下水矿化度

5 年后研究区的地下水矿化度见图 6.13,可以看出,连续 5 年的"淡咸咸"模式灌溉后,研究区的地下水矿化度总体有下降的趋势,其中,Ⅰ区、Ⅲ区下降幅度较大,Ⅱ区略有下降,再次证实Ⅰ区、Ⅲ区地下水中的盐分向Ⅱ区运移的可能性。

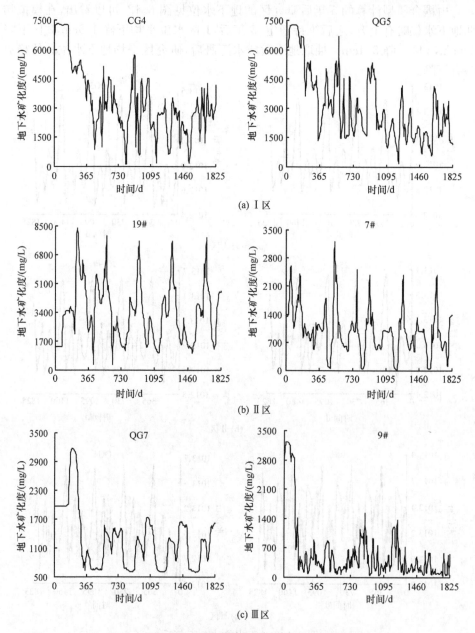

图6.13 地下水矿化度动态(5年后)

3）含水层盐分

图 6.14 为模拟期内进入含水层的总盐量与排出含水层的总盐量之差,排出含水层盐分的渠道主要有地下微咸水的抽取灌溉、潜水蒸发及明沟排水,而进入含水层的盐分主要为土壤中的盐分运移。可以看出,5 年的连续"淡咸咸"模式的微咸水灌溉后,排出含水层的盐量大于进入的盐量,从而导致含水层中的总盐量持续降低,见图 6.15。含水层的盐分由初始的 1.08×10^8 kg 降低到 8.53×10^7 kg,下降幅度为 21%。

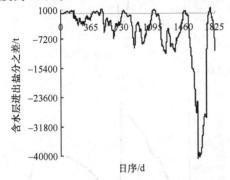

图 6.14　含水层盐分进出之差(5 年后)

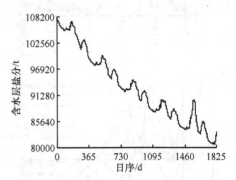

图 6.15　含水层盐分变化动态(5 年后)

2. 根层环境预测

以"淡咸咸"模式连续灌溉 5 年后,耦合边界处的地下水位计算结果见图 6.16,以此地下水位及灌溉条件对中期微咸水灌溉后根层的环境进行预测。

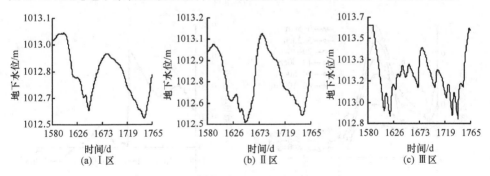

图 6.16　耦合边界处地下水位(5 年后)

1）根层盐分动态

耦合模型计算的根层盐分动态及溶质通量分布见图 6.17。可以看出,Ⅰ区的土壤盐分呈上升趋势,表层盐分较高,盐分主要集中在 40～60cm;Ⅱ区、Ⅲ区的土壤盐分呈下降趋势,生育期土壤盐分主要集中在 20～60cm,随着时间的推移,盐分逐渐向下层运移。灌溉之前溶质通量呈上升趋势,灌溉期间溶质通量为下降状态,作物收割后至秋浇前,溶质通量又呈上升趋势,秋浇后为下降趋势。

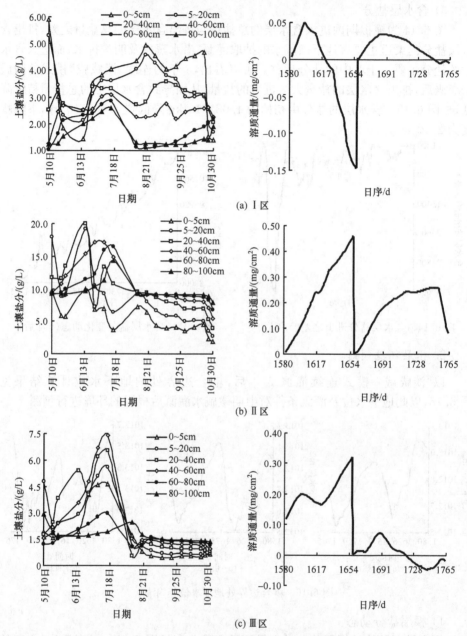

图 6.17　5 年后土壤盐分动态及溶质通量

2) 根层盐分平衡

生育期及作物收割后根层盐分平衡见表 6.5 和表 6.6。由表 6.5 可知,生育期内,Ⅰ区、Ⅲ区土壤积盐,Ⅱ区呈脱盐状态。由Ⅱ区的平衡情况看,盐分主要由排水系统排出区外,并且将地下水补给的盐分也排出区外,使土壤及地下水都呈脱盐状态。整个研究区呈积盐状态，到生育期结束土层积盐 $164.4\mathrm{mg/cm^2}$。在生育期之后到模拟结束时段(表 6.6)，Ⅰ区积盐，Ⅱ区、Ⅲ区脱盐，每区都有盐分从排水系统排出，地下水补给土壤的盐分大部分由排水系统排出区域外，从而有可能使土壤及地下水都呈脱盐的良性态势。区域土壤在此期间为脱盐状态，到模拟期结束，整个区域脱盐 $205\mathrm{mg/cm^2}$。

表 6.5　生育期根层盐分平衡表(5 年后)

分区	根层含盐总量 /(mg/cm²)		盐分进入量 /(mg/cm²)		盐分排出量 /(mg/cm²)	总计
	时段初 (4 月 12 日)	时段末 (7 月 15 日)	灌水	溶质通量	排水排出量	
Ⅰ区	190.7	252.4	98.74	−27.46	9.55	
Ⅱ区	1132.0	1107	98.74	84.96	209.1	
Ⅲ区	214.4	342.1	98.74	63.89	34.96	
研究区	1537.1	1701.5				164.4

表 6.6　收割后根层盐分平衡表(5 年后)

分区	根层含盐总量 /(mg/cm²)		盐分进入量 /(mg/cm²)		盐分排出量 /(mg/cm²)	总计
	时段初 (7 月 16 日)	时段末 (10 月 30 日)	灌水	溶质通量	排水排出量	
Ⅰ区	180.1	190.7	9.12	14.91	13.39	
Ⅱ区	1096.0	892.9	9.12	15.5	227.8	
Ⅲ区	204.2	191.7	9.12	−3.49	18.12	
研究区	1480.3	1275.3				−205

3）作物产量

连续 5 年微咸水灌溉后，各区相对产量见图 6.18。可以看出，各区相对产量都在 85％以上，说明进行中期的微咸水灌溉不会对作物产量造成较大影响。

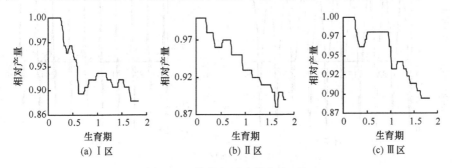

(a) Ⅰ区　　　　(b) Ⅱ区　　　　(c) Ⅲ区

图 6.18　作物相对产量(5 年后)

6.4.3 长期微咸水灌溉条件下区域环境预测

1. 地下水环境预测

由耦合模型计算的耦合边界的水流及溶质通量见图 6.19,由耦合边界及其他条件计算 10 年后地下水的环境状态。

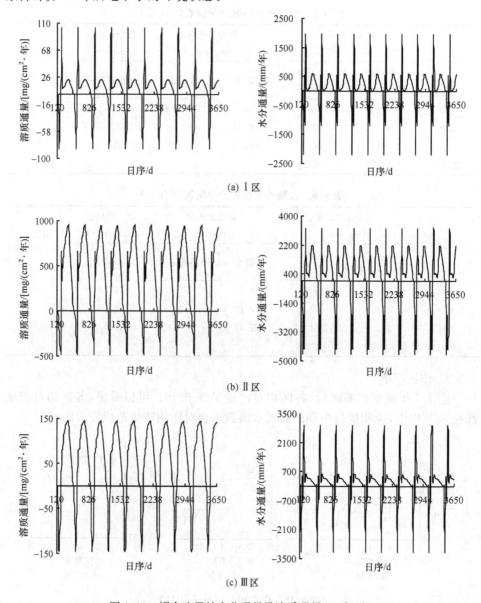

(a) Ⅰ区

(b) Ⅱ区

(c) Ⅲ区

图 6.19 耦合边界处水分通量及溶质通量(10 年后)

1）地下水位

10 年后研究区的地下水位见图 6.20。以"淡咸咸"的模式连续灌溉 10 年后，Ⅰ区范围平均地下水位下降 2cm，Ⅱ区下降 5.5cm，Ⅲ区下降 8.8cm。抽取地下微咸水灌溉后，研究区地下水位只有微小的下降，且在模拟期内没有持续下降的趋势，地下水量在年度内基本达到补排平衡。

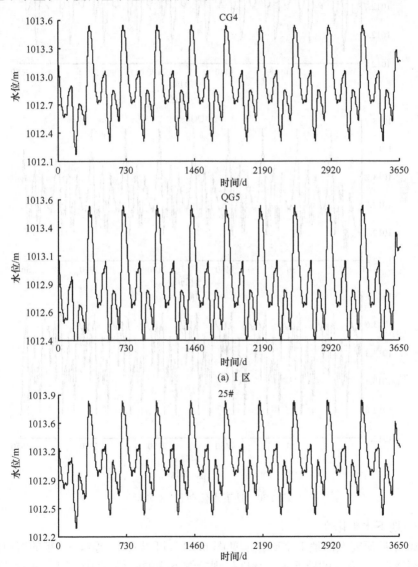

(a) Ⅰ区

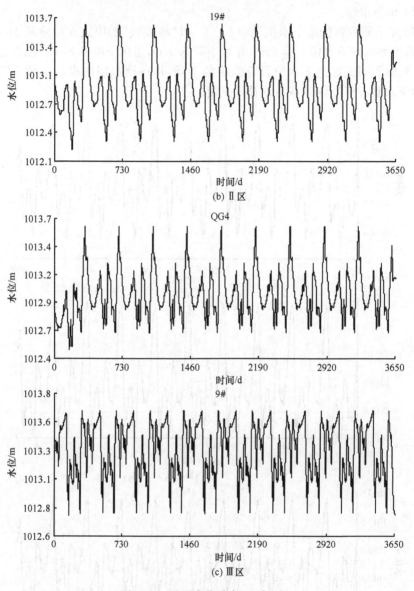

图 6.20　地下水位动态(10 年后)

2) 地下水矿化度

10 年后研究区的地下水矿化度见图 6.21。可以看出,连续 10 年的"淡咸咸"模式灌溉后,研究区的地下水矿化度呈现持续下降的趋势,其中,Ⅰ区、Ⅲ区下降幅度较大,Ⅱ区下降幅度较小。

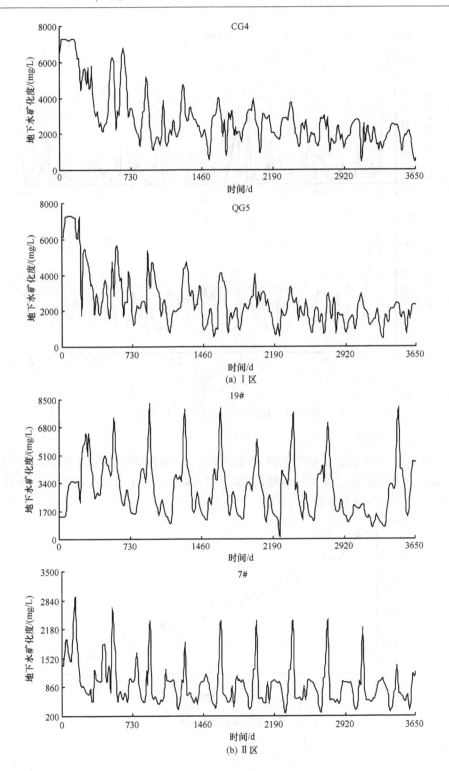

(a) Ⅰ区

(b) Ⅱ区

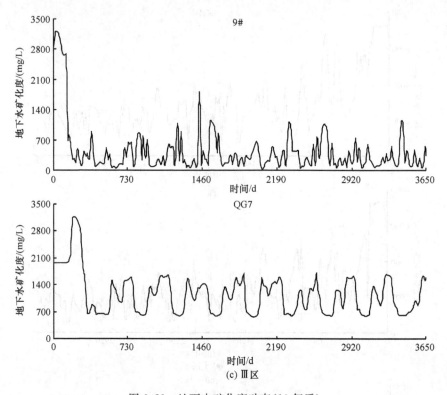

图 6.21　地下水矿化度动态（10 年后）

3）含水层盐分

　　图 6.22 为含水层盐分变化图，可以看出，10 年的连续"淡咸咸"模式的微咸水灌溉后，含水层中的总盐量持续降低，整个含水层盐分由初始的 1.08×10^8 kg 降低到 6.76×10^7 kg，降低幅度达 37%。

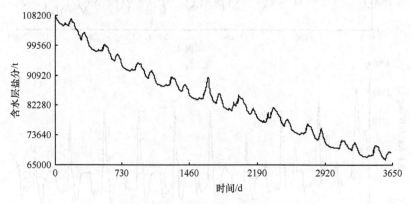

图 6.22　含水层盐分动态（10 年后）

2. 根层环境预测

以"淡咸咸"模式连续灌溉 10 年后,耦合边界处的地下水位计算结果见图 6.23,以此地下水位及灌溉条件对长期微咸水灌溉后根层的环境进行预测。

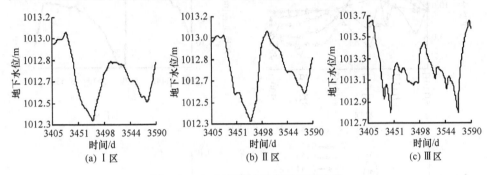

图 6.23　10 年后耦合边界处地下水位

1) 根层盐分动态

耦合模型计算的根层盐分动态及溶质通量分布见图 6.24。可以看出,Ⅰ区的土壤盐分在模拟期内随灌溉而波动,到模拟结束时,土壤盐分恢复播种时状态,盐分主要集中在 40～60cm 处;Ⅱ区、Ⅲ区的土壤盐分仍然呈下降趋势,生育期土壤盐分主要集中在 20～60cm,随着时间的推移,盐分逐渐向下层运移。溶质通量图显示,灌溉之前溶质通量呈上升趋势,灌溉期间通量为下降状态,作物收割后至秋浇前,通量又呈上升趋势,秋浇后为下降趋势。

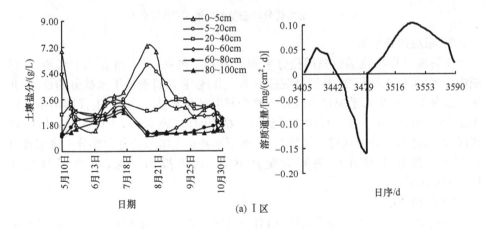

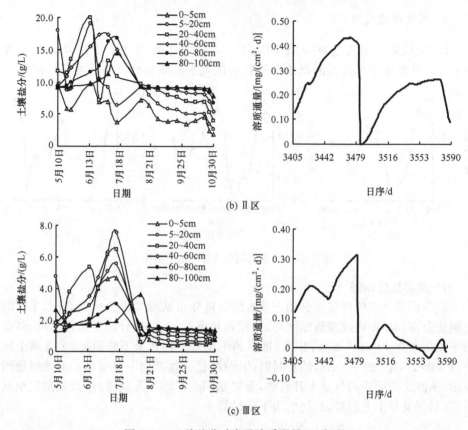

(b) Ⅱ区

(c) Ⅲ区

图 6.24　土壤盐分动态及溶质通量(10 年后)

2) 根层盐分平衡

生育期及作物收割后根层盐分平衡见表 6.7 和表 6.8。由表 6.7 可知,生育期内Ⅰ区、Ⅲ区土壤积盐,Ⅱ区呈脱盐状态。Ⅱ区、Ⅲ区都有地下水盐分的补给,Ⅱ区的盐分主要由排水系统排出区外。整个研究区呈积盐状态,到生育期结束土层积盐 164.0mg/cm²。在生育期之后到模拟结束时段(表 6.8),Ⅰ区积盐,Ⅱ区、Ⅲ区脱盐,每区都有盐分从排水系统排出,地下水补给土壤的盐分大部分由排水排出区域外。区域土壤在此期间为脱盐状态,到模拟期结束,整个区域脱盐 180.9mg/cm²。

3) 作物产量

连续 10 年微咸水灌溉后,各区相对产量如图 6.25。由图可知,各区相对产量都在 85%以上,长期的微咸水灌溉仍然不会对作物产量造成较大影响。

表 6.7　生育期根层盐分平衡表(10 年后)

分区	根层含盐总量 /(mg/cm²)		盐分进入量 /(mg/cm²)		盐分排出量 /(mg/cm²)	总计
	时段初 (4 月 12 日)	时段末 (7 月 15 日)	灌水	溶质通量	排水排出量	
Ⅰ区	191.7	250.3	98.74	−30.07	9.44	
Ⅱ区	1133.0	1114	98.74	75.11	192.9	
Ⅲ区	214.4	338.8	98.74	60.06	34.43	
研究区	1539.1	1703.1				164.0

表 6.8　收割后根层盐分平衡表(10 年后)

分区	根层含盐总量 /(mg/cm²)		盐分进入量 /(mg/cm²)		盐分排出量 /(mg/cm²)	总计
	时段初 (7 月 16 日)	时段末 (10 月 30 日)	灌水	溶质通量	排水排出量	
Ⅰ区	170.6	185.4	9.12	4.07	4.57	
Ⅱ区	1074.0	890.6	9.12	16.27	208.8	
Ⅲ区	200.5	188.2	9.12	−2.34	19.05	
研究区	1445.1	1264.2				−180.9

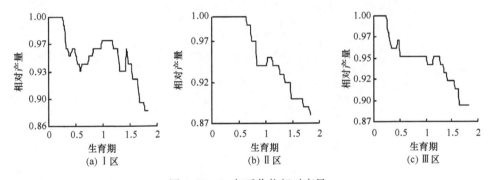

图 6.25　10 年后作物相对产量

通过以上中、长期微咸水灌溉的环境效应预测得出,采用地下微咸水和黄河水进行"淡咸咸"灌溉模式的中、长期微咸水灌溉,在完善的排水系统和进行黄河水秋浇灌溉的前提下,土壤及地下水环境向良性循环发展。

中、长期微咸水灌溉后,在作物生育期内土壤呈积盐状态,作物收割后的非生育期内,有一次较大定额的秋浇灌溉,土壤处于脱盐状态。整个研究区在非生育期的脱盐量大于生育期的积盐量,并且盐分主要通过排水沟系统排出区域外,土壤总体呈脱盐趋势。

　　中、长期微咸水灌溉后,研究区地下水位有微小幅度的下降,在模拟期内没有出现持续下降的趋势,地下水量在年度内可基本达到补排平衡。从土壤盐分平衡过程可知,排出的土壤盐分中有部分为地下水盐分的补给,在抽取地下微咸水及向区外排盐的双重作用下,地下水矿化度呈下降趋势,含水层中的盐分也呈逐年下降态势,含水层将逐渐淡化。

　　中、长期微咸水灌溉后,作物相对产量均在85%以上,没有受到较大影响。

　　综上所述,利用淡咸咸微咸水、淡水综合灌溉模式可进行长期灌溉,且在这种灌溉模式下,水土环境向良性方向发展。在黄河水量大幅度减少的形势下,"淡咸咸"灌溉模式为河套灌区提供了一条使环境良性发展的开源途径。

第7章 微咸水与淡水综合利用灌溉模式的研究

内蒙古河套灌区正面临引黄水量减少接近 1/4 的现状,为保证减少引黄水量后继续维持河套灌区工农业生产的良性发展,灌区节水改造工程正在实施中,而积极开发利用河套灌区较丰富的微咸水资源将是保证灌区正常发展的又一重要途径。探索一种适合于内蒙古河套灌区的微咸水与淡水联合运用的灌水模式(这种灌水模式在长期使用条件下既达到了节水灌溉目的,又能使作物根区和灌区范围内不积盐、不破坏水土生态环境),是保证开发利用微咸水后灌区环境不恶化、水土环境能良性循环的一项重要工作。

本章将从试验和模型模拟两方面入手,展开微咸水与淡水联合运用的灌水模式探讨,从而得出在长期使用条件下能使作物根区和灌区范围内不积盐、不破坏水土生态环境的微咸水、淡水联合灌溉模式。

7.1 微咸水和淡水综合利用灌溉模式的田间试验研究

试验作物为春小麦,小区试验面积为 2m×3m。由于 2008 年为丰水年,微咸水灌溉试验设置了 3 次灌水,灌溉时间为 5 月 17 日第一次灌水,考虑到小麦在苗期,采用淡水灌溉,灌溉水的矿化度为 0.732g/L;6 月 9 日和 6 月 26 日分别采用矿化度为 3g/L 的微咸水进行灌溉,灌水定额均为 60m³/亩。大田试验田与对比田的面积都为 118.1 亩,为与黄河水灌溉的对比田灌溉时间一致,此试验田的灌溉时间为 5 月 12 日、5 月 29 日及 6 月 29 日,大田试验田第一次灌水为黄河水,后两次为 3g/L 的微咸水,灌水定额均为 60m³/亩。每次灌水前后通过田间取土方法进行土壤水盐测定,取土深度为 100cm,共分 5 层,即 0～15cm、15～30cm、30～50cm、50～70cm 和 70～100cm,并观测小麦的株高及产量。

7.1.1 土壤水盐的运移规律

各试验田、各次土壤取样的含水率和土壤盐分观测值见图 7.1。微咸水灌溉后盐分如何积累变化是影响作物及环境的主要因素,所以,主要对试验结果的盐分动态进行分析讨论。

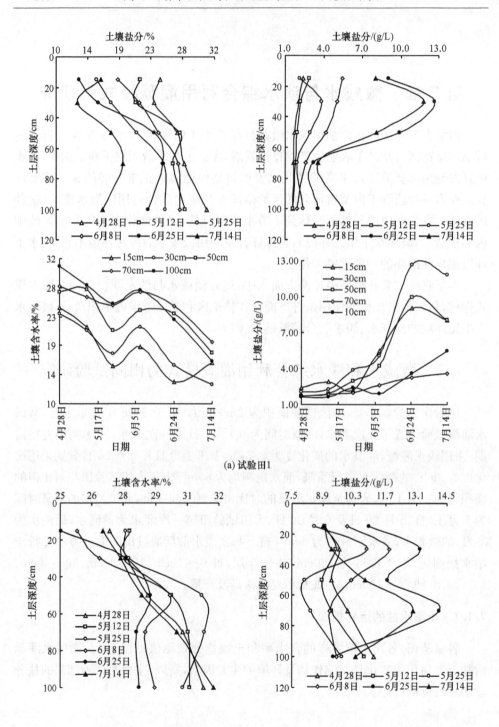

(a) 试验田1

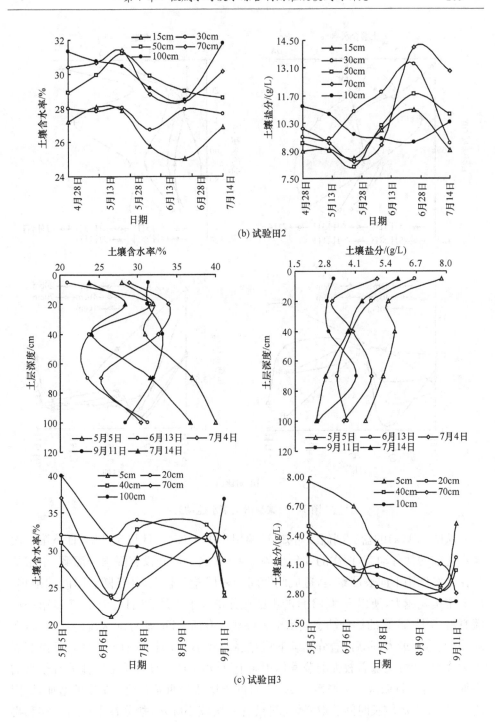

(b) 试验田2

(c) 试验田3

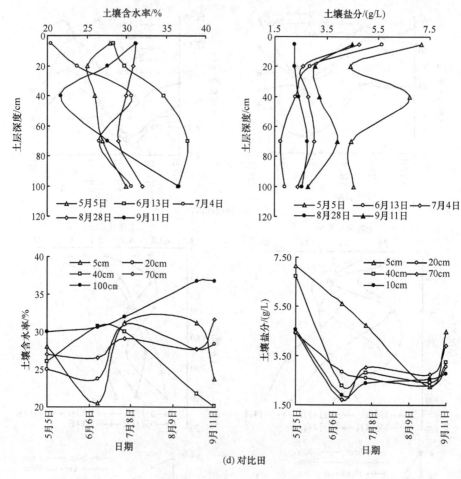

(d) 对比田

图 7.1　试验田土壤水盐动态

　　从图 7.1(a)的盐分剖面图可知,试验田 1 中 4 月 28 日与 5 月 12 日是第一次灌水之前的盐分动态,两次的变化趋势一致;在这一期间没有降雨与灌溉,土壤盐分在蒸发作用下向表层聚集,造成此期间的表层盐分较大,并且随着时间的推移,向上聚集就越大,所以 5 月 12 日的土壤盐分稍大于 4 月 28 日。5 月 17 日第一次灌溉后,5 月 25 日的盐分动态显示出表层盐分有所下降,盐分随水流向下运移,在30cm 处达到最大,此后,盐分继续下移并逐渐减小。5 月 25 日～6 月 8 日没有灌溉和降水,盐分又随着较强的蒸发作用向上移动,6 月 8 日各层土壤盐分有较大的增加。6 月 9 日微咸水灌溉后,6 月 25 日的土壤盐分明显有较大幅度的增加,原因之一是,在灌溉较长时间后取样,期间只有一次较小降水,盐分在土层内运移和再分配,仍然随着强烈的蒸发继续上移;原因之二是,此次灌溉为微咸水灌溉,使土壤

中的盐分有所增加。6 月 26 日的又一次微咸水灌溉后,期间经历了较大的降雨,7
月 14 日的土壤盐分在 70cm 以上都比 6 月 25 日有所减小。从土壤盐分随时间的
动态图可以看出,各层土壤的盐分在作物生育期内都随时间的推移而增加,且在
50cm 以上土层盐分增加较大。

试验田 2 的土壤盐分变化规律基本与试验田 1 相同,不同之处是两试验田分
别布置在不同的区中,由于各区的土壤基础盐分不同(Ⅱ区大于Ⅰ区),所以,4 月
28 日及 5 月 12 日土壤盐分Ⅱ区大于Ⅰ区,以后的变化规律基本相同。

5 月 5 日之前没有灌溉,降雨也较少,试验田与对比田除表层积盐较大外,盐
分主要聚集在 40cm 处。5 月 12 日及 5 月 29 日两次灌溉后,在淋洗作用下 6 月 13
日的整个土壤剖面的盐分都比初始时减少,但试验田 5 月 29 日的灌溉为微咸水灌
溉,试验田土壤剖面盐分减少量要比对比田少;6 月 29 日灌溉后,7 月 4 日的剖面
显示出,土壤盐分随着水流向下运移,表层盐分降低,并向 70cm 处聚集。7~8 月,
降水量较大,8 月 28 日的盐分分布显示,整个剖面的盐分在降低。8 月底~9 月上
旬无灌溉,降雨减少,如 9 月 11 日的土壤盐分剖面所示,在蒸发作用下盐分开始向
上运移。

从图 7.1(c)、(d)的土壤盐分随时间的变化关系可以看出,5 月 5 日~8 月 28
日由于灌溉、降雨,研究区土壤盐分总体处于下降趋势,9 月份降雨减少,土壤盐分
开始向上运移;试验田整个剖面及大部分时段的含盐量都大于对比田,将试验田与
对比田不同时间的含盐量及不同土层的含盐量加权平均后再加以对比,也可证明
这一点,对比结果见图 7.2。

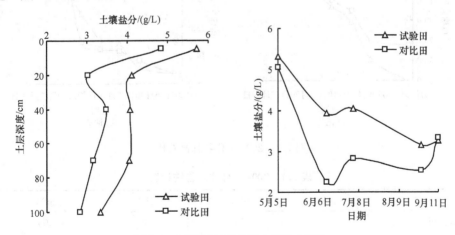

图 7.2　试验田与对比田土壤盐分对比

7.1.2 作物的生长和产量变化

图 7.3 为试验田与对比田春小麦高度对比,可以看出,高度相差甚微。试验田春小麦的产量为 313kg/亩,对比田为 328kg/亩,产量相差也不大。

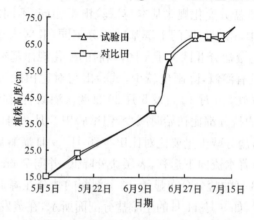

图 7.3　春小麦株高对比

2004 年的咸水灌溉试验中也表现出了相同的结果,图 7.4 及表 7.1。

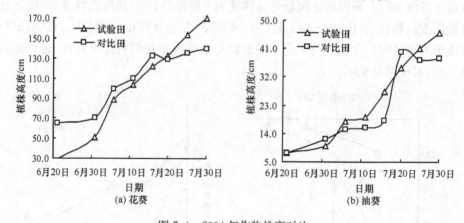

图 7.4　2004 年作物株高对比

表 7.1　2004 年作物产量统计表

作物	小麦	花葵	油葵	玉米
试验田/(kg/亩)	322	121	132	405
对比田/(kg/亩)	315	115	140	421

从以上分析可知,采用淡咸咸的灌溉模式,作物生育期内根层土壤积盐比淡水灌溉大,但只要不超过作物的耐盐极限就不会对作物造成危害。秋浇后,土壤盐

分随着大定额的水流向下运移,根层盐分显著降低,之后随着蒸发的不断加强,盐分又开始回升,在翌年作物播种前,土壤盐分基本可恢复到上年播种之前的水平,作物根层盐分在周年内可达到平衡,见图 7.5。由于试验田和对比田没有地下水观测井,因此,本次试验没有取得有关微咸水灌溉对地下水环境影响的实测数据,还有待在以后的研究中进一步完善。

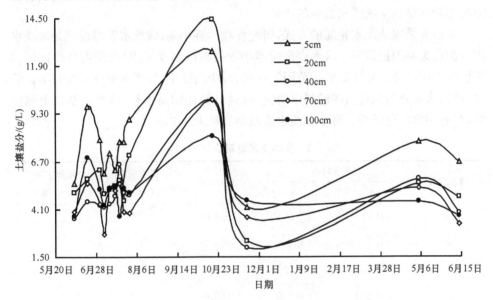

图 7.5　周年内作物根层土壤盐分动态

7.2　微咸水和淡水综合利用灌溉模式的数值模拟研究

不同的咸淡组合灌溉模式,作物根层的积盐程度将会不同。限于各种因素,不可能进行所有灌溉模式的试验,同时,试验也不可能完全解决连续灌溉后对环境的影响,运用数值模拟的方法从最小的环境影响(危害)角度探讨适合当地气候特点的最优咸淡水灌溉模式,是目前需要研究和解决的问题,也是河套灌区在引黄水量大量减少、节水改造后环境面临严峻考验的现状下亟待解决的问题。

本节将用检验后的非饱和-饱和带水盐运移耦合模型,以内蒙河套灌区的红卫试验区为研究对象,模拟不同咸淡组合灌溉模式下作物根层及地下水环境的变化规律,并寻求出对环境影响最小的微咸水、淡水组合灌溉模式。

7.2.1　灌溉模式的方案设置

研究表明,同样矿化度的咸水,采用不同的灌溉方式,其效果不同。咸淡水混合灌溉(混灌)和咸淡水交替灌溉(轮灌)是目前咸水利用的主要方式。但混灌每次灌溉都必须同时有淡水和咸水,且咸淡水混合操作需要仪器测量,在淡水缺乏地区或需大面积推广时,这种灌溉方式将受到限制。相对于混灌,轮灌是一种灵活且易操作的灌溉方式。轮灌是根据水资源分布、作物种类及其耐盐性和作物生育阶段等交替使用咸淡水进行灌溉的一种方法。一些试验研究及实践也证明,咸淡水轮灌的作物产量高于咸淡水混灌的产量。

本研究采用咸淡水轮灌的方式,研究作物为春小麦,咸淡水轮灌模式是以淡水灌溉制度为基础拟定的。淡水灌溉时春小麦的灌溉制度采用《内蒙古自治区河套灌区红卫田间节水灌溉试验示范园设计报告》中的结果,该灌溉制度是在对本试验区气象、水文及当地特点等的科学研究、规范计算作物需水量、节水等基础上制定的,具有一定的科学性。春小麦淡水灌溉制度见表 7.2。

表 7.2 春小麦灌溉制度($P=50\%$)

灌水次数	灌水时间		生育阶段	灌水定额 /(m³/亩)	灌溉定额 /(m³/亩)
	始	终			
1	5 月 12 日	5 月 18 日	分蘖期	60	
2	5 月 27 日	6 月 2 日	拔节期	50	
3	6 月 16 日	6 月 22 日	孕穗期	50	210
4	6 月 28 日	7 月 4 日	灌浆期	50	
5	10 月 15 日	10 月 25 日	秋浇	100	

春小麦的第一次灌溉在幼苗阶段,此阶段抗盐能力较差,灌溉不当会造成死苗,为了保证春小麦顺利成长,第一次灌溉拟定为淡水灌溉;秋浇是河套盐渍化灌区降低作物生育期内的土壤积盐及保证来年春季作物顺利播种的特有灌溉方式,所以,秋浇灌溉不变,完全采用表 7.2 中的数值。因此,所谓咸淡轮灌只是在第 2~4 次灌水间进行。

3 次灌水的咸淡轮灌组合有以下几种:①淡淡淡;②淡淡咸;③淡咸淡;④淡咸咸;⑤咸咸咸;⑥咸咸淡;⑦咸淡咸;⑧咸淡淡。其中,①组合为完全淡水灌溉,而⑤与②③④⑥⑦⑧组合相比为最不利组合,因此,①⑤组合不做讨论。在剩余的 6 种组合中,2 淡 1 咸组合有 3 种,即②③⑧。2 淡 1 咸比 2 咸 1 淡的灌溉模式对环境影响肯定要小,不必将它们放在一起寻优,同时,本研究主要解决引黄水量减少后河套灌区水量的压力问题,研究应本着尽量多采用咸水灌溉的思路进行。所以,剔除 2 淡 1 咸方案,最终的咸淡水轮灌方案为④淡咸咸、⑥咸咸淡、⑦咸淡咸 3 种。

微咸水灌溉后有部分盐分会在土壤中积累,如果根区中可溶性盐分的浓度过高,在盐分胁迫下作物产量会因为植株受到物理损害而下降。灌溉的目的也包括使土壤盐分及盐度水平保持在适宜于植株生长的范围内,以保证农业生产的可持续性。确保一个时段内在作物根系层内有净向下的水流通量,这是控制盐度的有效的方法。此时,需增大通常定义的净灌溉需水量,使其包含淋洗所需增加的水量。淋洗灌溉定额是指农田补充并入渗的总水量中必须流经作物根区下渗到下层以防止盐分过量积累而引起产量下降的那部分水量的最小比例。考虑到微咸水灌溉可能会使土壤盐度达到危害作物正常生长的程度,微咸水灌溉时采用淋洗灌溉定额。

其中,小麦的耐盐度阈值为 3.84g/L,本研究微咸水灌溉时的矿化度采用 3.84g/L。由式(5.1)和式(5.2)得表 7.2 中的灌水定额及小麦耐盐度值计算的微咸水灌溉时的淋洗定额为 77m³/亩。最终的微咸水、淡水轮灌组合方案见表 7.3。

表 7.3　轮灌方案

灌水次数	灌水时间		生育阶段	咸咸淡		咸淡咸		淡咸咸	
	始	终		灌水定额 /mm	灌溉水矿化度 /(g/L)	灌水定额 /mm	灌溉水矿化度 /(g/L)	灌水定额 /mm	灌溉水矿化度 /(g/L)
1	5 月 12 日	5 月 18 日	分蘖期	90	0.608	90	0.608	90	0.608
2	5 月 27 日	6 月 2 日	拔节期	115.5	3.84	115.5	3.84	75	0.608
3	6 月 16 日	6 月 22 日	孕穗期	115.5	3.84	75	0.608	115.5	3.84
4	6 月 28 日	7 月 4 日	灌浆期	75	0.608	115.5	3.84	115.5	3.84
5	10 月 15 日	10 月 25 日	秋浇	150	0.608	150	0.608	150	0.608

7.2.2　不同轮灌方案的数值模拟

在现状年条件下,利用可靠性检验后的耦合模型,模拟各轮灌方案的作物根层盐分环境、作物产量及其地下水盐环境,从而选择出适合当地特点的最优咸淡水轮灌方案。

1. 根层盐分动态

各方案根层不同深度盐分动态见图 7.6。

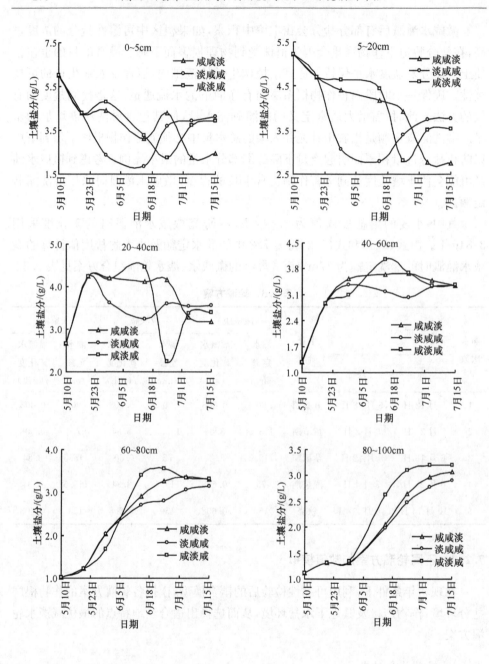

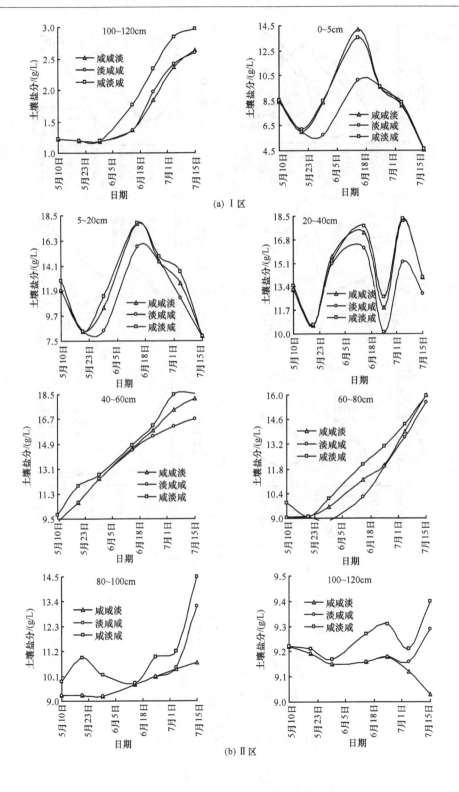

(a) Ⅰ区

(b) Ⅱ区

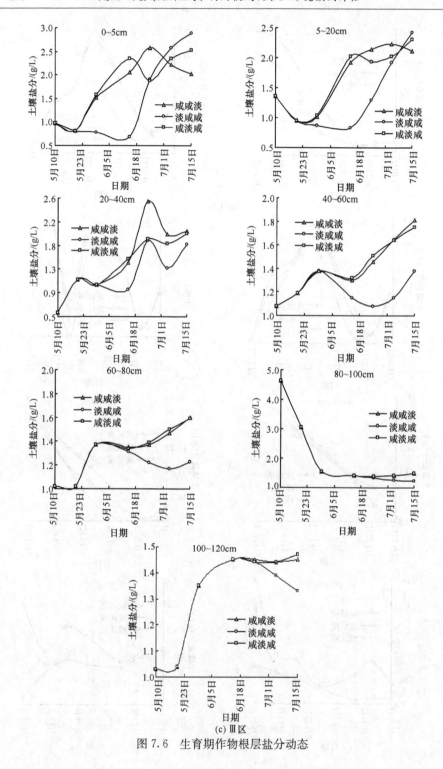

图 7.6　生育期作物根层盐分动态

从图 7.6 可以看出,淡咸咸方案大部分时段各层的土壤盐分都最小,说明与其他两方案比较,采用淡咸咸的微咸水、淡水轮灌模式灌溉在作物生育期内可使根层积盐最小。作物收割后到上冻前,各区都只有一次黄河水秋浇灌溉,此期间土壤剖面盐分动态及土壤盐分随时间变化动态见图 7.7。

由图 7.7 可知,作物收割后,土壤盐分随时间的推移基本处于下降状态。收割后至秋浇前正值雨季,7～8 月雨量较大,上层土壤盐分在降雨的淋洗下降低,9 月盐分有所上升,本年度为丰水年,所以上升幅度较小;10 月进入秋浇,各层土壤盐分继续处于下降。这也可以从图 7.8 的周年内实测土壤盐分动态分布(2002～2003 年)清晰看出,在作物生育期内,土壤盐分随灌溉、降雨的影响而波动;在非生育期,降雨减少,盐分又开始上升,秋浇后盐分大幅度下降。之后,随着蒸发作用盐分又缓慢回升,到翌年播种前,土壤盐分基本与上年度持平。所以,秋浇灌溉可使土壤盐分在周年内保持平衡,且秋浇为来年的播种提供了较好的土壤墒情基础。

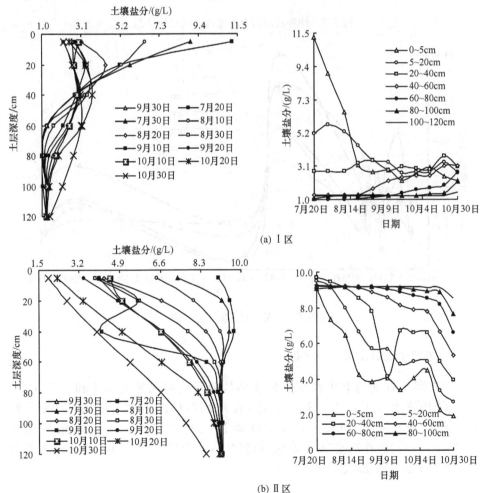

(a) Ⅰ区

(b) Ⅱ区

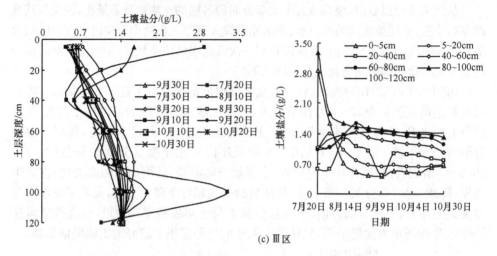

(c) Ⅲ区

图 7.7　作物收割后至上冻前土壤盐分动态

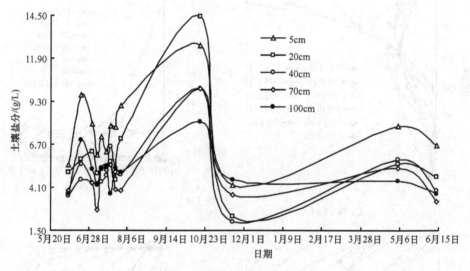

图 7.8　周年内土壤盐分动态

2. 不同方案的土壤盐分平衡

各方案生育期与非生育期单位土体盐分变化情况见表 7.4 和表 7.5。从表 7.4 的模拟结果可知,生育期内采用 3 种方案灌溉后土层都有所积盐,"淡咸咸"方案积盐最小(181.3mg/cm²),咸淡咸次之(210.9mg/cm²),咸咸淡最大(373.6mg/cm²)。作物收割后,经过秋浇灌溉,在模拟结束时(10 月 30 日),研究区土壤处于脱盐状态,见表 7.5。

表 7.4　不同方案根层盐分总量变化

| 分区 | 咸咸淡/(mg/cm²) | | | 淡咸咸/(mg/cm²) | | | 咸淡咸/(mg/cm²) | | |
	时段初 (4 月 12 日)	时段末 (7 月 15 日)	盐分变化量 (4 月 12 日~7 月 15 日)	时段初 (4 月 12 日)	时段末 (7 月 15 日)	盐分变化量 (4 月 12 日~7 月 15 日)	时段初 (4 月 12 日)	时段末 (7 月 15 日)	盐分变化量 (4 月 12 日~7 月 15 日)
1 区	155.6	264.8	109.2	155.6	223.3	67.7	155.6	248.7	93.1
2 区	961.2	1134	172.8	961.2	1012	50.8	961.2	1007.0	45.8
3 区	165.9	257.5	91.6	165.9	228.7	62.8	165.9	237.9	72.0
总计	1282.7	1656.3	373.6	1282.7	1464.0	181.3	1282.7	1493.6	210.9

表 7.5　作物收割后土壤盐分平衡要素

| 分区 | 田间土层含盐总量/(mg/cm²) | | 盐分进入量/(mg/cm²) | | 盐分排出量/(mg/cm²) |
	时段初 (7 月 16 日)	时段末 (10 月 30 日)	灌水	溶质通量	排水排出量
1 区	152.6	156.8	9.12	−4.85	0
2 区	1115.0	885.4	9.12	−235.4	3.72
3 区	194.0	162.3	9.12	−40.85	0

3. 不同方案的作物相对产量

图 7.9 的各区作物相对产量显示,咸淡咸方案的相对产量稍高于淡咸咸方案,咸咸淡方案最低。到作物成熟阶段,各方案的相对产量都在 84% 以上,说明本研究的 3 个方案对作物产量的影响较小。

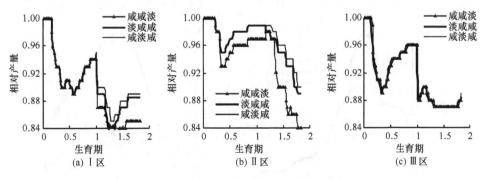

图 7.9　不同方案作物相对产量

4. 耦合边界处的水流及溶质运移通量

生育期耦合边界处的水流通量和溶质通量见图 7.10。可以看出,各方案的水分通量和溶质通量变化趋势一致,淡咸咸方案接受地下水溶质补给的量比其他两方案小,说明由地下水进入非饱和带中的盐分较小。生育期结束后,由于降雨和秋浇的作用,各区的水流通量和溶质通量都处于补给地下水状态(图 7.11),土壤中的盐分在这一时期呈下降趋势(图 7.7)。

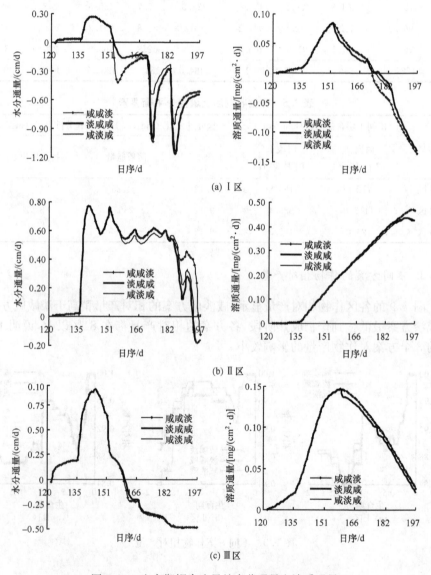

图 7.10　生育期耦合边界处水分通量和溶质通量

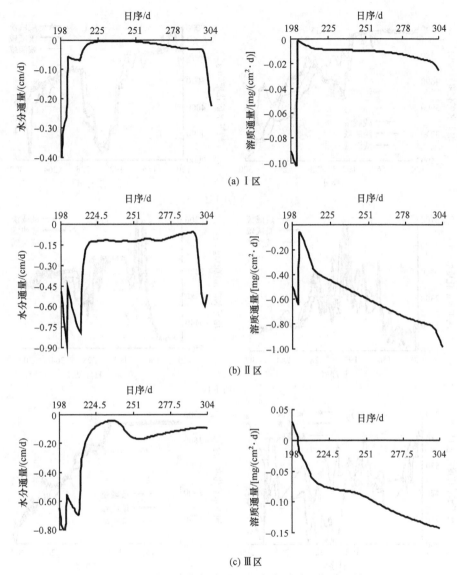

(a) Ⅰ区

(b) Ⅱ区

(c) Ⅲ区

图 7.11　非生育期耦合边界处水分通量和溶质通量

5. 地下水矿化度动态

各方案地下水矿化度的变化趋势见图 7.12。可以看出,Ⅰ区、Ⅲ区地下水矿化度呈下降趋势,Ⅱ区呈上升趋势,说明地下水盐分有Ⅰ区、Ⅲ区向Ⅱ区运移的可能。各区在生育期阶段的地下水矿化度变化较小,生育期结束后,"淡咸咸"方案的地下水矿化度下降较"咸咸淡"和"咸淡咸"明显,其中,Ⅰ区下降幅度较大,Ⅱ区、Ⅲ区下降幅度较小。

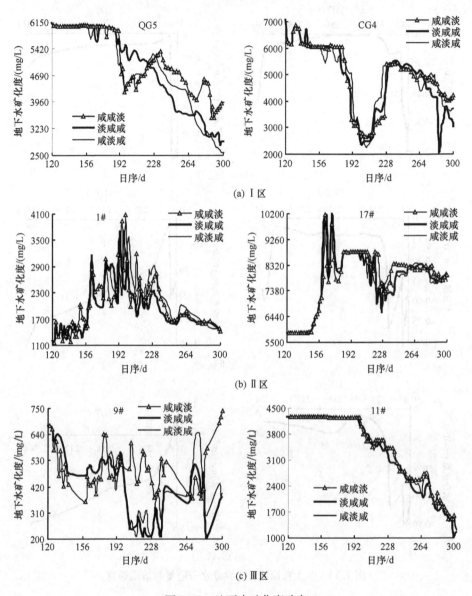

图 7.12 地下水矿化度动态

6. 含水层盐分变化

各方案模拟期内进入与排出含水层的盐分见图 7.13,含水层盐分变化趋势见图 7.14。

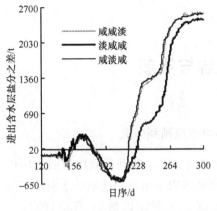

图 7.13　进出含水层盐分变化

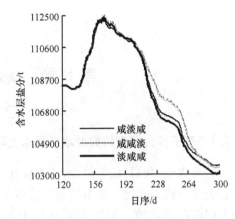

图 7.14　含水层盐分

如图 7.13 所示,3 个方案在模拟期内都遵循 228d 之前含水层盐分以排泄为主、228～300d 以补给为主的规律,排泄时段各方案的变化量基本接近,补给时段,在相同时间下"淡咸咸"方案的补量给小于其他两方案。

图 7.14 的含水层盐分变化显示,含水层盐分随时间的增加呈下降趋势。在作物生育期阶段,各方案含水层的盐分基本一致,生育期之后各方案含水层盐分有所不同,咸咸淡方案含水层盐分最大,咸淡咸次之,淡咸咸最小。

综上所述,与咸咸淡、咸淡咸灌溉模式相比,在非饱和带采用淡咸咸模式灌溉后,根层盐分不同土层的盐分含量最小,且单位土体内积盐量也最小;在耦合边界处,淡咸咸模式接受地下水溶质补给的量比其他两方案小,由地下水进入非饱和带中的盐分较小;在饱和带,淡咸咸模式下的地下水矿化度及含水层的盐分含量比其他两模式都小,且含水层盐分呈下降趋势。

淡咸咸模式的两次连续微咸水灌溉在 6～7 月,此期间降雨逐渐增大,且微咸水灌溉采用淋洗灌溉定额,田间接受的水量较大,土壤中的盐分有可能大量从排水沟排出区外。所以,淡咸咸模式下土壤中的含盐量最小,且含水层中的盐分也最小。由此说明,对水土环境影响最小且作物产量基本不受影响的微咸水、淡水综合利用灌溉模式为淡咸咸灌溉模式。

第8章　总结与展望

8.1　总　　结

8.1.1　基于耦合模型的微咸水灌溉水土环境效应预测研究

随着水资源的日益紧缺,水资源优化配置及劣质水的开发利用已成为国内外学者关注的热点问题。本书针对内蒙古河套灌区农业生产中面临的水资源短缺的重大问题展开研究。对河套灌区红卫试验区这一封闭区域(1万亩)的地下水(盐)-土壤水(盐)动态进行了5年的系统试验研究。在试验区进行了小麦、玉米、葵花3种主要作物的耐盐度小区试验,通过微咸水灌溉对作物生长过程、产量、土壤水盐变化规律的分析研究,寻求本区域主要作物的耐盐度阈值,为微咸水灌溉提供技术支撑。引进具有强大计算和生动显示功能的三维地下水模拟系统 MODF-LOW 对微咸水灌溉条件下区域地下水位动态进行了预测,预测的水位用作SWAP 模型的下边界,成功解决了 SWAP 模型使用过程中的难点问题。从而有机地将 MODFLOW 与 SWAP 耦合在一起,将研究区从饱和到非饱和带完整地进行了预测模拟。同时尝试使用 MT3DMS 模块模拟地下水质的变化规律,使本研究从水位、水质、水量、盐量方面系统全面地模拟预测了微咸水灌溉的环境效应。运用地质统计学理论对研究区土壤水盐信息的空间结构性进行了研究,以此为依据将研究区分为两个区。在不同的区内率定不同的 SWAP 模型,避免了在整个区内使用一种 SWAP 模型的大平均法,使 SWAP 模型的应用更为合理。同时针对研究区的主要种植作物,识别了不同的 SWAP 模型,使 SWAP 模型的模拟结果更为接近实际情况,最大限度地提高了 SWAP 模型在具体应用中的可信度。使用率定后的 SWAP 模型,对灌区3种主要作物(小麦、葵花、玉米)微咸水灌溉条件下土壤水盐动态进行了预测分析;并预测了长期微咸水灌溉后区域土壤盐分累积趋势。本研究得到以下主要成果和结论。

(1) 通过对研究区中尺度与小尺度土壤水盐信息大面积的系统采样研究,分别求得 0～20cm 和 20～40cm 土层水盐信息统计特征参数。表明土壤含水率属中等偏弱变异性,而 EC 值属于中等变异强度。运用地质统计学理论对土壤水盐信息进行空间结构性研究,在土壤水盐采样数据的基础上,以 0～40cm 土壤含水率和 EC 值为主要研究对象,采用 OK 法对未知点进行预测,总共预测点数为 2201个。试验指标的研究结果显示出其数值变化在整个研究区范围内不是均匀连续的,而是存在一条南北向的空间突变带。在突变带的南北两侧各指标值的变化是均匀连续的。

（2）研究区土壤含水量及含盐量呈现出一定的空间变异性。以土壤特性及含盐量将研究区分为三个小区。其中，1 区位于研究区的中部，含盐量较小；2 区以 1 区为中心向外扩展，遍布研究区的南、北，含盐量较大；3 区处于研究区的西北和东北角，由于紧靠输水渠道，此区域土壤盐分最小。将研究区土壤水盐信息的空间结构性与水文地质条件结合，进行了研究区的分区，为 SWAP 模型的应用提供依据。运用地质统计学理论分析了研究区土壤中水盐信息在垂直剖面上的空间结构性与土层容重变化规律。

（3）采用正常灌溉定额和淋洗灌溉定额两种灌溉水平、不同灌水浓度处理，对 3 种作物的生长过程、地上部干物质积累规律、作物产量及土壤水盐动态进行了研究。结果表明，两种灌溉定额下小麦在灌水浓度大于 5 g/L 时，作物生长开始受到抑制。正常灌溉定额下，玉米在灌溉水浓度大于 3g/L 时，葵花在 5g/L 时，作物生长受到明显抑制，淋洗灌溉定额下，葵花在灌溉水浓度 7g/L 时，作物生长受到抑制；玉米比正常灌溉作物受害程度降低。正常灌溉定额下土壤盐分基本在 60～80cm 处聚集，模拟结束时土壤在 80cm 处盐分峰值为 7.82g/L。淋洗定额下在垂直方向上表层土壤盐分随着大定额的灌溉水向下移动，将盐分带入深层，但在更深层运移速度减慢，两种定额的盐分差值减小；土壤盐分在 80～100cm 处聚集，模拟结束时在 100cm 处土壤盐分峰值为 6g/L，比正常定额降低 1.82g/L，深度降低 20cm。

研究发现灌溉水浓度达到一定临界值时，盐分在一定深度的土层内聚集明显增大。临界浓度值与使作物生长、产量受到抑制的灌水浓度值基本一致。不同作物的灌水浓度临界值不同。作物产量与灌水浓度基本呈三次函数关系，相关系数 $R^2 = 0.96～1.0$。由相关关系预测出小麦在两种灌溉定额下的耐盐度为 4.5g/L。正常灌溉定额下玉米的耐盐度为 3g/L，葵花为 5g/L。淋洗灌溉定额下玉米的耐盐度为 3.5g/L，葵花为 7g/L。由于较大定额的淋洗灌溉将盐分淋洗到深层，在排水作用下从土层中排出，使作物根区盐分降低，淋洗灌溉定额下作物的耐盐能力增大。预测的 3 种作物的耐盐度值与研究发现的灌水浓度临界值基本吻合。

（4）依据微咸水灌溉田间试验成果及实验测定的土壤水分运动特征参数及土壤质地率定了 3 种主要作物的 SWAP 模型。利用对比田的实测土壤含水率和土壤盐分对模型进行了检验。结果表明模拟值与实测值结果吻合较好，认为率定的 3 种作物的 SWAP 模型可揭示土壤水盐运动规律。田间试验结果表明，由于试验田采用微咸水灌溉，灌溉水量大于对比田，微咸水灌溉条件下试验田的盐分在 70cm 处积聚较多，而对比田的盐分在 40cm 处含盐量较大。但试验田 0～100cm 土壤盐分在整个灌溉期大于对比田土壤盐分，表明微咸水灌溉使土壤盐分增加。

秋浇灌溉后土壤盐分大幅度下降,基本与播种前的盐分接近。

(5) 运用实测的表层土壤及含水层的有关参数和微咸水灌溉试验的实测数据识别 MODFLOW 模型和 MT3DMS 模型。利用识别后的 MODFLOW 模型和 MT3DMS 模型采用平均年法和考虑时间序列法对正常灌溉定额、淋洗灌溉定额两种灌水水平的地下水位、水量、水质和含盐量进行了详细的模拟分析。从模拟结果可以看出,在抽取地下水灌溉后地下水位有所降低,但不会持续下降,下降量仅为 0.057~0.11m。地下水总补给与总排泄在年内可达到均衡,地下水资源量是有保证的。淋洗灌溉定额下地下水位降幅度小于正常灌溉定额,这是由于淋洗灌溉定额大于正常灌溉定额的水量,补给地下水的量也大,地下水位下降幅度减小。

(6) 在计算过程中,将含水层的每一分层作为均质处理,所以模拟结果出现了高矿化度区的盐分向低矿化度区运移。而实际的含水层比计算概化后的含水层要复杂得多,这是该软件在模拟地下水质方面的不足。但总的趋势是含水层盐分增加,增加幅度为 4%~9%。正常灌溉定额下,含水层盐分增加幅度大于淋洗灌溉定额。淋洗灌溉定额下,生育期的灌溉水量除满足作物消耗外,剩余部分起着排盐的作用,使得生育期内土壤中的盐分一部分排出区外,土壤中的盐分有所降低,大定额的秋浇灌溉带入含水层中的盐分也比正常灌溉定额下减少。所以,正常灌溉定额比淋洗定额下含水层盐分增加幅度大。

(7) 平均年法与考虑时间序列法两种方法模拟结果显示,在正常灌溉定额下,平均年法地下水位下降了 0.1m,研究区域内含水层盐分增加了 1.6×10^7 kg;增加幅度为 9.1%;考虑时间序列法地下水位下降了 0.11m,研究区域内含水层盐分增加了 1.13×10^7 kg;增加幅度为 6.64%。淋洗灌溉定额下,平均年法地下水位下降了 0.057m,含水层盐分增加了 7×10^6 kg,增加幅度为 4%;考虑时间序列法地下水位下降了 0.062m,含水层盐分增加了 8.72×10^6 kg,增加幅度为 4.96%。两种方法模拟结果基本接近。在进行趋势预测时,平均年法是一种简便易行的方法。在进行实时预报时,考虑时间序列法更为精确。从地下水的角度看,采用微咸水灌溉,淋洗灌溉定额比正常灌溉定额的方案对环境有利,虽然淋洗灌溉定额也使含水层盐分增加,但就增加的幅度来看,在未来相当一段时间内不会造成严重的环境问题。

(8) 在模拟条件下,两种灌溉水平的 3 种主要作物模型的补排水量基本平衡,主要来水量为灌溉和降雨,主要耗水量为作物蒸腾、土壤蒸发和明沟排水。正常灌溉定额下 3 种作物模型都有一定程度的积盐。其中,小麦模型土壤盐分增加了 12%,葵花模型增加了 4.3%,玉米模型增加了 5.8%。淋洗灌溉定额下,小麦模型土壤盐分增加了 4.5%,葵花模型增加了 3.6%,玉米模型增加了 1.8%。3 种作物模型的积盐程度都比正常灌溉定额下的积盐程度有所降低。正常灌溉定额下小麦相对减产率为 3%,葵花为 10%,玉米为 23%。淋洗灌溉定额下小麦相对减产率为 2%,葵花为 8%,玉米为 17%。淋洗灌溉定额下作物的相对减产率比正常灌溉定额下低。

(9) 采用 SWAP 模型对长期微咸水灌溉的水土环境效应进行了模拟预测研究。结果显示,在灌溉定额和灌水浓度相同的前提下,微咸水灌溉后土壤盐分的积累随着时间的推移而呈递减趋势,大约在 10 年后盐分达到进出平衡状态。到土壤盐分基本维持平衡时,土壤盐分达到 0.1852mg/cm³,比采用微咸水灌溉前的土壤盐分(0.103mg/cm³)增大 0.0822mg/cm³。但土壤全盐量仍约为 0.126%,仍属于轻度盐渍土,不会对土壤水土环境产生较大的影响。预测模拟期为 5 月 5 日~10 月 20 日,研究没有涉及冻融期内的土壤水盐动态,而秋浇灌溉在 10 月中旬到 11 月上旬,实际上大量水分的排出应该到 11 月下旬才结束,这部分排出水量中应该携带大量的盐分,土壤最终的实际盐分应该小于模拟的结果。预测模拟条件下,垂直剖面上土壤盐分在 0~100cm 土层内呈递增趋势,在 100cm 处达到峰值 11.1g/L,比初始 10 月 20 日的剖面盐分峰值增加 5.1g/L,在 100cm 以下土层盐分递减。对应的作物相对产量为 84%,相对减产率为 16%,降幅不是很大,可以采取调整作物种植结构,扩大耐盐或喜盐作物的种植面积等措施,保持农业生产的良性发展。

(10) 以区域变异的一维垂直非饱和土壤水盐运移模型系统与可靠性检验后的地下水及溶质运移模型为基础,以地下水位及地下水面处的土壤水流和溶质通量为耦合边界,构建了描述非饱和-饱和带统一连续体的耦合模型,并对耦合模型进行了循环检验,模型的计算结果能较好代表实际情况,具有较高的可靠性。耦合模型的构建将为内蒙古河套灌区节水改造工程实施后及开发利用微咸水后的区域环境的预测预报提供了理论基础及简便实用的途径。同时也可为类似地区提供参考。

综合以上研究成果认为,在干旱、半干旱地区微咸水可作为一种补充灌溉水源,但要保持良好的排水系统才能正常运行。淋洗灌溉定额与正常灌溉定额相比,淋洗灌溉定额条件下的微咸水灌溉对环境更为有利。

8.1.2　内蒙古河套灌区微咸水综合利用灌溉模式的研究

本书针对河套灌区引黄水量减少 1/4 后所面临的水资源紧缺和环境恶化的重大问题展开研究。以位于内蒙古河套灌区的乌拉特前旗红卫试验区为研究对象,利用耦合模型模拟探讨适合河套灌区气候特点和维持区域水土环境良性循环的最优咸淡水轮灌方式及其长期微咸水灌溉的区域环境效应预测。主要得到以下成果。

（1）微咸水和淡水综合利用灌溉模式的试验研究表明,采用淡咸咸的灌溉模式,作物生育期内根层土壤积盐比淡水灌溉大,秋浇后,土壤盐分随着大定额的水流向下运移,根层盐分显著降低,之后随着蒸发的不断加强,盐分又开始回升,在翌年作物播种前,土壤盐分基本可恢复到上年播种之前的水平,作物根层盐分在周年内可达到平衡。通过试验田与对比田作物高度及产量的对比研究发现,微咸水灌溉对作物高度及产量的影响甚微。

（2）微咸水和淡水综合利用灌溉模式的数值模拟研究发现,与咸咸淡、咸淡咸灌溉模式相比,淡咸咸灌溉模式下不同土层的盐分含量最小,且单位土体内积盐量也最小;淡咸咸灌溉模式下的地下水矿化度及含水层的盐分含量较其他两模式都小,且含水层盐分呈下降趋势。因此,对水土环境影响最小,且作物产量基本不受影响的微咸水、淡水综合利用灌溉模式为淡咸咸灌溉模式。

（3）中、长期微咸水灌溉的土壤环境预测研究表明,采用淡咸咸灌溉模式进行中长期的微咸水灌溉,在作物生育期内土壤呈积盐状态,作物收割后的非生育期内,土壤处于脱盐状态。整个研究区在非生育期的脱盐量大于生育期的积盐量,并且盐分主要通过排水沟系统排出区域外,土壤总体呈脱盐趋势。

（4）中、长期微咸水灌溉的地下水环境预测研究表明,采用淡咸咸灌溉模式进行中长期的微咸水灌溉,地下水位有微小幅度的下降,在模拟期内没有出现持续下降的趋势,地下水量在年度内可基本达到补排平衡。地下水矿化度呈下降趋势,含水层中的盐分也呈逐年下降态势,含水层逐渐淡化。

（5）中、长期微咸水灌溉的作物相对产量预测研究表明,采用淡咸咸灌溉模式进行中长期的微咸水灌溉,作物相对产量均在 85% 以上,没有受到较大影响。

8.2　展　　望

微咸水的开发利用是解决水资源危机的有效途径之一,应引起足够的重视。目前的技术完全有条件利用微咸水,所以微咸水作为灌溉水源有着广阔的应用前景。但由于影响微咸水灌溉的因素众多,大面积推广微咸水灌溉还有很多问题需要深入研究。从目前的研究和应用现状来看,今后应加强以下几方面的研究工作:①淋洗盐分的排水必然会影响到研究区以外或深层地下水的水环境,如何从流域或区域尺度上评价微咸水灌溉的影响,并从更大尺度上维持盐分的补排平衡及环境的可持续发展值得深入研究;②微咸水灌溉依赖于当地的咸水资源,咸水资源总量、可开采量、水质、埋藏条件、时空分布状况等是进行微咸水灌溉决策的重要依据。需对咸水资源的评价理论和技术进行深入研究;③微咸水灌溉时土壤剖面一些对作物有害离子的分布与灌溉水源中的离子成分有关,如何从离子的组成角度研究微咸水灌溉,值得进一步探讨;④种植耐盐作物是微咸水灌溉和盐碱地改良经济有效的途径之一,如何从生物工程的角度培育出适合我国地区特点的耐盐作物,需深入研究;⑤低成本大规模的咸水淡化技术开发以及相应的咸水淡化设备的研制,将是咸水能否大规模用于农业灌溉的关键。

微咸水灌溉会有部分盐分在土壤中累积,要维持区域盐分的平衡,进入区域的盐分必须能有效排出区域外,所以,完善的排水系统是微咸水利用的重要前提。如果土壤剖面中可溶性盐分的浓度过高,在盐分胁迫下作物产量会因为植株受到物理损害而下降,生育期的淋洗灌溉(微咸水)及黄河水的秋浇灌溉是保证土壤剖面的盐分在生育期及周年内平衡的有效措施。盐分的累积是一个长期复杂的过程,本书模型参数的率定及模型检验均采用了一年的小区试验数据,因此,模型模拟及预测结果的精确性还需根据所得的研究成果,开展长系列大区域的试验研究进行进一步检验,为实际应用和成果的推广提供基础。

参 考 文 献

[1] Rhoades J D,王桂芬. 咸水灌溉作物与水管理新措施[J]. 北京水利科技,1992,(4):43-45.

[2] 张启海,周玉香. 微咸水灌溉发展的基础与措施探讨[J]. 中国农村水利水电,1998,(10):12-13.

[3] Rhoades J D,Kandiah A,Mashali A M. The Use of Saline Waters for Crop Production[M]. California:Food and Agriculture Organization of the United Nations,1992.

[4] 马林英. 以色列发展沙漠可持续农业的启示[J]. 中国人口・资源与环境,1999,(1):84-88.

[5] 蔺海明. 旱地农业区对咸水灌溉的研究和应用[J]. 世界农业,1996,(2):45-47.

[6] 董美荣,韩家政,王殿刚. 白菜咸水灌溉试验分析[J]. 东北水利水电,2000,18 (6):37-39.

[7] 王明治. 咸水灌溉芹菜试验研究[J]. 东北水利水电,2000,18 (8):25-26.

[8] Beltran J M. Irrigation with saline water:Benefits and enviromental impact[J]. Agricultural Water Management,1999,(40):183-194.

[9] 王建勋. 干旱区节水农业技术——咸水灌溉的研究与应用[J]. 新疆环境保护,1999,(1):43-46.

[10] 张利. 咸水利用若干问题的探讨[J]. 自然资源学报,1994,9(4):375-378.

[11] 水利部农村水利司. 灌溉工程手册[M]. 北京:水利电力出版社,1994.

[12] 李维江,李景岭. 以色列盐水灌溉及研究状况[J]. 作物杂志,1998,(3):14-16.

[13] 水利部国际合作司,水利部农村水利司,中国灌排技术开发公司,等. 美国国家灌溉工程手册[M]. 北京:中国水利水电出版社,1998.

[14] Patela R M,Prashera S O,Donnellyb D. Subirrigation with brackish water for vegetable production in arid regions[J]. Bioresource Technology,1999,70(1):33-37.

[15] 石培泽,杨秀英,韩娟. 干旱缺水区棉花苦咸水利用与土壤盐分变化规律研究[J]. 甘肃水利水电技术,2001,(1):70-73.

[16] 张永波,时红. 冬小麦高产咸水灌溉制度的田间试验研究[J]. 农业工程学报,2000,16(1):44-48.

[17] 刘亚传,常春厚. 干旱区咸水资源利用与环境[M]. 兰州:甘肃科学技术出版社,1992.

[18] 尉宝龙,邢黎明. 咸水灌溉技术试验研究[J]. 山西水利科技,1999,(3):88-90.

[19] Minhas P S. Saline water management for irrigation in India[J]. Agricultural Water Management,1996,30(1):1-24.

[20] Young D M,Kang C J. Generalized conjugate gradient acceleration of nonsymmetrizable iterative methods[J]. Linear Algebra and Its Application,1980,34:159-194.

[21] Mass E V,Hoffman G J. Crop salt tolerance:Current assessment[J]. Journal of the Irrigation and Drainage Division,1977,103(2): 115-134.

[22] 陈秀玲,郭永辰. 咸水灌溉技术[J]. 中国农村水利水电,1993,(7):7-10.

[23] 刘世卫,卢玉. 黄瓜咸水灌溉试验资料分析[J]. 水利水电技术,1998,(11):40-41.

[24] 赵春林,张彪,郭培成. 汾河三坝灌区浅层咸水利用的试验研究[J]. 太原理工大学学报,2000,31(5):593-599.

[25] Saysel A K,Barlas Y. A dynamic model of salinization on irrigated lands[J]. Ecological Modelling,2001,139(2-3):177-199.

[26] Shalhevet J. Using water of marginal water quality for crop production:Majorissues[J]. Agricultural Water Management,1994,25(3):233-269.

[27] 尹美娥. 咸水灌溉下的土壤水盐运动规律[J]. 水利水电技术,2000,7(7):22-24.

[28] OCO G A,孙宏义. 利用咸水的沙漠农业[J]. 世界沙漠研究,1994,(2):35-37.

[29] 杨玉玲,文启凯. 土壤空间变异研究现状及展望[J]. 干旱区研究,2001,18(2):50-55.

[30] 简. 范席福家德. 农业排水[M]. 胡家搏译. 北京:水利出版社,1982.

[31] Kijne J W. Water productivity under saline conditions [M]. Wallingford: CABI Publishing,2003.

[32] Kerem A S,Barlas Y. A dynamic model of salinization on irrigated lands[J]. Ecological Modelling,2001,139(23):177-199.

[33] 王卫光,王修贵,沈荣开,等. 河套灌区咸水灌溉试验研究[J]. 农业工程学报,2004 ,20(5): 92-96.

[34] Burgess T M,Webster R. Optimal interpolation and isarithmic mapping of soil properties. Ⅱ. Block kriging. [J]. European Journal of Soil Science,1980,31(3):505-524.

[35] 白由路. 黄淮海平原水盐运动的空间格局与盐渍化演替机制[D]. 北京:中国农业大学,1999.

[36] 胡克林,陈德立. 农田土壤养分的空间变异性特征[J]. 农业工程学报,1999,15(3):33-38.

[37] Tsegaye T,Hill L R. Intensive tillage effects on spatial variability of soil test,plant growth, and nutrient uptake measurements[J]. Soil Science,1998,163(2):155-165.

[38] Burrough P A. Multiscale sources of spatial variability in soil. Ⅰ. The application of fractal concepts to nested levels of soil variation[J]. European Journal of Soil Science,1983,34(3): 577-597.

[39] 李子忠,龚元石. 农田土壤水和电导率空间变异性及确定其采样数的方法[J]. 中国农业大学学报,2000,5(5):59-66.

[40] 辛德惠. 浅层咸水型盐渍化低产地区综合治理与发展[M]. 北京:北京农业大学出版社,1990.

[41] Black T A,Gardner W R,Thurtell G W. The prediction of evaporation,drainage,and soil water storage for a bare soil[J]. Soil Science Society of America Journal,1969,33(5): 655-660.

[42] Belmans C,Wesseling J G,Feddes R A. Simulation model of the water balance of a cropped soil:SWATRE[J]. Journal of Hydrology, 1983,63(3):271-286.

[43] 杨树青. 基于 Visual-MODFLOW 和 SWAP 耦合模型干旱区微咸水灌溉的水土环境效应预测研究[D]. 呼和浩特:内蒙古农业大学,2005.

[44] 内蒙古自治区水文地质队. 内蒙古河套平原土壤盐渍化水文地质条件及其改良途径的研究[R]. 呼和浩特:内蒙古自治区水文地质队,1982.

[45] 侯景儒,郭光裕. 矿床统计预测及地质统计学的理论与应用[M]. 北京:北京冶金工业出版

社,1993.

[46] Al-Tahir O A,Al-Nabulsi Y A,Helalia A M. Effects of water quality and frequency of irrigation on growth and yield of barley[J]. Agricultural Water Management,1997,34(1): 17-24.

[47] 杨劲松,姚荣江.黄河三角洲地区土壤水盐空间变异特征研究[J].地理科学,2007,27(3): 348-353.

[48] Cambardella C A,Moorman T B,Parkin T B,et al. Field-scale variability of soil properties in central Iowa soils[J]. Soilence Society of America Journal,1994,58(5):1501-1511.

[49] 赵锐锋,陈亚宁,洪传勋,等.塔里木河源流区绿洲土壤盐分空间变异和格局分析——以岳普湖绿洲为例[J].地理研究,2008,27(1):135-144.

[50] Doorenbos J,Kassam A H. Yield response to water[J]. Irrigation and Agricultural Development,1980,14(6):257-280.

[51] 王卫光,王修贵,沈荣开,等.微咸水灌溉研究进展[J].节水灌溉,2003,(2):9-11.

[52] Russo D,Dagan G. Water Flow and Solute Transport in Soils [M]. Heidelberg: Springer,1993.

[53] 石元春,辛德惠.黄淮海平原的水盐运动和旱涝盐碱的综合治理[M].石家庄:河北人民出版社,1985.